Rechnergestützte Methoden in den Sozialwissenschaften

Von
Universitätsprofessor
Dr. Werner Voß
Ruhr-Universität Bochum
Sektion Sozialwissenschaftliche Methodenlehre
und Statistik

R. Oldenbourg Verlag München Wien

CIP-Titelaufnahme der Deutschen Bibliothek

Voß, Werner:
Rechnergestützte Methoden in den Sozialwissenschaften / von
Werner Voß. – München ; Wien : Oldenbourg, 1989
ISBN 3-486-21180-3

Gesamtherstellung: Rieder, Schrobenhausen

ISBN 3-486-21180-3

INHALT

EINLEITUNG 1

KAPITEL 1 : ZUR BEDEUTUNG DER RECHNERNUTZUNG 9

1.1 MIKROPROZESSOR-TECHNOLOGIE 10
1.2 COMPUTER 13
1.3 ZUKÜNFTIGE ENTWICKLUNGEN 15
1.4 ZUR GESELLSCHAFTLICHEN BEDEUTUNG DER COMPUTER-TECHNOLOGIE 19
1.5 RECHNEREINSATZ IN DEN SOZIALWISSENSCHAFTEN 26

LITERATURHINWEISE 31

KAPITEL 2 : PROGRAMMIEREN MIT BASIC 33

2.1 KOMMUNIKATION MIT DEM RECHNER 34
2.2 DAS BETRIEBSSYSTEM 38
2.3 ERSTE BASIC-ELEMENTE 48
2.4 WEITERE SPRACHELEMENTE UND BEISPIELE 52
2.5 ZUSAMMENFASSUNG 65

LITERATURHINWEISE 68

KAPITEL 3 : SOFTWARENUTZUNG - DAS BEISPIEL FRAMEWORK ... 69

3.1 SOTFWARE IN DEN SOZIALWISSENSCHAFTEN 70
3.2 EIN BEISPIEL 74
3.3 DIE GRUNDIDEE VON FRAMEWORK 77
3.4 DER START VON FRAMEWORK 80
3.5 DER UMGANG MIT FRAMEWORK 92

LITERATURHINWEISE 99

KAPITEL 4 : EINFACHE STATISTISCHE AUSWERTUNGEN 101

4.1 AUFGABENSTELLUNG 102
4.2 METHODEN 103
4.3 PROBLEMANALYSEN 114
4.4 PROBLEMLÖSUNGEN MIT FRAMEWORK 120

LITERATURHINWEISE 141

KAPITEL 5 : STATISTISCHE ZUSAMMENHÄNGE 143

5.1 METHODEN 144
5.2 PROBLEMANALYSE 150
5.3 PROBLEMLÖSUNGEN MIT FRAMEWORK 153
5.4 EXKURS : ANSPRUCHSVOLLERE METHODEN 165

LITERATURHINWEISE 170

KAPITEL 6 : ANALYSE VON ZEITREIHEN 171

6.1 AUFGABENSTELLUNG 172
6.2 METHODEN 173
6.3 PROBLEMANALYSEN 181
6.4 PROBLEMLÖSUNGEN MIT FRAMEWORK 184

LITERATURHINWEISE 195

KAPITEL 7 : MODELLPROGNOSEN 197

7.1 AUFGABENSTELLUNG 198
7.2 MODELLTYPEN 200
7.3 EIN BEISPIEL : EINFACHES BEVÖLKERUNGSMODELL 207
7.4 PROBLEMANALYSE 211
7.5 BASIC-PROGRAMM 212

LITERATURHINWEISE 219

KAPITEL 8 : SIMULATIONSMODELLE 221

8.1 AUSGANGSLAGE 222
8.2 SOZIALE KONTAKTE 224
8.3 AUSBREITUNG VON MEINUNGEN 232
8.4 EINKOMMENSVERTEILUNG 237
8.5 EXKURS : STRATEGISCHE SPIELE 250

LITERATURHINWEISE 259

KAPITEL 9 : DATEIVERWALTUNG 261

9.1 GRUNDBEGRIFFE 262
9.2 EINGABE VON DATEN 264
9.3 ÄNDERUNGEN IN DER DATENBANK 268
9.4 RECHNEN IN EINER DATENBANK 273
9.5 SORTIEREN UND AUSWAHLEN 275
9.6 AUSGABE 280

LITERATURHINWEISE 281

KAPITEL 10 : TEXTVERARBEITUNG 283

10.1 VORBEMERKUNG 284
10.2 WAS BEDEUTET "TEXTVERARBEITUNG" ? 284
10.3 TEXTEINGABE 286
10.4 TEXTVERÄNDERUNGEN 289
10.5 ÄNDERUNGEN DES SCHRIFTBILDES 295
10.6 FORMATIEREN 297
10.7 AUSGABE 303

LITERATURHINWEISE 305

AUSBLICK 307

LITERATURHINWEISE 311

INDEX 313

EINLEITUNG

In den Sozialwissenschaften haben im Laufe der Zeit unterschiedliche methodische Ausrichtungen dominiert. Dies zeigt sich sehr deutlich daran, daß immer wieder mit wechselnder Intensität die Frage diskutiert wurde, in welchem Ausmaß und zu welchem Zweck in den Sozialwissenschaften mit mathematischen Methoden gearbeitet werden könnte.

Die Diskussion darüber, ob mit mathematischen Ansätzen im sozialwissenschaftlichen Bereich zu Erkenntnissen zu gelangen ist, die ohne diese Ansätze nicht erzielt werden können, hat häufig (und zumeist immer wieder mit den gleichen Pro- und Contra-Argumenten) die Gemüter bewegt. Sie ging und geht über die Diskussion um die Bedeutung der Empirie in den Sozialwissenschaften hinaus.

Wenn man nämlich über "empirische Sozialwissenschaften" oder über empirische Wissenschaften ganz allgemein oder über "empirische Sozialforschung" spricht, sind nicht in erster Linie mathematische Methoden gemeint, sondern es geht schlicht und einfach um die Feststellung, daß die Absicherung sozialwissenschaftlich relevanter Aussagen mit sinnlich wahrnehmbaren Erfahrungen (und nichts anderes bedeutet "empirisch") zu registrierbaren Erkenntnisfortschritten führt.

Diese Feststellung spricht nicht gegen die rein theoretisch orientierte Sozialwissenschaft, wie sie beispielsweise aus einer eher philosophischen Tradition heraus betrieben wird, sondern verdeutlicht, daß die empirische Orientierung zu zusätzlichen, über den theoretischen Exkurs hinausgehenden wissenschaftlichen Ergebnissen und Erkenntnissen gelangt - auch wenn dies nicht immer unumstritten ist. In diese Diskussion will ich mich aber mit diesem Buch nicht einschalten. Der Leser kann also davon ausgehen, daß die empirische Sozialwissenschaft der Gegenstand der folgenden Ausführungen ist.

Mit den ersten Stichworten wurde also nicht die Frage der Bedeutung der Empirie in den Sozialwissenschaften angesprochen (obwohl es später ausschließlich um den empirisch orientierten Bereich der Sozialwissenschaften gehen wird), sondern wir blicken gezielt auf die mathematischen Methoden in den Sozialwissenschaften.

Mit den Erfolgen der naturwissenschaftlichen und speziell der mathematischen Methoden entwickelte sich auch in den Sozialwissenschaften - wenn auch im Vergleich mit anderen Wissenschaftsbereichen mit sehr deutlicher zeitlicher Verzögerung von vielen Jahrzehnten - die Vorstellung, daß auch in diesen Bereichen mit mathematischen Verfahren und unter Nutzung mathematischer Kalküle und Algorithmen weitere Fortschritte erzielt werden könnten. Nebenbei bemerkt, ging es auch darum, unter Rückgriff auf diese modern gewordenen Verfahren, die Reputation der Sozialwissenschaften im Kreise der übrigen wissenschaftlichen Disziplinen, von denen ja gerade die naturwissenschaftlich orientierten zeitweilig ein sehr hohes Ansehen genießen durften, zu erhöhen.

Aus diesem Grunde kam es zu einer ersten Blüte mathematisch orientierter Sozialwissenschaften, bei der die Frage, inwieweit soziale Prozesse in Form mathematischer Modelle abbildbar seien, sehr optimistisch beurteilt wurde.

Die Ergebnisse sind bekannt: In der Überschätzung mathematischer Verfahren in den Sozialwissenschaften lag der Grund dafür, daß die erste Euphorie relativ rasch wieder verflog. Sehr bald zeigte sich, daß die Komplexität der sozialen Realität - selbst wenn die Betrachtung auf eng begrenzte Teilbereiche beschränkt wurde - durch mathematische Methoden nicht adäquat faßbar ist, zumindest nicht mit hinreichender Approximationsgüte. Allein schon der Tatbestand, daß im sozialwissenschaftlichen Bereich qualitative Sachverhalte von ganz entscheidender Bedeutung sind, verhinderte die beliebige Ausbreitung rein quantitativer Methoden.

Es kam deshalb zu einem Rückschlag, der denjenigen Auftrieb gab, die es "immer schon gewußt hatten", daß nämlich mit mathematischen Methoden in den Sozialwissenschaften letztlich doch nichts auszurichten sei. Wenn von "Soziometrie" oder von "soziologischen Modellen" die Rede war, von mathematischen Analyseverfahren oder von Politikfeldanalysen, wurde häufig nur müde abgewinkt.

Aber auch diese Phase ist wieder überwunden worden. Aus der Erkenntnis heraus, daß auch in den Sozialwissenschaften mit immer größeren Informationsmengen umzugehen war, daß bestimmte mathematische Algorithmen sich durchaus bewährt hatten (man denke nur an simple Mittelwertberechnungen, an Regressionsrechnungen u. dergl.), daß eine größere Realitätsnähe theoretischer Konzepte mit komplexeren Methoden erreichbar war, ergab sich gewissermaßen eine Renaissance mathematischer Methoden in den Sozialwissenschaften.

Niemand, der sich im Rahmen sozialstruktureller Untersuchungen für das Durchschnittseinkommen der abhängig Beschäftigten in der Bundesrepublik Deutschland interessiert, wäre in der Lage, die relevanten Informationen aufzunehmen, wenn er über 24 Millionen Einzelangaben zu den Einkommensverhältnissen verfügte. Erst die Aufbereitung derartiger Daten, etwa in Form übersichtlicher tabellarischer oder graphischer Darstellungen, oder durch Berechnung von Durchschnitts- und Streuungswerten macht den Informationsgehalt der Einzeldaten sichtbar.

Nach wie vor gilt, daß qualitative Informationen nicht oder nur mit großen Schwierigkeiten einer mathematischen Behandlung zugänglich sind - gleichwohl aber bietet sich für die ständig zunehmende Zahl quantitativer Informationen die analytische Behandlung mit Hilfe von mathematischen Verfahren an.

Diese Auffassung dürfte heute unbestritten sein.

Sie wird sehr nachhaltig unterstützt durch die moderne Rechnerentwicklung: Immer preiswertere und leistungsfähigere Hardware, immer praxisgerechtere Software schaffen die Möglichkeiten, auch sehr umfangreiche Datenbestände in kürzester Zeit mit den üblichen statistischen Methoden, aber auch mit komplexeren Analyseansätzen zu verarbeiten - und dies, im Gegensatz zum "Vor-Computer-Zeitalter", fehlerfrei.

Es ist deshalb an der Zeit, zusammenfassend über "rechnergestützte Verfahren in den Sozialwissenschaften" zu berichten.

Ausgehend von den vorangegangenen Überlegungen läßt sich folgendes feststellen: Gerade sozialwissenschaftliche Betrachtungen haben es in zunehmendem Maße mit immer größeren Informationsmengen zu tun. Darüber hinaus vertieft sich immer mehr der Eindruck, daß die Gegenstände sozialwissenschaftlicher Untersuchungen und Analysen Beziehungsgeflechte mit zunehmendem Komplexitätsgrad sind - zum einen, weil mit der fortschreitenden gesellschaftlichen Entwicklung tatsächlich die Komplexität gesellschaftlicher Prozesse und Abhängigkeitsbeziehungen zunimmt, zum anderen weil man immer interessierter daran ist, unter Verzicht auf allzu vereinfachende Anschauungsweisen der tatsächlichen Komplexität der Realität möglichst weitgehend Rechnung zu tragen.

Nun ist ja weitgehend bekannt, daß moderne Rechner ganz besonders gut dazu geeignet sind, sehr rasch und fehlerfrei mit großen Informationsbeständen umzugehen, und auch die Verwendung komplexerer Analyseverfahren macht ihnen, von ganz wenigen Ausnahmen einmal abgesehen, kein Kopfzerbrechen. Was liegt also näher, als diejenigen Auswertungs- und Analysemethoden, die per Hand zu zeitaufwendig, zu umständlich und zu fehleranfällig sind, "rechnergestützt" einzusetzen ? Genau genommen, geht es dabei darum, den Rechner das tun zu lassen, was uns per Hand und Kopf zu mühsam ist.

Überdies gilt natürlich, daß dann, wenn Rechner mit komplizierteren Verfahren erfolgreich umgehen können und uns deshalb zu Ergebnissen verhelfen, die wir ohne den Rechnereinsatz nur sehr mühselig erarbeiten könnten (wenn überhaupt), sie erst recht auch beim Einsatz einfacher Verfahren nützliche Hilfestellung leisten können. Warum eine Häufigkeitstabelle per Strichliste auszählen (eine der wichtigsten Aufgaben des ohne Rechner arbeitenden empirischen Sozialforschers oder Statistikers), wenn ein Rechner die Arbeit, auch wenn sie uns nur fünf Minuten unserer kostbaren Zeit wegnehmen sollte (vielleicht aber auch mehr), in wenigen Sekunden oder Sekundenbruchteilen erledigt - und dies garantiert fehlerfrei ?

Wer sich also über rechnergestützte Methoden in den Sozialwissenschaften Gedanken macht, braucht nicht nur die ganz großen und anspruchsvollen Simulationsmodelle oder die undurchsichtigen multivariaten statistischen Analyseverfahren im Auge zu haben, sondern er kann auch an die Erstellung von Häufigkeitstabellen, an die Berechnung einfacher Durchschnitte oder zum Beispiel an die graphische Darstellung von Bundestagswahlergebnissen denken. Auch bei einfachen Aufgaben, selbst bei kleineren Datenbeständen, ist der Rechnereinsatz sinnvoll.

Deshalb wird in den folgenden Kapiteln gerade auch auf einfache und überschaubare Methoden eingegangen, und dies nicht nur wegen der gerade vorgetragenen Überlegung. Darüber hinaus gilt nämlich, daß einfache Verfahren und Methoden in aller Regel als Grundbausteine auch der komplizierteren Analysemethoden verwendet werden können. Durch die Erörterung einfacher "Bausteine" erschließt sich somit auch das erforderliche Grundverständnis für anspruchsvollere und kompliziertere Verfahren. Zudem wird dem Leser der Nachvollzug der Ausführungen erleichtert, wenn zunächst mit einfachen und übeschaubaren Beispielen rechnergestützter sozialwissenschaftlicher Methoden gearbeitet wird, die gleichwohl in der praktischen Arbeit des empirischen Sozialforschers nach wie vor von großer Bedeutung sind.

Für die Bevorzugung überschaubarer und nachvollziehbarer rechnergestützter Methoden gibt es noch einen weiteren

Grund: Dieses Buch richtet sich auch an den interessierten Laien. Ich habe deshalb den Versuch unternommen, die Sachverhalte und Zusammenhänge, um die es hier geht, so darzustellen, daß keine großen Verständnisschwierigkeiten auftreten können. Dies bedeutet insbesondere, daß auf eine allzu mathematische Darstellung verzichtet wurde - zugegebenermaßen auch unter Verzicht auf die durch die Mathematik eigentlich mögliche Eleganz algorithmischer Darlegungen. Auch die zeitweilig etwas penetrante Fachsprache der Sozialwissenschaftler ist weitgehend in den Hintergrund getreten - so hoffe ich wenigstens.

Damit bietet dieses Buch auch all denjenigen eine informative Grundlage über die rechnergestützten Verfahren und ihre Einsatzmöglichkeiten in den Sozialwissenschaften, die keine ausgebildeten Soziologen, Politikwissenschaftler oder Mathematiker sind, und die auch nicht die Absicht oder die Lust haben, sich in eine dieser wissenschaftlichen Disziplinen (oder gar in alle) bis über die Ohren zu vertiefen.

Auf einen sehr wesentlichen Aspekt muß am Ende dieses Vorworts noch aufmerksam gemacht werden:

Wenn man sich in der heutigen Zeit mit dem Einsatz von Rechnern in irgendeinem der zahllosen Anwendungsbereiche - so auch in den Sozialwissenschaften - befaßt, dann geht es eigentlich nicht allein um den Rechnereinsatz selbst, also um den Einsatz irgendeines Gerätes oder einer Maschine. Vielmehr hat man gleichzeitig im Blickfeld den Einsatz fertiger <u>Programme</u>, also der sog. <u>Software</u>.

Die Rechner sind nichts ohne die vom Rechnernutzer vorgegebenen Programme, die dem Gerät mitteilen, was es eigentlich tun soll. Wer also über "Rechnereinsatz" spricht, spricht immer auch zugleich über "Software-Einsatz".

Derartige Programme (zum Beispiel ein Programm zur Berechnung eines arithmetischen Mittels aus einer großen Zahl von Einzeldaten - eine typisch sozialwissenschaftliche Aufgabenstellung, übrigens) müssen entweder vom Benutzer in einer Sprache, die der Rechner verstehen kann, geschrieben werden (man nennt dies "Programmieren" - zum Beispiel in der Sprache BASIC); oder aber - und dies ist der einfachere Weg - er bedient sich schon fertiger Programme, die in der Lage sind, die Aufgaben zu erledigen, die der Benutzer gerne erledigt haben möchte.

Wenn wir also im folgenden über rechnergestützte Methoden in den Sozialwissenschaften sprechen, dann können zwei Wege eingeschlagen werden:

1. Ich zeige dem Leser, wie man programmiert, indem nach einer allgemeinen Einführung - etwa in die leicht erlernbare Programmiersprache BASIC - typische Aufgabenstellungen der Sozialwissenschaften Schritt für Schritt programmiert werden;

2. Wir stützen uns auf schon fertige Software, soweit sie dazu geeignet ist, die Aufgabenstellungen, für die wir uns im folgenden interessieren werden, zu erledigen.

In diesem Buch werden beide Wege eingeschlagen, wobei der zweite eine gewisse Bevorzugung erfährt. Dies hat folgende Gründe:

1. Die rasche Verbreitung leistungsfähiger Software und der starke Preisverfall, der auch in diesem Bereich und nicht nur bei den Geräten selbst zu verzeichnen ist, macht die Mühe eigener Programmierung mehr und mehr überflüssig.

2. Der Vorteil der Selbstprogrammierung, nämlich anhand der schrittweisen Entwicklung von Problemlösungswegen auch selbst problemlösende Kapazität zu entwickeln oder zu steigern, braucht durch den Rückgriff auf schon fertige Software nicht verloren zu gehen. Wir werden die zur Verfügung stehende Software nicht "blindlings" einsetzen, sondern selbstverständlich die einzelnen Anwendungsprobleme, trotz der Bequemlichkeiten des "blinden" Softwareeinsatzes, Schritt für Schritt analysieren.

Mit diesem Buch soll der Leser nicht nur erfahren, wie man rechnergestützt in den Sozialwissenschaften arbeiten kann, sondern den behandelten sozialwissenschaftlichen Aufgabenstellungen soll auch unter inhaltlichen Gesichtspunkten die gebührende Aufmerksamkeit zuteil werden.

3. Das Arbeiten mit fertiger Software ist darüber hinaus mit dem Vorteil verbunden, daß der interessierte Leser erkennt, daß es bei einer Themenstellung wie derjenigen dieses Buches - und damit auch in der sozialwissenschaftlichen Praxis - nicht allein auf den Rechnereinsatz ankommt, sondern auf den Rechner und die Auswertungsprogramme.

4. Es gibt inzwischen Software, die für sehr viele Aufgaben stellungen, die sich im Bereich der empirischen Sozialwissenschaften ergeben, hervorragend geeignet ist. Es handelt sich dabei um sog. integrierte Software, die ganz unterschiedliche Typen von Aufgaben, wie wir noch sehen werden, bewältigen kann.

Ein typischer Vertreter dieser integrierten Software ist das Programmpaket

FRAMEWORK II

Es liegt auch in einer geringfügig "abgespeckten" und dafür sehr preiswerten Version vor, die unter dem Namen

Junior-FRAMEWORK

im Handel ist, welche wir - neben der Eigenprogrammierung in BASIC - hier benutzen werden, um die anstehenden sozialwissenschaftlichen Probleme in Angriff zu nehmen.

Dieses Programmpaket wird eingesetzt auf Rechnern wie dem

IBM-PC

(bzw. XT oder AT) bzw. auf dazu kompatiblen Rechnern.

Abschließend sei darauf hingewiesen, daß sich am Ende der einzelnen Kapitel einige Literaturhinweise finden. Sie spiegeln nicht immer den aktuellsten Stand der Diskussion wider, sondern beabsichtigen, dem Leser die Möglichkeit zur vertiefenden Behandlung der in den einzelnen Kapiteln angesprochenen Themenbereiche zu verhelfen. Deshalb ist die Literaturauswahl so getroffen worden, daß eher leicht lesbare Veröffentlichungen und umfassendere Arbeiten vor zu speziellen oder zu schwierigen wissenschaftlichen Veröffentlichungen bevorzugt wurden.

KAPITEL 1:

Zur Bedeutung der Rechnernutzung

1.1 MIKROPROZESSOR-TECHNOLOGIE HEUTE

1.2 COMPUTER

1.3 ZUKÜNFTIGE ENTWICKLUNGEN

1.4 ZUR GESELLSCHAFTLICHEN BEDEUTUNG DER COMPUTER-TECHNOLOGIE

1.5 RECHNEREINSATZ IN DEN SOZIALWISSENSCHAFTEN

LITERATURHINWEISE

1.1 MIKROPROZESSOR-TECHNOLOGIE HEUTE

Ein neues Schlagwort macht die Runde, das Schlagwort von der zweiten "technologischen Revolution". Damit soll verdeutlicht werden, daß wir - zumindest in den hochindustrialisierten Volkswirtschaften - in dieser Zeit mit technischen Veränderungen konfrontiert werden (genau genommen ist das Stichwort "technologisch" in diesem Zusammenhang sinnvollerweise zu ersetzen durch "technisch"), die vermutlich mit ähnlich gravierenden Konsequenzen verbunden sind, wie sie die industrielle Revolution des 19. Jahrhunderts mit sich brachte.

Und in der Tat: Wenn man die Gesellschaft im vorindustriellen Deutschland, also etwa im Jahre 1840, mit der nach der Industrialisierung, also etwa um 1900, vergleicht, stellt man fest, daß im Verlaufe dieser sechs Jahrzehnte Veränderungen eingetreten sind, die so gravierend waren, daß um die Jahrhundertwende das Deutschland der vorindustriellen Zeit kaum mehr zu erkennen war.

Insbesondere sind es natürlich die wirtschaftlichen Veränderungen, die bei diesem Blick auf die industrielle Revolution augenfällig sind, aber es sind auch bemerkenswerte soziale Veränderungen und wesentliche Modifikationen der politischen Strukturen zu beobachten: Deutschland wurde aus einem agrarisch orientierten, aus vielen Einzelstaaten zusammengesetzten Gebilde zu einem industrialisierten Nationalstaat, in dem sich die soziale Schichtung der Bevölkerung völlig verändert hatte.

In dieser Zeit verdreifachte sich die Bevölkerungszahl, die industrielle Produktion überflügelte bei weitem die im agrarischen und im handwerklichen Sektor, die Arbeiterschaft wurde zur stärksten Bevölkerungsgruppe, die städtische Bevölkerung wuchs überproportional und die politischen Entscheidungsstrukturen veränderten sich in gravierender Weise.

Es braucht an dieser Stelle auf Einzelheiten dieser Entwicklungen, die in jeder historischen Abhandlung, die diese Zeit betrifft, nachgelesen werden können, nicht eingegangen werden. Worauf es hier aber ankommt, ist die derzeit überall diskutierte Hypothese, daß in unserer Zeit durch technologische Veränderungen, die mit dem Begriff "Mikroprozessor-Technologie" verbunden sind, ähnlich gravierende Veränderungen zu verzeichnen sind.

Um diese Hypothese bewerten zu können, ist es erforderlich, sich einmal näher anzuschauen, was es denn mit diesem Begriff der "Mikroprozessor-Technologie" auf sich hat, und dies wiederum setzt voraus, daß man zunächst klärt, was ein Mikroprozessor überhaupt ist.

Wenn man auf die für den Sozialwissenschaftler nicht allzu relevanten technischen und physikalischen Details nicht eingehen möchte, läßt sich der Begriff des Mikroprozessors, ausgehend von seiner wesentlichen Grundfunktion, erläutern: Damit ist gemeint, daß ein Mikroprozessor als "Schalter" interpretiert werden kann - und zwar als ein Mehrfach-, sogar als ein Vielfach-Schalter.

Jedem Leser ist die Funktion eines Lichtschalters bekannt - nämlich durch Betätigung einen Stromkreis zu schließen oder einen geschlossenen Stromkreis wieder zu unterbrechen. In diesem Sinne ist ein schlichter Lichtschalter als "Zwei-Wege-Schalter" zu interpretieren, der dem Benutzer die Entscheidung zwischen zwei Alternativen eröffnet: Entweder er betätigt ihn, dann wird es hell, wenn es vorher dunkel war (oder umgekehrt), oder er betätigt ihn nicht, dann bleibt es dunkel, wenn es dunkel war (bzw. es bleibt hell, wenn es hell war).

Mit dem Begriff "Vielfach-Schalter" ist gemeint, daß im Gegensatz zum einfachen Lichtschalter ein Prozessor eine Vielzahl unterschiedlicher Alternativen, also eine unter Umständen sehr große Zahl von Schaltungsmöglichkeiten bietet - und das, dank der modernen Silizium-Technologie, auf kleinsten Raum (daher das Stichwort "Mikro..."). Es gibt heute Mikrochips, wie diese Prozessoren auch genannt werden, die auf einer Fläche von wenigen Quadratmillimetern mehrere Zehntausend Schaltungsmöglichkeiten in sich vereinigen - und ein Ende dieser Leistungssteigerungen ist noch nicht abzusehen.

Wenn wir also, um ein anderes anschauliches Bild zu benutzen, den einfachen Lichtschalter vergleichen können mit einer Weiche im Eisenbahngleis, welche der Lokomotive die Möglichkeit bietet, abzubiegen oder geradeaus zu fahren, dann ist der Mikroprozessor vergleichbar mit einem Rangierbahnhof mit Zehntausenden von Weichen und Gleisen, in dem unablässig Züge hin und her geschoben, auseinander gekoppelt und neu zusammengestellt werden.

Mit dieser Analogie, die allerdings auch nicht überstrapaziert werden darf, sind auch die zentralen Aufgabenstellungen der modernen Datenverarbeitung angesprochen: Datenverarbeitung mit dem Computer (wobei unter "Daten" im weitesten Sinne Informationen jeglicher Art verstanden werden können) bedeutet letztlich, wie später noch etwas ausführlicher besprochen wird, daß diese Informationen im Computer hin- und hergeschoben, auseinander genommen und neu zusammengesetzt werden. Beispielsweise stellt sich ein einfacher Additionsprozeß von zwei Zahlen so dar, daß diese beiden Zahlen von ihren Speicherplätzen geholt und auf einem dritten Speicherplatz zusammengefügt werden, wie ein neuer Güterzug auf einem dritten Gleis aus einzelnen Waggons, die auf anderen Gleisen warteten, zusammengestellt wird.

Diese Informationsverlagerungsprozesse erfordern Schalter, um die Wege zu definieren, die die einzelnen Informationen zu durchlaufen haben. Je schneller diese Schalter funktionieren und je kürzer die Informationswege sind, desto rascher laufen Datenverarbeitungsprozesse, die sich aus einer Vielzahl solcher Einzelschritte zusammensetzen, insgesamt ab. Deshalb hat die Technologie, die zu einer ständigen Verkleinerung dieser Schalter einerseits und zu einer gleichzeitigen drastischen Verkürzung der Informationswege andererseits führte, diese außerordentliche Leistungssteigerung der Computer und anderer mikroprozessorgesteuerter Geräte mit sich gebracht.

Hinzu kommt, daß - abweichend vom Analogiebild des Rangierbahnhofs - der Mikroprozessor für die Informationsbewegungen nicht einfach nur eine rasche Folge vielfacher Verzweigungsmöglichkeiten bietet (dann könnte man ihn in der Tat ja einfach "Vielfachschalter" nennen), sondern er ist in der Lage, simultan mehrere Aktivitäten auszuführen: Beim Zusammenstellen eines neuen Güterzuges wird also nicht einfach nur Waggon nach Waggon geholt und angekoppelt, sondern er kann gleichzeitig mehrere Waggons - um im Bild zu bleiben - auf unterschiedlichen Gleisen bewegen und steuern.

Mit Blick auf die Aufgabenstellungen der Informationsverarbeitung bedeutet dies, daß von der Vielzahl der einzelnen Arbeitsschritte, aus denen sich eine konkrete Datenverarbeitungsaufgabe zusammensetzt, mehrere gleichzeitig (unter Umständen sehr viele gleichzeitig) erledigt werden können. Dies bedeutet, daß ganze "Prozesse" Schritt für Schritt erledigt werden können - so mag sich der Laie den Begriff des "Prozessors" verdeutlichen. Der Computer-Fachmann möge mir die zur Veranschaulichung gewählten, sicherlich stark vereinfachenden Bilder verzeihen.

Man kann, von dieser Überlegung ausgehend, Mikroprozessoren der heutigen Generation sogar als Rechner-Zentraleinheiten ansehen, d.h. alles, was sich im zentralen "Kern" eines Computers bei einem bestimmten informationsverarbeitenden Prozeß abspielt, setzt sich aus Aktivitäten des Mikroprozessors zusammen.

Dies verdeutlicht, daß ein Mikroprozessor eigentlich ein Computer "im Kleinformat" ist: Auf einem Mikrochip vereinigen sich Tausende von Schaltelementen und die sie verbindenden Stromleitungen - er ist ein komplettes, umfangreiches elektronisches System in miniaturisierter Form.

In diesem Zusammenhang ist die folgende Anmerkung besonders wichtig:

Mikroprozessoren spielen nicht allein in der modernen Computertechnologie eine entscheidende Rolle - auch wenn man manchmal diesen Eindruck gewinnen mag, wenn der Begriff des Mikrochips in einem Atemzug mit dem des "Mikrocomputers" genannt wird. Mikroprozessoren haben sich ein breites Spektrum von Einsatzmöglichkeiten geschaffen - von der Steuerung der modernen Autoelektronik und Industrierobotern und der Inganghaltung von Armbanduhren und Herzschrittmachern bis hin zur Steuerung von Waschmaschinen, Modelleisenbahnen und Photoapparaten, bis zur Ersetzung des Schachpartners und bis zur prothetischen Versorgung Behinderter, was ja gerade unter sozialen und damit auch unter sozialwissenschaftlichen Aspekten ganz besonders bedeutsam ist.

1.2 COMPUTER

Im vorangegangenen Abschnitt ist der Begriff des Computers schon verwendet worden, ohne daß eigentlich klargestellt wurde, was es damit überhaupt auf sich hat. Dies holen wir jetzt nach.

Als dieser Begriff aufkam, verstand man darunter Geräte, die zur Erledigung von Rechenaufgaben eingesetzt wurden (to compute = rechnen). Es handelte sich damals also um Maschinen, die in der Lage waren, Additions- oder Multiplikationsaufgaben, oder was sonst noch aus der Arithmetik bekannt ist, durchzuführen - und zwar außerordentlich rasch und angenehmerweise fehlerfrei. Insoweit waren sie von Anfang an dem menschlichen Gehirn überlegen.

Selbst die noch sehr langsamen Rechner der vierziger Jahre waren in der Lage, zwei zehnstellige Zahlen in ca. 6 Sekunden miteinander zu multiplizieren - mit korrektem Ergebnis, versteht sich, was beim Rechnen mit Papier und Bleistift unter Zuhilfenahme des eigenen Gehirns häufig nicht der Fall ist und auf jeden Fall nicht mit dieser Geschwindigkeit funktioniert. Heute dauern derartige Rechenkunststücke nur noch Millisekundenbruchteile, was insbesondere mit der im vorangegangenen Abschnitt angesprochenen Miniaturisierung zu tun hat, und die Fehlerlosigkeit ist nach wie vor garantiert.

Mit der fortschreitenden technologischen Entwicklung hat sich dann herausgestellt, daß Computer sehr viel mehr können, als nur mit Zahlen umzugehen. So wie sie sehr rasch die Zahlen 11 und 13 zum Wert 24 additiv zusammenfügen können, können sie auch aus den Bausteinen "Otto" und "kar" den Namen "Ottokar" erzeugen, d.h. sie können auch mit Buchstaben, Worten und Texten umgehen. Aber auch andere Arten von <u>Informationen</u> (Ziffern, Zahlen, Buchstaben, Worte und Texte sind ja nur spezielle Beispiele für unterschiedliche Informationen), wie Töne, Bilder, Farben können zum Gegenstand von informationsverarbeitenden Prozessen durch Computer gemacht werden.

Der moderne Computer ist also längst nicht mehr einfach nur ein "Rechenknecht" oder ein "Rechenkünstler", sondern eine informationsverarbeitende Maschine im weitesten Sinne des Wortes.

Diese Entwicklung ist insbesondere dadurch zustandegekommen, daß mit zunehmendem Komplexitätsgrad der computerinternen Schaltungen diese Geräte immer besser in der Lage waren, auch Vergleiche durchzuführen und logische Entscheidungen zu treffen. Ein moderner Computer kann nicht nur rechnen

11 + 13

sondern er kann beispielsweise auch feststellen, daß 5 größer als 3 ist, daß "Adam" nicht "Eva" ist, oder daß 7 gleich 7 ist.
Diese Möglichkeit der Herbeiführung von Entscheidungen, auf logischen Operationen aufbauend, hat die Einsatzmöglichkeiten dieser Geräte vervielfacht. Insbesondere ist es auf dieser Grundlage möglich, sie mit einer Folge von Anweisungen zu versehen, die sie selbständig Schritt für Schritt abarbeiten können und aus denen zu entnehmen ist, was mit einem gegebenen Datenbestand im Zuge eines informationsverarbeitenden Prozesses eigentlich geschehen soll.

Eine solche Folge von Anweisungen nennt man ein <u>Programm</u>.

Ein entsprechend programmierter Rechner kann also sehr viel mehr als rechnen - er kann Informationen vergleichen, suchen, ersetzen, sortieren, verknüpfen, vervielfältigen, reduzieren oder was auch immer - und er kann sich bei der Erledigung solcher oder entsprechender Aufgaben selbst steuern.

1.3 ZUKÜNFTIGE ENTWICKLUNGEN

Wenn man danach fragt, wie die zukünftige Entwicklung der Rechner aussehen könnte und welche Möglichkeiten sie uns, über das hinaus, was heute schon mit diesen Geräten getan werden kann, bieten werden, dann sind die folgenden Stichworte wichtig:

1. Verbilligung

Die Computer sind im Zeitablauf immer billiger geworden. Dies betrifft sowohl die Rechner selbst, aber auch die Geräte der sog. Peripherie, wie zum Beispiel Speichergeräte (und Speichermedien), Informationsübertragungsgeräte, Drukker, Plotter (Zeichengeräte) u.v.a.. Diese Bausteine, die man zusammenfassend als "Hardware" bezeichnet, haben einen Preisverfall erlebt, der in der Geschichte der Technik-Entwicklung ohne Beispiel ist. Ein Rechner, der Anfang der siebziger Jahre etwa 20 Millionen US-Dollar kostete, wies eine Leistungsfähigkeit auf, die heute (1988) in Homecomputern zur Verfügung steht, die vielleicht noch 500 oder höchstens 1000 DM kosten. Auch die peripheren Geräte haben diesen außerordentlichen Preisverfall erlebt.

Dieser Preisverfall betrifft aber nicht allein die Hardware. Auch die Software, worunter man die Gesamtheit der fertigen Programme versteht, die zur Erledigung der unterschiedlichsten Aufgaben eingesetzt werden können (Rechenprogramme, Textverarbeitungssysteme, Analyseprogramme, Graphikprogramme, Verwaltungs- und Steuerungsprogramme usw.), ist immer preiswerter geworden. Bedenkt man, daß Computer ohne Programme nichts können, wird deutlich, wie wichtig der Preisverfall im Softwarebereich für die rasche Verbreitung dieser Technologie war.

2. Verarbeitungsgeschwindigkeit

Der Preisverfall ist vor allem in der Massenherstellung der Mikrochips begründet. Diese Bausteine begründen aber gleichzeitig auch die extreme Steigerung der Geschwindigkeit von

Datenverarbeitungsprozessen. Die Miniaturisierung der integrierten Schaltkreise hat zu einer extremen Verkürzung der Schaltübertragungswege geführt - und je kürzer die Wege sind, die die einzelnen Schaltimpulse zu durchlaufen haben, desto kürzer werden die einzelnen Schaltzeiten. Je kürzer wiederum diese einzelnen Zeiten sind, desto kürzer wird der gesamte informationsverarbeitende Prozeß, der durch einen Computer bei einer bestimmten Aufgabenstellung zu erledigen ist.

Aus diesen Überlegungen ergibt sich, daß auch komplizierte Datenverarbeitungsprozesse, die noch vor einem Jahrzehnt Stunden in Anspruch genommen haben, oder die gar nicht in Angriff genommen werden konnten, weil selbst mit den Computern jener Zeit die Rechenzeiten ins Unermeßliche gestiegen wären, heute in Sekunden erledigt werden können. Und wenn komplizierte Prozeduren so viel schneller ablaufen, dann einfachere Operationen erst recht.

3. Speicherkapazitäten

Die modernen Computer weisen weit höhere Speicherkapazitäten auf, als früher für möglich gehalten wurde. Ein PC (personal computer) der heutigen Generation, den man für 2000 bis 5000 DM erwerben kann, hat eine interne Speicherkapazität von bis zu einem Megabyte. Mit diesem Begriff (abgekürzt: 1 Mb) ist gemeint, daß er rund eine Million Zeichen (z.B. Ziffern oder Buchstaben) speichern kann, also den Inhalt von rund 500 vollgeschriebenen Schreibmaschinenseiten.

Dies bedeutet, daß umfangreiche Datenbestände verarbeitet werden können, daß ganze Romane per Textverarbeitung auf einem PC geschrieben werden können oder daß komplizierteste Auswertungsprogramme, zusammen mit den auszuwertenden Informationen, im Rechner untergebracht werden können.

Diese Zunahme der Speicherkapazitäten betrifft auch die <u>peripheren Speicher</u>, die dazu dienen, Informationen aufzunehmen, die in einem konkreten Datenverarbeitungsprozeß gerade nicht benötigt werden, sondern vielleicht erst später wieder. Bei PC-Rechenanlagen benutzt man meist <u>Disketten</u> als periphere oder externe Speicher, die heute bis 1,2 Megabyte Speicherkapazität aufweisen. Als Alternative bieten sich bei solchen Rechenanlagen <u>Festplatten</u> an, die derzeit eine Speicherkapazität bis zu 64 Mb aufweisen (rund 32000 Schreibmaschinenseiten voller Informationen).

4. Interne Verarbeitung

Bei der Beantwortung der Frage, warum die Computer immer leistungsfähiger geworden sind, spielt ein weiterer Faktor eine ganz entscheidende Rolle, der die interne Informationsverwaltung betrifft. Damit ist der Tatbestand angesprochen, daß der interne Zugriff auf Informationen (Daten oder Programmanweisungen), die Entschlüsselung dieser Informationen, die einzelnen Verarbeitungsschritte (zum Beispiel Informationsvergleiche, logische Entscheidungen, arithmetische Teilprozeduren, das Hin- und Herschieben von Einzelinformationen - der Leser erinnere sich an das Analogiebeispiel des Rangierbahnhofs) sich immer rascher vollziehen. Teilweise laufen derartige Einzelprozeduren auch zeitlich parallel ab - zuständig dafür ist die interne Rechner- und Prozessor-<u>Architektur</u> und darüber hinaus die die internen Prozesse steuernden Programme, die von der Herstellerseite schon vorgegeben sind - so daß daraus insgesamt sehr kurze Prozeßzeiten resultieren.

Dieser Beschleunigungsprozeß ist unter anderem auch darauf zurückzuführen, daß die Taktfrequenzen der Prozessoren ständig erhöht wurden, so daß der zeitliche Abstand von einem im Prozessor ablaufenden Arbeitsschritt bis zum nächsten immer kürzer geworden ist.

5. Komfort

Schließlich ist darauf hinzuweisen, daß der Komfort in der Rechnerbedienung und in der Nutzung der Software ständig zugenommen hat. Auch ungeübte Benutzer und der "Einsteiger" können heute ohne allzu große Mühe mit fertigen Programmen schwierigste Probleme in Angriff nehmen. Üblicherweise wird ihnen dabei auf dem Bildschirm gezeigt, was im einzelnen zu tun ist; Menüs führen Schritt für Schritt durch die einzelnen Anwendungsbereiche eines Programmes oder eines Programmsystems; Hilfstexte, die an jeder Stelle der Programmbearbeitung abgerufen werden können, informieren über die Modalitäten des Programms und machen auf Fehlermöglichkeiten und die Beseitigung dieser Fehler aufmerksam usw.. Eine Ausnahme bilden in diesem Zusammenhang leider die Computer-Handbücher, die für den Anfänger in der Regel kaum verständlich sind.

Allerdings darf dieser Zuwachs an Komfort nicht über einen sehr wichtigen Tatbestand hinwegtäuschen, der für den Computereinsatz nach wie vor von entscheidender Bedeutung ist: Welche Methode beispielsweise bei einem bestimmten Datenauswertungsprozeß angewandt werden muß, welches Analyseverfahren angemessen ist - diese und ähnliche Fragen muß der

Computernutzer beantworten können, bevor der Rechnereinsatz in Frage kommt. Wer nicht weiß, daß eine jahresdurchschnittliche Wachstumsrate in einer ökonomischen Zeitreihe mit den Ansätzen der Zinseszinsrechnung und nicht etwa durch arithmetische Mittelung einzelner jährlicher Wachstumsraten berechnet wird, dem hilft der Computer nichts, denn der weiß es auch nicht.

Selbst wenn der Rechner dank geeigneter Software bestimmte Auswertungsmethoden kennt und deshalb gewissermaßen auf Knopfdruck Ergebnisse produziert, wird der Computernutzer bei der inhaltlichen Interpretation dieser Ergebnisse scheitern, wenn er nicht auch die Methode kennt, die durch den Rechner und seine Programme eingesetzt worden ist.

Zunehmender Komfort also in allen Ehren - man kommt trotzdem nicht umhin, sich mit Methodenfragen intensiv zu befassen. Allerdings wird man bei der Anwendung der Methoden, also bei einzelnen, vielleicht sehr aufwendigen und fehlerträchtigen Rechenprozeduren durch den Computer entlastet - und das ist ja auch etwas !

Diese Entwicklung ist insbesondere dadurch beschleunigt und unterstützt worden, daß problemorientierte Sprachen entwikkelt wurden, die es zum Beispiel dem Sozialwissenschaftler erlauben, mit dem Rechner in einer Sprache zu kommunizieren, die nicht schwer zu erlernen ist, und die in der Regel erkennen läßt, was gemeint ist. Man braucht also nicht irgendwelche besonders geheimnisvollen Maschinencodes zu beherrschen, sondern man kann beispielsweise einem Rechner sagen, wenn man die Zahlen 3 und 8 addieren und das Ergebnis auf dem Bildschirm sehen will:

```
PRINT 3 + 8
```

Das leuchtet ein und beleuchtet anschaulich das Stichwort "Komfort", das hier zur Debatte steht (es handelt sich bei diesem Beispiel der Kommunikation mit dem Rechner um ein Kommando aus der sehr einfachen Sprache BASIC).

Faßt man diese Ausführungen zusammen, so kann man für die Zukunft Perspektiven herleiten, die weitere Erleichterungen, Verbesserungen und Beschleunigungen erwarten lassen. Somit werden sich dem Rechnereinsatz weitere Einsatzbereiche erschließen und weitere Nutzerkreise werden sich in zunehmendem Maße ihre Arbeit durch Rechner und Software erleichtern.

Wichtige Entwicklungstendenzen in dieser Richtung lassen sich mit dem Stichwort der "Künstlichen Intelligenz" bezeichnen. Was hat es damit auf sich ?

Wenn man durch ein Computersystem (oder auch durch eine andere technische Anlage) Aufgaben erledigen lassen kann, die - würden sie durch den Menschen ausgeführt - Intelligenz erforderten, so kann man dies als eine Aufgabenerledigung mittels "künstlicher Intelligenz" bezeichnen. Es geht an dieser Stelle nicht darum, eine ausführliche Diskussion des Begriffs der Intelligenz anzuschließen - vielmehr will ich in der gebotenen Kürze darauf hinweisen, daß es eine Reihe von Programmen und Programmsystemen gibt, die auf quasi-intelligente Weise unterschiedliche Aufgaben übernehmen und erledigen können.

Die Aufgabenstellungen, um die es in diesem Zusammenhang geht, lassen sich unter folgenden Oberbegriffen zusammenfassen:

1. Steuerung von Maschinen

2. Auskunfts- und Expertensysteme

3. Programme der Mustererkennung

4. Inferenz

5. Selbstlernende Programme

Die Programme der Künstlichen Intelligenz zeigen, daß unter Software-Gesichtspunkten Entwicklungen in Gang gekommen sind und ständig voranschreiten, die den Computer in immer größeren Einsatzbereichen zu einem wichtigen Instrument der Informationsbereitstellung und -verarbeitung machen. In diesem Buch wird gezeigt, daß diese Entwicklungen auch vor den Sozialwissenschaften nicht halt machen, sondern auch in diesem Wissenschaftsbereich mit bemerkenswertem Nutzen eingesetzt werden können.

1.4 ZUR GESELLSCHAFTLICHEN BEDEUTUNG DER RECHNERTECHNOLOGIE

Vor den weiteren Ausführungen ist es sinnvoll, sich kurz der Frage zuzuwenden, wie es denn um die gesellschaftliche Bedeutung dieser Technologie steht. Wer rechnergestützt in den

Sozialwissenschaften arbeitet oder zukünftig arbeiten will, sollte diese Frage nicht einfach übergehen.

Natürlich würde es viel zu weit führen, alle Aspekte, die unter dieser Fragestellung angesprochen werden können, im Detail zu diskutieren. Die Debatte um die Auswirkungen neuer Technologien, speziell neuer Informations- und Kommunikationstechnologien und damit auch der Computer-Technologie füllt ja inzwischen schon Bände. Einige der wichtigsten Stichworte sollen aber kurz aufgegriffen werden in der Hoffnung, sie mögen die weitere Befassung des Lesers mit dieser Thematik anregend beeinflussen.

Die gesellschaftliche Bedeutung der Technologie, die hier zur Debatte steht, läßt sich unter verschiedenen Gesichtspunkten diskutieren. Einer der wichtigsten knüpft an der Frage an, wer denn von dieser speziellen neuen Technologie betroffen ist - und in welcher Weise.

Von daher kann man mit Blick auf die Bedeutung und die Wirkungen der Computer-Technologie grob wie folgt unterteilen:

1. Sozio-individuelle Wirkungen
2. Sozialstrukturelle Wirkungen
3. Ökonomische Wirkungen
4. Politische Wirkungen

Diese vier Kategorien schließen sich nicht völlig gegenseitig aus, sondern sie überschneiden sich in Teilbereichen; zudem schöpfen sie den Untersuchungsbereich, um den es hier geht, nicht völlig aus, erfassen aber die wichtigsten der interessierenden Teilbereiche.

Zu diesen vier Teilbereichen nun meine Thesen, deren bewertende Erörterung ich dem Leser überlasse:

1. Sozio-individuelle Wirkungen

These 1 :

Der Computereinsatz verändert die Art und Weise, wie das Individuum mit Informationen, mit Daten und mit Wissen umgeht. Entscheidend ist nicht mehr der Vorrat an Kenntnissen und Informationen, über den das einzelne Individuum verfügt, sondern seine Möglichkeiten auf extern gespeicherte Wissensvorräte zuzugreifen. Entscheidend ist auch nicht mehr die Beherrschung auch komplexerer Methoden der Problemlösung, sondern die Möglichkeiten des Zugriffs auf problemlösende Programme und deren Verwendung.

These 2 :

Der Computereinsatz verändert darüber hinaus (möglicherweise) das Bewußtsein derjenigen, die mit diesen Geräten fortwährend umgehen. Beim Einsatz der Rechner zur Lösung bestimmter Probleme ist es nämlich erforderlich, ganz spezifische Wege der Problemlösung einzuschlagen - solche nämlich, die dieser Technologie angepaßt sind, bzw. die sich dadurch auszeichnen, daß diese Technologie in optimaler Weise ihre Möglichkeiten ausnutzen kann.

Im Grunde wird mit dieser Überlegung die Frage gestellt, ob in erster Linie nicht nur solche Probleme in Angriff genommen werden, deren Lösungswege "computerisierbar" sind, während solche, die sich nach wie vor dem Computereinsatz mehr oder weniger entziehen, in zunehmendem Maße vernachlässigt werden.

Ein bekannter Kritiker der zunehmenden Computerisierung hat dies einmal so zum Ausdruck gebracht, daß er die Behauptung zurückwies, wegen der zunehmenden Datenmengen sei der Computereinsatz zwingend erforderlich gewesen, bzw. sei die Erfindung des Computers gerade zur rechten Zeit erfolgt. Umgekehrt sei es eher richtig, behauptet er: Weil es Computer gibt, müssen ständig mehr und mehr Daten produziert werden (und der Wunsch, diese Datenbestände auch auszuwerten und zu analysieren, muß ständig wach gehalten werden), um gewissermaßen die Existenz und den Einsatz dieser ansonsten nutzlosen Geräte zu rechtfertigen.

Insoweit also ist es durchaus diskutierbar, ob der Mensch sich nicht in vielleicht unzulässiger Weise dem Computer und seinen "Bedürfnissen" anpaßt, anstatt diese Technologie ausschließlich zur Befriedigung der menschlichen Bedürfnisse zu nutzen - soweit sie dazu überhaupt in der Lage ist.

These 3 :

Der zunehmende Computereinsatz erfordert von immer mehr Menschen, daß sie sich mit dieser Technologie befassen. Möglicherweise gehört es in absehbarer Zeit zu den sog. Kulturtechniken, zu denen man zum Beispiel heute das Lesen und das Schreiben zählt, daß der gebildete Bürger auch mit dem Computer umgehen kann. Die in zunehmendem Maße besuchten Kurse in Programmieren, Computer- und Softwarenutzung und der wachsende Anteil an Informatik-Unterrichtseinheiten und -Studiengängen belegen dies in überzeugender Weise.

Damit ist ein Problembereich angesprochen, der weiter unten unter den Stichworten "sozialstrukturelle Wirkungen" und "ökonomische Wirkungen" erneut auftauchen wird. Es werden in zunehmendem Maße neue Qualifikationen vom einzelnen Individuum - insbesondere mit Blick auf die beruflichen Möglichkeiten - gefordert, während traditionelle Kenntnisse und Fertigkeiten eher in der Hintergrund rücken.

These 4 :

Die Computer-Technologie, die ja ihrerseits als Teilbereich der sich rasch ausbreitenden neuen Informations- und Kommunikations-Technologien aufgefaßt werden kann, begünstigt in weitem Ausmaße Entwicklungen, die sich durch immer leichteren Austausch immer größerer Informationsmengen auszeichnen. Dadurch wird es unter anderem auch möglich, über immer mehr Menschen immer mehr zu wissen - wenn man das will, bzw. wenn entsprechende Maßnahmen der Gegensteuerung auf der rechtlichen oder auf der politischen Ebene nicht hinreichend greifen oder umgangen werden (können).

Daraus resultiert die Gefahr, daß es zunehmend schwieriger werden könnte, den Bereich individueller Informationen vor unberechtigtem Zugriff wirksam zu schützen. Die neuen Informations- und Kommunikations-Technologien lassen das Gespenst des "gläsernen Menschen" am Horizont erscheinen.

2. Sozialstrukturelle Wirkungen

Eine Reihe der individuellen Wirkungen, die im vorangegangenen Abschnitt unter dem Aspekt der Bedeutung der Computer-Technologie angesprochen wurden, leiten nahtlos in Problembereiche über, die direkt auf der gesellschaftlichen Ebene angesiedelt sind. Die Wirkungsbereiche, die hier in erster Linie bedeutsam sind, will ich in den folgenden Thesen ansprechen:

These 1 :

Die neuen Technologien, insbesondere die Computer-Technologie, haben weitgehende Auswirkungen auf das Bildungssystem, bzw. erzwingen weitreichende Änderungen im Bildungs- und Ausbildungssystem. Um die heranwachsende Generation auf die Anforderungen angemessen vorzubereiten, die im beruflichen, aber auch im privaten Bereich mit dem Einzug der modernen Informations- und Kommunikationstechnologie verbunden sind, muß den entsprechenden Themenbereichen in der schulischen und der beruflichen Bildung wachsende Aufmerksamkeit gewidmet werden.

These 2 :

Die rasche Durchsetzung der Computer-Technologie ist mit beträchtlichen Veränderungen auf dem Arbeitsmarkt verbunden. Zum einen bestimmen neue Berufsbilder und Änderungen der Qualifikationsstrukturen in bestehenden Berufen diese Entwicklung; zum anderen entfallen in zunehmendem Maße traditionelle Berufe - zum Teil ersatzlos.

Damit kommt es zu sozialstrukturellen Veränderungen, die sich insbesondere dadurch auszeichnen, daß in bestimmten Bereichen (und Regionen) zunehmende Arbeitslosigkeit zu verzeichnen ist, in anderen entstehen neue Berufe, die mit speziellen Anforderungsprofilen verbunden sind.

These 3 :

Auf der gesellschaftlichen Ebene interessiert auch die Frage, inwieweit durch moderne Informations- und Kommunikationstechnologien, und deshalb auch durch die Computer-Technologie, Daten und Informationen zugänglich werden, die vor der Durchsetzung dieser Technologien auf der individuellen Ebene leicht schützbar waren (siehe oben auch These 4). Es entstehen möglicherweise kommunikative Strukturen, die in weitem Ausmaße den Austausch von allen möglichen Informationen erlauben. Vor allem durch die zunehmende Vernetzung von Informationssystemen, Datenbanken u. dergl. wird dieser Prozeß gefördert. Dadurch zeichnen sich Möglichkeiten der beliebigen "Durchleuchtung" sozialer Strukturen bis hinab auf die individuelle Ebene ab, deren Risiken und Gefahren noch nicht hinreichend diskutiert sind.

3. Ökonomische Wirkungen

Die wirtschaftlichen Wirkungen neuer Technologien werden seit einiger Zeit ausführlich erörtert - sie stehen derzeit sogar im Mittelpunkt des Interesses. Deshalb auch zu diesem Bereich einige Thesen:

These 1 :

Die gesamtwirtschaftlichen Fortschritte in der Ausbreitung moderner Informations- und Kommunikationstechnologien und der Computer-Technologie können als Zukunftsinvestitionen bezeichnet werden. Die Aktivitäten in diesen Bereichen sind erforderlich, um die Zukunft der hochindustrialisierten Gesellschaft, wie sie auch die Bundesrepublik Deutschland darstellt, zu sichern.

Investitionen in diesen Bereichen führen zu Produktivitätsfortschritten, die es erlauben, auch zukünftig einen wachsenden Lebensstandard zu sichern.

These 2 :

Die Computerisierung in vielen Wirtschaftsbereichen - angefangen bei den güterproduzierenden Branchen bis hin in weite Teile des Dienstleistungsbereichs - ist erforderlich, um die internationale Wettbewerbsfähigkeit der deutschen Wirtschaft zu sichern. Von der Stärkung dieser Wettbewerbsfähigkeit hängt es in erster Linie ab, ob ein so exportorientiertes Land wie die Bundesrepublik Deutschland auch zukünftig ihren Platz im Rahmen der Weltwirtschaft behält und darüber hinaus ausreichende binnenwirtschaftliche Wachstumsimpulse produziert.

These 3 :

Die Produktivitätsfortschritte, die zum Beispiel mit der Computerisierung einhergehen, sind dazu geeignet, Arbeitsplätze zu sichern.

Mit dieser These wird der weit verbreiteten Überzeugung widersprochen, daß der Computer ein "Jobkiller" sei. In mikroökonomischer Betrachtungsweise, d.h. auf der Ebene des einzelnen Betriebes und der einzelnen betroffenen Arbeitsplätze mag dies zwar richtig sein (es gibt genügend Beispiele für "wegrationalisierte" Arbeitsplätze), nicht aber auf der gesamtwirtschaftlichen Ebene:

Es kann belegt werden, daß in denjenigen Branchen, die aufgrund der zunehmenden Computerisierung überdurchschnittliche Produktivitätsfortschritte aufweisen, die Sicherung und das Neu-Entstehen von Arbeitsplätzen leichter vonstatten geht, als in Branchen mit unterdurchschnittlichen Produktivitätsentwicklungen.

These 4 :

In langfristiger Betrachtungsweise gilt, daß diejenige Volkswirtschaft, die auf den raschen Einsatz moderner Technologien mit dem Ziel verzichtet, Arbeitsplatzverluste durch Rationalisierungen zu vermeiden, auf die Dauer durch den

Verlust der internationalen Wettbewerbsfähigkeit mehr Arbeitsplätze verlieren wird, als sie zu bewahren hoffte.

4. Politische Wirkungen

Auch auf der politischen Ebene sind Wirkungen der Computer-Technologie unübersehbar, die auf die generelle Bedeutung dieser Technologie direkt verweisen. Diese Wirkungen hängen - wie leicht einsichtig ist - eng mit denen zusammen, über die oben gesprochen wurde. Trotzdem sollen die wichtigsten dieser Wirkungen, speziell unter politischen Aspekten, hier noch einmal genannt werden :

These 1 :

Im politischen Bereich zeigt die Computer-Technologie einen janusköpfigen Charakter: Zum einen erfordert sie politische Entscheidungen neuer Qualität (man denke beispielsweise an die Anforderungen, die an die Bildungspolitik oder an die Arbeitsmarktpolitik gestellt werden); zum anderen erleichtert sie diese Entscheidungen.

Dieser zweite Aspekt ist besonders interessant. Mit Blick auf den ständig zunehmenden Komplexitätsgrad gesellschaftlicher, ökonomischer und politischer Problemkonstellationen und angesichts der "Informationsflut", mit der nicht nur der verantwortliche Politiker überschwemmt wird, wird der Rechnereinsatz immer unentbehrlicher, wenn in angemessener Zeit und unter Berücksichtigung aller relevanten Informationen sachgerechte politische Entscheidungen getroffen werden sollen und müssen.

These 2 :

Von großer politischer Relevanz ist auch die Beobachtung, daß durch die zunehmende Nutzung moderner Informations- und Kommunikationstechnologien in immer mehr Bereichen möglicherweise neue "Wissenseliten" entstehen. Anders formuliert: Es besteht die Möglichkeit (oder die Gefahr), daß in zunehmendem Maße nicht mehr die verantwortlichen Politiker die anstehenden Entscheidungen treffen, sondern letztlich diejenigen, die den direkten Zugang zu den neuen Technologien haben, damit umgehen können und ihren Wissens- und Fähigkeitenvorsprung zu bewahren trachten.

Eventuell entstehen auf diese Weise Abhängigkeitsbeziehungen, die nicht unproblematisch sind. Sicherlich sind wir noch nicht in der Situation, die in manchen Science-fiction-Filmen beschrieben wird, daß nämlich Computer die Geschicke der Menschen lenken - vielleicht sind wir aber auf dem Wege dahin ("Kurs auf den Eisberg", wie J.WEIZENBAUM dies nannte).

These 3 :

Die wichtigste Herausforderung für den politischen Bereich, die durch die Computer-Technologie erzeugt wird, besteht darin, die Chancen und die Risiken dieser Technologie (so wie bei anderen modernen Technologien auch) abzuschätzen und unter Wahrung der individuellen Rechte diejenigen politischen Entscheidungen zu treffen, die den Einsatz dieser Technologie zum Nutzen der Gesellschaft erlauben.

Noch einmal sei betont, daß diese Thesen und weitere entsprechender Art ausführlich und kontrovers diskutiert werden. Es ist mit Blick auf die generelle Themenstellung dieses Buches hier nicht der Platz, diese außerordentlich interessante Diskussion im Detail vorzustellen. Der Leser sei auf die Literaturhinweise am Ende dieses Kapitels verwiesen.

1.5 RECHNEREINSATZ IN DEN SOZIALWISSENSCHAFTEN

Nach den Ausführungen der vorangegangenen Abschnitte, bei denen es in erster Linie darum ging, den generellen Hintergrund auszuleuchten, auf dem die Thematik "rechnergestützte Methoden in den Sozialwissenschaften" angesiedelt ist, wird es nun Zeit, sich der konkreten Frage zuzuwenden, in welchen sozialwissenschaftlichen Bereichen Rechner tatsächlich eingesetzt werden und welche Ziele damit verfolgt werden. Mit dieser Betrachtung wird die Brücke zu den dann folgenden Kapiteln geschlagen, die mit der Rechnernutzung in der praktischen Arbeit des Sozialwissenschaftlers zu tun haben.

Die Diskussion des Rechnereinsatzes in den Sozialwissenschaften macht zunächst eine Begriffsabgrenzung erforderlich, um für die folgenden Ausführungen klarzustellen, was mit "Sozialwissenschaften" überhaupt gemeint ist, d.h. welche Wissenschaftsbereiche mit diesem Begriff - soweit es die Ausführungen dieses Buches betrifft - angesprochen sind. Es geht dabei nicht um eine akademische Erörterung des Begriffs der Sozialwissenschaften, sondern einfach um die

Aufzählung derjenigen Bereiche, die mit den Anwendungsbeispielen der folgenden Kapitel angesprochen werden.

In einer zugegebenermaßen relativ engen Begriffsauslegung erfolgt in diesem Buch eine Beschränkung auf soziologische und auf politikwissenschaftliche Aufgabenstellungen. Ausgeklammert werden hier also Bereiche wie zum Beispiel die Sozialpsychologie oder angrenzende Disziplinen, die in einem etwas weiteren Begriffsverständnis sehr wohl auch (wenn auch nicht ohne Widerspruch aus der Fachwelt) zu den Sozialwissenschaften gezählt werden können, wie zum Beispiel die Sozialökonomik, die Sozialpolitik, die Sozialmedizin und ähnliche Bereiche.

Damit ist eine relativ enge Begrenzung vorgenommen worden. Dies dient zwar der Übersichtlichkeit der folgenden Ausführungen, verstellt aber möglicherweise den Blick auf den Umstand, daß die Sozialwissenschaften als sehr umfassende wissenschaftliche Disziplin aufgefaßt werden können. Allerdings kann zur Begründung dieser engen Begrenzung darauf verwiesen werden, daß Anwendungsbeispiele aus der Soziologie oder aus den Politikwissenschaften sehr wohl exemplarischen Charakter auch für andere Bereiche haben. Dies bedeutet, daß - ausgehend von den Anwendungsbeispielen, an denen wir den Computereinsatz in den Sozialwissenschaften demonstrieren - Übertragungen auch auf andere Teilbereiche der Sozialwissenschaften, die hier nicht betrachtet werden, möglich sind.

Anders ausgedrückt: Wer erkennt, wie rechnergestützte Methoden in der Soziologie oder in der Politikwissenschaft nutzbringend eingesetzt werden können, der gewinnt auch eine Vorstellung davon, daß und wie dies in weiteren Teilbereichen der Sozialwissenschaften gelingen kann.

Weiterhin erfolgt eine Themenbeschränkung unter dem Aspekt, daß hier nur solche Aufgabenstellungen aufgegriffen werden, die einen empirischen Bezug aufweisen. Dies bedeutet, daß nichtempirische Aufgabenbereiche der Sozialwissenschaften hier nicht behandelt werden, weil sie sich in der Tat für den Einsatz von Rechnern nicht eignen.

Wenn der Rechnereinsatz, wie aus früheren Ausführungen schon hervorgeht, in erster Linie dazu dient, mit großen Datenbeständen und/oder mit anspruchsvolleren Auswertungs- und Analysemethoden umzugehen (wobei diese Methoden sich ebenfalls auf Datenbestände oder allgemein gesprochen auf Informationen irgendwelcher Art beziehen), dann ist natürlich der zentrale Grundtatbestand aller folgenden Ausführungen der, daß Datenbestände vorliegen.

Genau darum handelt es sich bei den empirischen Wissenschaften: Wissenschaftliche Aussagen, theoretische Überlegungen, daraus abgeleitete Untersuchungshypothesen werden mit empirischen Befunden konfrontiert, d.h. mit Informationen, die durch Erfahrungen gewonnen wurden.

In der Soziologie handelt es sich dabei um Aufgabenstellungen der empirischen Sozialforschung; Marktuntersuchungen, Studien zur Sozialstruktur eines Landes, Einstellungs- und Verhaltensforschungen, demographische Studien, Akzeptanz- und Wirkungsanalysen u.ä.. In der Politikwissenschaft geht es in diesem Zusammenhang zum Beispiel um Analysen des Wählerverhaltens, vergleichende Politikfeldanalysen, empirische Analyse politischer Konfliktsituationen auf unterschiedlichen Ebenen u.ä..

Bei allen derartigen und ähnlichen Aufgabenstellungen werden Untersuchungshypothesen, die auf der Grundlage theoretischer Überlegungen gewonnen wurden, mit empirischen Befunden konfrontiert, um eine Entscheidung darüber herbeizuführen, ob die jeweilige Hypothese im Lichte der empirischen Befunde als bestätigt gelten kann oder ob sie sinnvollerweise verworfen werden soll.

Das Herbeiführen dieser Entscheidungen erfordert die Auswertung und Analyse der erhobenen Daten - und genau an dieser Stelle wird sich der Rechnereinsatz als sinnvoll und nutzbringend erweisen.

Ein schematisches Beispiel kann diese etwas theoretischen Darlegungen anschaulich illustrieren:

Es sei beispielsweise die folgende Untersuchungshypothese formuliert worden (wie man zu solchen Hypothesen gelangt, kann in Lehrbüchern zur sozialwissenschaftlichen Methodenlehre nachgelesen werden):

Es besteht ein bemerkenswerter Zusammenhang zwischen der sozialen Schichtzugehörigkeit der Eltern und den Bildungserfolgen der Kinder.

Die Entscheidung darüber, ob eine derartige Hypothese beibehalten werden kann, oder ob sie besser verworfen werden sollte, ist auf empirischer Grundlage möglich, indem eine (möglichst) umfangreiche Informationsbasis bereitgestellt wird, die bei den interessierenden Merkmalsträgern Daten zur Schichtzugehörigkeit der Eltern und den Bildungserfolgen der Kinder beinhaltet. Die Auswertung und Analyse dieser Daten ist rechnergestützt einfacher, schneller und weniger fehlerträchtig als ohne Rechner.

Darüber hinaus muß berücksichtigt werden, daß eventuelle statistische Zusammenhänge zwischen den Untersuchungsvariablen, die also dazu geeignet sein könnten, die formulierte Untersuchungshypothese zu bestätigen, durch den Einfluß von Drittvariablen zustandegekommen sein könnten, so daß sie ihrerseits (isoliert betrachtet) zu Fehlentscheidungen führen könnten. Man denke an das bekannte Lehrbuchbeispiel des starken statistischen Zusammenhangs zwischen der Zahl der Störche und der Geburtenrate in untersuchten Ländern.

Deshalb ist es prinzipiell erforderlich, bei allen Zusammenhangshypothesen eine Drittvariablenkontrolle durchzuführen, die unter Umständen zu derart komplizierten Rechenverfahren führt, daß "per Hand" mit Blick auf die erforderlichen Rechenzeiten und auf das Risiko von Rechenfehlern nicht mehr sinnvoll gearbeitet werden kann. Hier wird der Rechnereinsatz fast unumgänglich.

Darüber hinaus kommt dem Rechnereinsatz eine zweite wichtige Aufgabe zu: Er ermöglicht ohne großen Aufwand und sehr rasch das "Durchspielen" verschiedener Alternativen, wenn a priori nicht ohne weiteres festgelegt werden kann, mit welcher Untersuchungshypothese überhaupt gearbeitet werden kann oder soll.

Wenn nicht entscheidbar ist, ob der Zusammenhang zwischen zwei interessierenden statistischen Variablen durch eine lineare Funktion in angemessener Weise beschrieben werden kann, oder ob nicht besser eine nichtlineare Funktion von einem bestimmten Typus vorzuziehen ist, dann kann der Rechnereinsatz in sehr kurzer Zeit durch das "Durchspielen" verschiedener Funktionstypen und die Präsentation der unterschiedlichen Ergebnisse Hilfestellungen für die Entscheidung darüber bieten, welcher Funktionstyp vorzuziehen ist.

In diesem Sinne also dient die rechnergestützte Methode der sozialwissenschaftlichen Hypothesengenerierung und ist diesbezüglich anderen Methoden der Generierung von gehaltvollen Hypothesen nicht unterlegen.

Typische Anwendungsbereiche dieses Beispiels des Rechnereinsatzes in den Sozialwissenschaften sind Simulationsmodelle, bei denen die Reaktionen eines einen Teilbereich der sozialen Realität strukturgetreu abbildenden Modells auf alternative Vorgaben durch den Modellbenutzer (alternative Startwerte des Modells, alternative funktionale Beziehungen zwischen den Modellvariablen, alternative Parameterwerte des Modells) präsentiert werden.

Die Aufgabenbereiche, die bislang in diesem Abschnitt genannt wurden, beleuchten nur den instrumentellen Charakter des Rechnereinsatzes in den Sozialwissenschaften: In den genannten und ähnlichen Anwendungsbeispielen ist der Rechner samt der zur Verfügung stehenden Software nichts anderes als ein Hilfsmittel, das dem empirisch arbeitenden Sozialwissenschaftler die Arbeit erleichtert.

Dies aber ist nicht der einzige Blickwinkel, aus dem heraus die Relevanz des Rechnereinsatzes in den Sozialwissenschaften betrachtet werden kann. Von ähnlicher Wichtigkeit ist ein zweiter, nämlich ein inhaltlicher Aspekt: Der Rechner ist nicht nur zum Instrument des Sozialwissenschaftlers, sondern er ist gleichzeitig auch zum Gegenstand sozialwissenschaftlicher Forschungen geworden. Dies haben einige der oben formulierten Thesen schon erkennen lassen.

Der empirisch orientierte Sozialwissenschaftler bedient sich nicht nur dieser Technologie, sondern sie ist - insbesondere mit Blick auf ihre sozialen und ökonomischen Wirkungen, aber auch mit Blick auf die durch sie beeinflußten Veränderungen im individuellen Verhalten etwa in der Arbeitswelt - gleichzeitig Inhalt sozialwissenschaftlicher Forschungen, Studien und Untersuchungen.

Dieser zweite Aspekt wird hier mit Absicht völlig vernachlässigt. Ihn zu behandeln, bedürfte weiterer umfangreicher Ausarbeitungen, die nicht zum Generalthema dieses Buches gehören.

LITERATURHINWEISE

FRIEDRICHS,G./SCHAFF,A. (Hg.) : Auf Gedeih und Verderb, Mikroelektronik und Gesellschaft, Bericht an den Club of Rome, Wien u.a. 1982

GRAHAM, N. : Künstliche Intelligenz, 2 Bde., Sprendlingen 1983

HORX,M.: Chip Generation, rororo computer, Bd. 8118, Reinbek 1984

KENT, E.W.: The Brains of men and machines, New York 1981

MÜLLER,N. (Hg.) : Schöne elektronische Welt; Computer - Technik der totalen Kontrolle, rororo aktuell, Bd. 4937, Reinbek 1982

OSBORNE,A. : Mikrocomputer-Grundwissen, eine allgemeinsverständliche Einführung in die Mikrocomputer-Technik, 2.Auflage, München 1978

RETTI, J. u.a. : Artificial Intelligence, eine Einführung, Stuttgart 1984

SIEMENS AG (Hg.) : Chancen mit Chips, Zwischenbilanz einer Basistechnologie, Berlin/München 1984

SIMONS, G. : Sind Computer lebendig ? Stand und Zukunft der Computerentwicklung, München 1984

WEIZENBAUM,J. : Kurs auf den Eisberg, Zürich 1984

WEIZENBAUM,J. : Die Macht der Computer und die Ohnmacht der Vernunft, Suhrkamp-Taschenbuch, Frankfurt 1987

KAPITEL 2:

Programmieren mit BASIC

2.1 DIE KOMMUNIKATION MIT DEM RECHNER

2.2 DAS BETRIEBSSYSTEM

2.3 ERSTE BASIC-ELEMENTE

2.4 WEITERE SPRACHELEMENTE UND BEISPIELE

2.5 ZUSAMMENFASSUNG

LITERATURHINWEISE

2.1 DIE KOMMUNIKATION MIT DEM RECHNER

Wenn man sich darüber Gedanken macht, in welcher Weise sich die Kommunikation mit einem Rechner vollzieht, dann ist es sinnvoll, diejenigen Informationen, die einem Rechner vor einem beliebigen Datenverarbeitungsprozeß zukommen müssen, in zwei Gruppen einzuteilen:

1. Zu verarbeitende Daten.
2. Anweisungen, die dem Rechner mitteilen, was mit den Daten geschehen soll.

Beide Gruppen von Informationen müssen dem Rechner eingegeben werden, was durch die erste Position der folgenden schematischen Darstellung, die den prinzipiellen Aufbau einer Computeranlage zeigt, verdeutlicht wird.

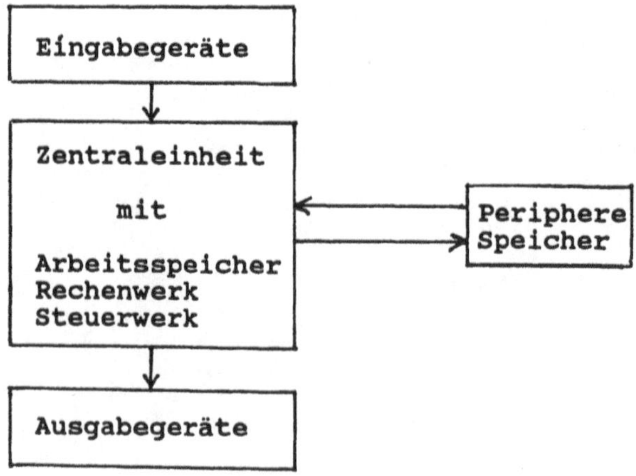

Das wichtigste Eingabegrät bei einem PC-Rechner ist die Tastatur.

In der Zentraleinheit (CPU = central processing unit) erfolgt die eigentliche Datenverarbeitung. Im Arbeitsspeicher werden die zu verarbeitenden Daten und die Programmanweisungen aufgenommen und Ergebnisse bereitgestellt, im Rechenwerk erfolgen die konkreten Datenveränderungen, das Steuerwerk organisiert den internen Informationsaustausch und auch den nach außen.

Ausgabegeräte sind z.B. der Bildschirm und ein eventuell angeschlossener Drucker.

Von besonderer Bedeutung sind die peripheren Speicher. Man nennt sie auch externe Speicher, um sie vom internen Arbeitsspeicher des Rechners zu unterscheiden. Es handelt sich dabei üblicherweise um Disketten. Dieses sind flexible Kunststoffscheiben, die mit einer magnetisierbaren Oberfläche versehen sind. Sie nehmen Informationen aus dem Rechner auf oder geben Informationen an den Rechner ab, die auf Dauer aufgehoben werden sollen - z.B. besonders gut gelungene oder wichtige Programme, Datenbestände, auf die mehrfach zugegriffen werden soll, per Textverarbeitung erstellte Texte usw.. Anstelle von Disketten werden in modernen PC-Anlagen auch Festplatten verwendet. Man muß sich darüber im Klaren sein, daß Informationen, die man einem Rechner eingegeben hat, verloren gehen, wenn das Gerät ausgeschaltet wird, oder wenn zufälligerweise der Strom ausfällt. Nicht so hingegen mit auf Disketten oder auf einer Festplatte gespeicherten Informationen. Sie bleiben solange erhalten, wie der Benutzer dies für sinnvoll hält.

Die Informationen, die ein Rechner benötigt, um einen konkreten Datenverarbeitungsprozeß zu erledigen, müssen ihm in einer Sprache mitgeteilt werden, die er verstehen kann. Der ursprüngliche Vorrat an Zeichen, die der Rechner direkt erkennen kann, ist auf zwei Symbole beschränkt, nämlich auf 0 und 1 (dies hat natürlich mit der Technik dieser Geräte zu tun). Die kleinste Informationseinheit in einem Rechner ist also entweder mit 0 oder mit 1 besetzt. Eine solche Informationseinheit wird Bit genannt (Binary Information digiT = Binäre Informationseinheit).

Sprachen, die auf diesem sehr bescheidenen Symbolvorrat aufbauen, werden Maschinensprachen genannt, und es versteht sich, daß das Programmieren in einer dieser Sprachen eine sehr mühsame Geschichte ist. Man hat frühzeitig nach Wegen gesucht, sich beim Programmieren und natürlich auch bei der Dateneingabe derjenigen Symbole bedienen zu können, die wir gewohnt sind, also der großen und der kleinen Buchstaben des

Alphabets, der Ziffern 0 bis 9 und der Sonderzeichen, die man in bestimmten Fällen braucht.

Diese Möglichkeiten wurden dadurch geboten, daß man Codes entwickelte, also Übersetzungsregeln, die es dem Rechner erlauben, die von uns benutzten Symbole automatisch in eine Form zu übersetzen, die für ihn verständlich ist.

Der bei PC-Rechnern verwendete Code ist der ASCII-Code (American Standard Code for Information Interchange), der die Symbole in Folgen von je 8 Nullen und/oder Einsen übersetzt. Eine solche Achterfolge von Nullen und/oder Einsen wird Byte genannt. Ein Byte ist also der Speicherbereich im Rechner, der für je eines unserer Symbole reserviert wird.

Die Speicherkapazität von Rechnern mißt man in Bytes, wobei abkürzungshalber von "Kilobyte" (Kb; 1 Kb = 1024 Byte Speicherkapazität) und "Megabyte" (Mb; 1 Mb = 1024 Kb) gesprochen wird.

Darüber hinaus ist es erforderlich, daß ein moderner Rechner nicht nur in der Lage ist, die Symbole zu erkennen, die der Benutzer eingibt, sondern er muß auch die Verwaltung der eingegebenen Informationen übernehmen. Dies bedeutet, daß er für eingegebene Daten freie Speicherstellen reservieren und diese sich auch merken muß, daß er Programme an geeigneten Stellen ablegt und den Programmanfang auch jederzeit finden kann, daß er Ergebnisse zwischenspeichert, bis sie abgerufen werden usw..

Zur Erledigung dieser und ähnlicher Aufgaben verfügt jeder Rechner über Hilfs-, Dienst- und Organisationsprogramme, das sog. Betriebssystem. Dieses Betriebssystem wird entweder von einer Diskette (der Betriebssystem- oder DOS-Diskette) oder von der Festplatte geladen oder diese Informationen befinden sich permanent (z.B. bei den Homecomputern) in einem geschützten Speicherbereich des Arbeitsspeichers und stehen nach Einschalten des Geräts zur Verfügung.

Oben wurde über den Code gesprochen, mit dessen Hilfe der Rechner zum Beispiel den Buchstaben A oder das Pluszeichen erkennen kann. Damit weiß er allerdings nicht, was dieses Zeichen bedeutet; er weiß also noch nicht, daß er, wenn das Pluszeichen auftaucht, addieren soll. Erkennen und Aufdecken der Bedeutung sind zweierlei Dinge.

Deshalb hat man zusätzlich Übersetzungsprogramme geschaffen, die dem Rechner erlauben, auch die Bedeutung bestimmter Symbole zu erkennen. Die Entwicklung dieser Übersetzungsprogramme bedeutet nichts anderes als die Bereitstellung computerverständlicher Sprachen. Diese Sprachen basieren auf definierten Schlüsselworten, mit deren Hilfe der Rechner erkennen kann, was erledigt werden soll.

Je nachdem, welche "Übersetzungsregeln" vorgegeben sind, kann man unterschiedliche Sprachen erzeugen. Man nennt derartige Sprachen Benutzersprachen, weil sie auf die Bedürfnisse der Benutzer eingehen, oder auch Problemsprachen, weil sie dazu benutzt werden, Datenverarbeitungsaufgaben aus bestimmten Problembereichen zu lösen.

Die wichtigsten dieser Sprachen, die zum Teil schon in den fünfziger Jahren entstanden sind, sind die folgenden:

FORTRAN	(FORmula TRANslator)
COBOL	(COmmon Business Oriented Language)
PL/1	(Programming Language Nr. 1)
ALGOL	(ALGOrithmic Language)

Mit dem Aufkommen der Homecomputer und der PC-Rechner sind spezielle, auf die zunächst sehr beschränkten kapazitären Möglichkeiten dieser Geräte zugeschnittene Sprachen entstanden, wie z.B.:

BASIC	(Beginner's All-purpose Symbolic Instruction Code)
Pascal	(dies ist keine Abkürzung, sondern soll an den großen Mathematiker erinnern)

Die Übersetzungsprogramme, mit denen der Rechner automatisch von der Benutzersprachebene auf die Maschinensprachebene "zurückübersetzt", werden Compiler genannt. Bei Kleinrechnern wird häufig auch ein sog. Interpreter benutzt, der im Prinzip die gleiche Aufgabe wie ein Compiler erfüllt. Dies sind also ebenfalls Hilfsprogramme.

Generell ist in diesem Zusammenhang anzumerken, daß die Sprachen zwar auf unterschiedliche Einsatzbereiche spezialisiert sind (so sind FORTRAN und ALGOL speziell für den mathematisch-wissenschaftlichen, COBOL speziell für den kaufmännisch-betrieblichen Bereich geeignet), daß sie aber alle gleichwohl zur Lösung aller Probleme eingesetzt werden können - wenn auch mit unterschiedlichen Vor- und Nachteilen.

Mit der Entwicklung der benutzerorientierten Programmiersprachen ist aber noch nicht der derzeit aktuelle Stand der Kommunikationsmöglichkeiten zwischen Rechner und Benutzer beschrieben. Man hat in den letzten Jahren darüber hinaus sog. Programmsysteme entwickelt, die ganze Anweisungsfolgen zusammenfassen und nach Nennung eines bestimmten Schlüsselwortes oder nach Drücken einer bestimmten Taste oder Tastenkombination bereitstellen. Textverarbeitungsprogramme oder das in diesem Buch verwendete Programmpaket FRAMEWORK stellen derartige Programmsysteme dar.

Auch das oben kurz angesprochene Betriebssystem des Rechners wird über eine definierte Sprache bedient, d.h. die Kommunikation zwischen Benutzer und Rechner erfolgt - soweit Aufgaben angesprochen sind, die über das Betriebssystem erledigt werden können - in einer bestimmten Sprache, der Betriebssystemsprache. Die wichtigsten Elemente auch dieser Sprache muß man beherrschen, wenn man rechnergestützt arbeiten möchte. Damit befaßt sich der folgende Abschnitt.

2.2 DAS BETRIEBSSYSTEM

a) Der Start

Wenn man den PC einschaltet, werden geräteintern eine Reihe von Vorbereitungen getroffen, die es dem Computer erlauben, mit dem Benutzer zu kommunizieren und umgekehrt. Wenn es diese Vorbereitungen nicht gäbe, dann wäre der konkrete Einsatz des Geräts nicht möglich: Weder könnte man programmieren, noch könnte man irgendwelche Software einsetzen. Auch die Eingabe von Daten wäre nicht möglich. Zuständig dafür ist das Betriebssystem, welches zunächst geladen werden muß, wie im folgenden beschrieben wird. Wir gehen dabei von der üblichen Notation aus, daß bei einem Rechner mit Doppellaufwerk das eine mit A:, das andere mit B: bezeichnet wird. Verfügt der Rechner über eine Festplatte, so wird diese mit C: bezeichnet.

Für die folgenden Ausführungen gilt, daß sie in einzelnen Punkten von dem abweichen könnte, was bei Ihrem eigenen Rechner nach dem Einschalten geschieht, weil es in Abhängigkeit von der Version des verwendeten Betriebssystems durchaus kleinere Unterschiede gibt, die aber nicht weiter zu irritieren brauchen.

Wird der Rechner eingeschaltet, dann laufen einige automatische Prozesse ab, die mit dem Fachbegriff "Booten" bezeichnet werden. Der Rechner greift dabei auf einen "Minimalvorrat" von Betriebssystemprogrammen zurück, die sich im ROM-Speicherbereich befinden, nämlich auf diejenigen Programmteile, die erforderlich sind, die übrigen erforderlichen Hilfsprogramme nachzuladen.

Die übrigen Betriebssystemprogramme lädt der PC automatisch von der mitgelieferten Betriebssystemdiskette, die zu diesem Zweck beim Einschalten auch in Laufwerk A: liegen muß. Man sollte für diese Zwecke allerdings nicht die Original-Systemdiskette verwenden, sondern sich eine Kopie anfertigen. Wie dies geschieht, wird im folgenden Punkt b) beschrieben.

Befindet sich die Betriebssystemdiskette nicht in Laufwerk A:, muß sie nach dem Einschalten nach entsprechender Aufforderung durch den Rechner eingelegt werden.

Verfügt man über einen Festplattenrechner, so befindet sich das Betriebssystem in der Regel auf dieser Festplatte und wird automatisch nach dem Einschalten geladen.

Das Betriebssystem dient dazu,

1. den PC betriebsbereit zu machen und ihn zu verwalten
2. die peripheren Geräte zu verwalten
3. den Informationsaustausch im Rechner und zwischen Rechner und peripheren Geräten zu organisieren
4. den Benutzer bei der Verwendung fertiger Software zu unterstützen.

Nach einigen Zwischenmeldungen erscheint als letztes bei einem Rechner mit zwei Diskettenlaufwerken

A>

bzw. bei einem Rechner mit Festplatte

C>

Dies ist das Zeichen dafür, daß der Rechner sich jetzt auf der Betriebssystemebene befindet und auf Eingaben des Benutzers wartet. Dabei ist das im Moment zugriffsfähige Laufwerk das Laufwerk A: bzw. die Festplatte C:. Hinter dieser Ausgabe ist der Cursor positioniert, der diejenige Stelle auf dem Bildschirm anzeigt, die als nächste beschrieben werden kann.

Wenn - aus welchem Grund auch immer - das Laufwerk gewechselt werden soll, wird an der Stelle, an der der Cursor jetzt steht, eingetippt

B:

Das System antwortet mit B>, d.h. zugriffsfähig ist jetzt das Laufwerk B:.
Von der Betriebssystemebene aus gibt es mehrere Möglichkeiten, den PC nutzbringend einzusetzen:

1. Man kann auf der Betriebssystemebene bleiben, um hier Arbeiten zu erledigen, die mit dem Informationsaustausch zwischen PC und externen Speichern (Disketten oder Platte) zu tun haben. Damit befassen wir uns kurz im folgenden.

2. Man kann zur Lösung eines bestimmten Datenverarbeitungsproblems ein Programm erstellen. Dies setzt voraus,
   a) daß man eine Programmiersprache (z.B. BASIC) beherrscht,
   b) daß man ein entsprechendes Sprachübersetzungsprogramm lädt.

3. Man kann mit fertiger Software arbeiten, zum Beispiel mit dem Programmsystem FRAMEWORK.

Das Arbeiten auf der Betriebssystemebene wird dadurch möglich, daß man sich der <u>Betriebssystemsprache</u> bedient. Sie besteht aus einzelnen Schlüsselworten (Betriebssystem-Befehle oder -Kommandos), die im folgenden immer mit Großbuchstaben geschrieben werden, damit diese Sprachelemente sofort als solche erkennbar sind. Ob sie später bei der Kommunikation mit dem PC groß oder klein geschrieben werden, ist allerdings völlig gleichgültig.

Diese Betriebssystemsprache ist relativ umfangreich, sie umfaßt eine recht große Zahl von Sprachelementen, von denen hier nur die wichtigsten erläutert werden.

Generell ist anzumerken, daß zwei Gruppen derartiger Kommandos zu unterscheiden sind: Die erste Gruppe umfaßt solche Kommandos, die direkt ausgeführt werden, die zweite bewirkt das Nachladen von Hilfsprogrammen von der Betriebssystemdiskette (bzw. von der Sammlung von Betriebssystemprogrammen auf der Festplatte), die dann abgearbeitet werden, so daß man nur den entsprechenden Anweisungen folgen muß, die auf dem Bildschirm erscheinen.

b) Kopieren

Für die Benutzer eines Rechners mit Doppellaufwerk empfiehlt es sich, daß sie von wichtigen Disketten (z.B. von der DOS-Diskette) Sicherheitskopien anzufertigen, was auf der Betriebssystemebene mit dem Betriebssystemkommando

DISKCOPY

möglich ist.

Nach Eingabe dieses DOS-Kommandos, wird von der DOS-Diskette ein Hilfsprogramm geladen, nämlich jenes, das zum Kopieren von Disketten verwendet werden kann.

Wenn man also, wie oben empfohlen wurde, als erstes die DOS-Diskette selbst kopieren will und der Rechner ein Doppellaufwerk hat, gilt folgendes Kommando:

DISKCOPY A: B:

Nach Betätigen der Return-Taste wird das Kopierprogramm geladen und dieses verlangt, die Originaldiskette ins Laufwerk A: zu legen (in diesem Fall ist sie da schon; anders hingegen, wenn eine andere Diskette kopiert werden soll: Das Kopierprogramm ist von der DOS-Diskette zu laden und danach ist diese durch die zu kopierende Diskette auszutauschen) und die Zieldiskette ins Laufwerk B:.

Diese Zieldiskette, auf die die Inhalte der Quelldiskette (Originaldiskette) kopiert werden sollen, muß eine neue Diskette sein. Ist sie das nicht, enthält sie also schon irgendwelche Informationen, so gehen diese beim Kopiervorgang verloren. Der Kopiervorgang dauert eine Weile, weil dabei auch zunächst noch formatiert wird.

c) Formatieren

Disketten werden zu unterschiedlichen Zwecken verwendet: Zum einen dienen sie dazu, fertige Programme (Software oder z.B.

das Betriebssystem oder Übersetzungsprogramme für bestimmte Programmiersprachen) bereitzustellen, zum anderen werden sie verwendet, um selbst erstellte Programme zu speichern und bei Bedarf wieder bereitzustellen, und zum dritten dienen sie dazu, Daten aufzunehmen und ebenfalls bei Bedarf wieder zu liefern.

Diese verschiedenen Verwendungsmöglichkeiten lassen sich zusammenfassen: Aufnahme, permanente Speicherung und Wiederbereitstellung von Daten (im weitesten Wortsinn), die als Dateien auf diesen externen Speichern gespeichert werden.

Bevor derartige Speicherungen aber geschehen können, muß die fabrikneue Diskette formatiert werden. Entbehrlich ist dies nur, wenn eine Diskette mit dem oben erläuterten DOS-Befehl DISKCOPY kopiert wird - dann nämlich erfolgt die auch hier erforderliche Formatierung automatisch.

Beim Formatieren wird durch das Betriebssystem die Vorbereitung dafür getroffen, daß auf der Diskette ein Dateienverzeichnis (Inhaltsverzeichnis der Diskette, sog. Directory) angelegt werden kann, und es erfolgt eine interne Ein- und Unterteilung der Diskette.

Zur Formatierung benötigt man bei im Laufwerk A: befindlicher DOS-Diskette das Kommando

```
FORMAT B:
```

Wenn dieses Kommando mit der Return-Taste abgeschlossen ist, wird das Formatierungsprogramm von der DOS-Diskette geladen und dieses verlangt nun eine neue Diskette im Laufwerk B:.

d) Der Umgang mit Dateien

Eine Datei ist eine zusammengehörige Gruppe von Informationen, also zum Beispiel der Datenbestand einer Untersuchung, die Unterlagen aus einer Kartei, die zusammenghörigen Sätze eines Computerprogramms usw..

Jede Datei muß, wenn sie eingerichtet wird, mit einem Namen versehen werden. Ein solcher Name darf maximal acht alphanumerische Zeichen (Buchstaben und/oder Ziffern) umfassen, wobei das erste Zeichen ein Buchstabe sein muß. Es sind auch einige Sonderzeichen erlaubt; da andere wiederum aber verboten sind, empfiehlt es sich generell, auf Sonderzeichen ganz zu verzichten. Im Inhaltsverzeichnis einer Diskette werden

Zusätze zu diesen Namen, durch einen Punkt davon getrennt, automatisch angefügt, die aus drei Symbolen bestehen und den Typ der jeweiligen Datei bezeichnen.

Dem Dateinamen ist die Laufwerksbezeichnung (A: oder B:, bzw. C: bei der Festplatte) voranzustellen, wenn eine Datei gelesen werden soll, die im gerade angemeldeten Laufwerk nicht zu finden ist, sondern auf dem anderen, oder wenn eine Datei auf ein anderes als das gerade angemeldete Laufwerk gespeichert werden soll.

Hat man mehrere Dateien auf einer Diskette, deren Namen so gewählt sind, daß Gemeinsamkeiten auftauchen, also z.B. die Dateien

```
Kap1.TXT
Kap2.TXT
Kap3.TXT
Kap1.SIK
Kap2.SIK
Kap3.SIK
```

und will man alle diese Dateien gemeinsam ansprechen, so gelingt dies unter Benutzung des Zeichens *, indem man z.B. Kap*.* als gemeinsamen Namen verwendet. Mit der Bezeichnung *.* werden demnach alle Dateien einer Diskette gemeinsam angesprochen.

Das Betriebssystem des PC sorgt dafür, daß automatisch ein <u>Disketteninhaltsverzeichnis</u> angelegt wird. Immer dann, wenn eine neue Datei angelegt wird, wird der Name, den der Benutzer ihr gegeben hat, in das Dateienverzeichnis der Diskette aufgenommen.

Für viele Fälle ist es sinnvoll, sich dieses Diskettenverzeichnis anzuschauen, wofür auf der Betriebssystemebene das DOS-Kommando

```
DIR
```

zur Verfügung steht.

Dieses Inhaltsverzeichnis sieht ausschnittsweise z.B. für Laufwerk A: so aus:

```
Volume in drive A has no label
Directory of A:

PROG1     BAS    12800   1-03-87  16:03
KAPITEL1  TXT    25830   2-03-87   8:45
P2        BAS     8500   2-03-87  12:01

usw.

        12 File(s)    158924 bytes free
```

In der ersten Spalte des Inhaltsverzeichnisses stehen die Dateinamen, in der zweiten die Zusatzbezeichnungen. In der dritten Spalte findet sich die Größe der Datei in Bytes angegeben und daneben schließlich Datum und Uhrzeit der Anlage der jeweiligen Datei.

Unter dem Inhaltsverzeichnis wird ausgegeben, wieviele Dateien sich auf der Diskette befinden und wieviel Speicherplatz (in Bytes) noch frei ist.

Ist man an all diesen Detailinformationen nicht interessiert und will stattdessen nur eine Übersicht über die Dateinamen, ist einzugeben:

```
DIR/W
```

Dann werden nur die Namen ausgegeben - und zwar zeilenweise je fünf Namen - also z.B.:

```
PROG1     BAS  KAPITEL1 TXT   P2       BAS      usw.

     12 File(s)    158924 bytes free
```

Wird hingegen

```
DIR/P
```

eingegeben, wird das Inhaltsverzeichnis bildschirmweise, d.h. jeweils mit einer Unterbrechung, wenn ein Bildschirm voll ist, ausgegeben.

Zum Löschen von Dateien benutzt man das Kommando

DEL

Beispielsweise löscht

DEL P2.BAS

die Datei mit dem Namen P2 auf der Diskette im angemeldeten Laufwerk.

Man erkennt, daß bei der Verwendung des DEL-Kommandos wie bei vielen anderen DOS-Kommandos auch der Namenszusatz, durch einen Punkt abgetrennt, mit angegeben werden muß.

Sollen alle Dateien auf der Diskette im angemeldeten Laufwerk gelöscht werden, ist einzugeben:

DEL *.*

Es wurde schon besprochen, wie man komplette Disketten kopieren kann (Kommando DISKCOPY). Häufig will man aber auch nur einzelne Dateien kopieren. Dies leistet das DOS-Kommando

COPY

Mit diesem Kommando können einzelne aber auch mehrere Dateien von einer Diskette auf die gleiche oder eine andere im gleichen oder im anderen Laufwerk übertragen werden (wird auf die gleiche Diskette kopiert, muß ein zweiter Dateiname vergeben werden). So kopiert das Kommando

COPY P2.FW2 B:

die FRAMEWORK-Datei P2 vom angemeldeten Laufwerk (hier A:) auf die Diskette im Laufwerk B:.

Nochmals sei in diesem Zusammenhang daran erinnert, daß es eine Vielzahl von DOS-Kommandos gibt, die für die unterschiedlichsten Aufgabenstellungen verwendet werden können. Spezielle Kommandos, die hier nicht besprochen wurden, können dem DOS-Handbuch des PC-Rechners entnommen werden.

e) Die Festplatte

Verfügt der PC über eine Festplatte, hat man ein sehr leistungsfähiges Speicherinstrument mit hoher Kapazität (10 bis 40 Mb) und sehr raschen Zugriffsmöglichkeiten - was gerade das Arbeiten mit einem Softwarepaket sehr angenehm macht.

Allerdings sind für diesen Fall einige weitere Betriebssytem-Kommandos zu besprechen, die insbesondere dafür zuständig sind, den immensen Speicherplatz geschickt zu verwalten. Dies betrifft in erster Linie die Anlage sog. Sub-Directories, also "Unterabteilungen", die gesondert angesprochen werden können.

Es empfiehlt sich, selbst dann, wenn mit dem Rechner ausschließlich statistische Auswertungen mit dem Programmpaket FRAMEWORK betrieben werden sollen, mindestens zwei derartige Unterabteilungen anzulegen:

1. Sammlung der Betriebssystemprogramme:

Dieses Sub-Directory könnte z.B. mit dem Namen DOS bezeichnet werden.

2. Sammlung der FRAMEWORK-Programme (z.B. unter dem Namen FW)

Die zweite Unterabteilung könnte gleichzeitig auch die Arbeitsdateien aufnehmen, die mit FRAMEWORK im Laufe der Zeit erzeugt werden. Wenn dies zu viele werden, empfiehlt sich die Anlage weiterer Unterabteilungen.

Zur Einrichtung einer solchen Sub-Directory benötigt man das Kommando:

```
MD Name
```

Um die Programme einer Betriebssystemdiskette in die Sub-Directory DOS hinein zu kopieren, schaltet man auf Laufwerk A: um, legt dort die zu kopierende Diskette ein und tippt:

```
COPY *.* C:\DOS
```

Das Symbol \ ist dabei der rückwärts geneigte Schrägstrich, den man auf der Tastatur erst suchen muß (es gibt unterschiedliche Anordnungsmöglichkeiten), und der in der Regel nur zusammen mit den Tasten Ctrl und Alt gleichzeitig produziert werden kann.

Schaltet man dann wieder um auf die Festplatte (Kommando C:), um sich das Inhaltsverzeichnis der Festplatte anzuschauen (Kommando DIR), erhält man beim Namen DOS die folgende Information:

```
DOS        <DIR>
```

d.h. es werden nicht mehr die einzelnen Dateien ausgegeben, die sich in der Sub-Directory DOS befinden, sondern nur noch die Überschrift der Sub-Directory. Zusätzlich werden natürlich diejenigen Dateien ausgegeben, die nicht in Sub-Directories einsortiert wurden - sofern solche Dateien überhaupt schon auf der Festplatte sind.

Will man die "internen" Inhaltsverzeichnisse einer Sub-Directory sehen, also die ursprünglichen Dateien, so muß man - von der C:-Ebene ausgehend - zunächst in die Sub-Directory "umschalten". Dies erfordert das Kommando:

```
CD DOS
```

Der Rechner meldet sich jetzt mit

```
C:\DOS>
```

und wenn man jetzt das Kommando DIR eingibt, wird das Inhaltsverzeichnis der Sub-Directory DOS ausgegeben.

Zur Ebene C: gelangt man zurück mit dem Kommando

```
CD..
```

Diese Ausführungen genügen, um den Umgang mit Sub-Directories zu ermöglichen. Nähere Einzelheiten sind dem DOS-Handbuch des Plattenrechners zu entnehmen.

2.3 ERSTE BASIC-ELEMENTE

In diesem Abschnitt werden die Grundlagen geschaffen, um eigene Programme zu erstellen, also Probleme in Angriff zu nehmen, die nicht mit vorhandener Software bewältigt werden sollen. Es wird gezeigt, wie man den PC programmiert, welche Überlegungen dabei erforderlich sind, und welche Ergebnsse - mit Blick auf das rechnergestützte Arbeiten in den Sozialwissenschaften - erzielt werden können. Um dabei den vorbereitenden Aufwand möglichst gering zu halten, befassen wir uns mit der sehr leicht zu erlernenden Programmiersprache BASIC.

Wenn man von der Betriebssystemebene ausgehend den PC dazu bringen will, die Sprache BASIC zu verstehen, muß ein BASIC-Übersetzer geladen werden. Dazu legt man in das Laufwerk A: eine Diskette, auf der sich ein BASIC-Übersetzungsprogramm befindet. Üblicherweise gehört ein solches Übersetzungsprogramm zum Lieferumfang des PC. Geladen wird dieser Übersetzer mit dem Kommando

BASIC oder BASICA oder GWBASIC

je nachdem, wie die Datei mit dem BASIC-Übersetzer heißt.

Wenn dieser Übersetzer geladen ist, bringt der PC als letztes die Meldung

```
Ok
```

d.h. jetzt versteht er BASIC.

Die ersten Regeln, die der Anwender beherzigen muß, wenn er mit dem PC in dieser Sprache kommunizieren will, sind die folgenden:

1. Die Sätze eines BASIC-Programms werden numeriert.

Üblicherweise numeriert man in Zehnerschritten, also 10, 20, 30 usw..

2. In einem Satz können mehrere Anweisungen stehen. Wenn dies der Fall ist, sind diese Anweisungen durch Doppelpunkte voneinander zu trennen.

3. Ein BASIC-Programm wird mit der Anweisung END beendet.

In dieser Regel taucht schon die erste BASIC-Vokabel auf, nämlich das Schlüsselwort END. Derartige Schlüsselworte (Vokabeln) werde ich im folgenden wieder in Großbuchstaben schreiben, damit man sie sofort erkennen kann.

Eine zweite wichtige Vokabel ist PRINT - man spricht einfach von der PRINT-Anweisung. Sie dient dazu, Ergebnisse auf dem Bildschirm auszugeben. Dazu ist es erforderlich, hinter PRINT das hinzuschreiben, was ausgegeben werden soll.

Mit den beiden Vokabeln PRINT und END kann schon ein erstes Programm geschrieben werden. Es soll lediglich den folgenden Text ausgeben:

Mein erstes Programm

Dieses Programm sieht folgendermaßen aus:

```
10 PRINT"Mein erstes Programm"
20 END
```

Die Abarbeitung dieses Programms (noch wartet der Rechner auf einen eventuellen Satz mit der Satznummer 30) kommt erst in Gang, wenn eine Mitteilung eingegeben wird, die der BASIC-Übersetzer direkt erkennen kann. Solche Mitteilungen werden Kommandos genannt, für die generell die Regel gilt, daß sie keine Satznummer erhalten dürfen.

Das Kommando, das hier erforderlich ist, ist das RUN-Kommando. Nach der Eingabe von

RUN

mit anschließender Return-Taste erscheint auf dem Bildschirm direkt unter den bisherigen Eingaben:

```
Mein erstes Programm
Ok
```

Wenn diese Ergebnisausgabe auf einem freigeräumten Bildschirm erfolgen und wenn der auszugebende Text in der Mitte der entsprechenden Bildschirmzeile auftauchen soll, benötigt man die CLS-Anweisung (sie löscht den Bildschirm) und die TAB-Funktion (sie verschiebt Ausgaben nach rechts). In diesem Zusammenhang gilt die Regel, daß Funktionen, wie z.B. die TAB-Funktion, nie für sich allein stehen können, sondern immer nur innerhalb von Anweisungen, wie im folgenden Programm z.B. in einer PRINT-Anweisung:

```
10 CLS
20 PRINT TAB(30) "Mein erstes Programm"
30 END
```

Wird dieses Programm mit dem RUN-Kommando gestartet, erkennt man sofort die Unterschiede zur ersten Ausgabe.

Es ist ganz sinnvoll, vor der Eingabe eines neuen Programmes das vorhergehende im Arbeitsspeicher des Rechners zu löschen, wozu man das Kommando

```
NEW
```

benutzt.

Will man das nach der Ergebnisausgabe verschwundene Programm auf dem Bildschirm wieder sehen, benötigt man das Kommando

```
LIST
```

Zur PRINT-Anweisung sind noch einige ergänzende Anmerkungen, bzw. Regeln erforderlich:

1. Jede PRINT-Anweisung führt in eine neue Bildschirmzeile (siehe aber 8.).

2. Steht hinter PRINT eine in Anführungszeichen eingeschlossene Zeichenkette wie in obigem Beispiel (ein "String"), so wird diese ausgegeben.

3. Steht hinter PRINT eine Zahl, wird diese ausgegeben (Beispiel: PRINT 3).

4. Steht hinter PRINT eine Rechnung, wird das Rechenergebnis ausgegeben (Beispiel: PRINT 10/4 Ausgabe: 2.5).

5. Wird hinter PRINT ein Speicherfeld genannt, wird dessen Inhalt ausgegeben (Beispiel: PRINT X führt zur Ausgabe von 0, falls im numerischen Feld X nichts ist).

6. Hinter dem Schlüsselwort PRINT können auch mehrere "Aufgaben" genannt werden (Beispiel: PRINT 10/4,7+11); sie müssen dann durch Strichpunkt oder durch Komma voneinander getrennt werden. Wird mit Komma getrennt, rücken die Ergebnisse auseinander, wird mit Strichpunkt getrennt, stehen die Ergebnisse direkt nebeneinander.

7. Besteht die PRINT-Anweisung nur aus dem Schlüsselwort PRINT, so wird eine leere Zeile erzeugt.

8. Ein Komma oder ein Strichpunkt am Ende einer PRINT-Anweisung unterbindet den eigentlich vorgesehenen Zeilenvorschub der folgenden PRINT-Anweisung.

Das Schlüsselwort PRINT darf durch das Zeichen ? abgekürzt werden.

Eine Anmerkung zum <u>Korrigieren</u> falscher Programmsätze:

Wenn bei der Eingabe ein Tippfehler passiert ist, oder wenn nach dem Start des Programms keine Ergebnisse, sondern die Meldung SYNTAX ERROR IN 30 produziert wird (Fehler in Satz 30), dann ist es am einfachsten, den fehlerhaften Satz mit der gleichen Satznummer, nun aber korrekt, einzugeben. Es kann auch auf elegantere Weise korrigiert werden.

Soll ein Satz ersatzlos gestrichen werden, ist seine Satznummer und die Return-Taste einzugeben.

Wenn ein Satz eingefügt werden soll, gelingt dies, indem eine passende Satznummer vergeben wird, also z.B. die Satznummer 25, wenn ein Satz zwischen die Sätze 20 und 30 eingefügt werden muß.

2.4 WEITERE SPRACHELEMENTE UND BEISPIELE

a) Wertzuweisungen

Betrachten wir nun einige weitere Sprachelemente. Die zunächst wichtigsten sind diejenigen, die Informationseingaben in Form von Wertzuweisungen erlauben. Solche Wertzuweisungen dienen dazu, Speicherfelder im Rechner mit Werten zu belegen, damit diese Werte dann für die gesamte Dauer eines Programmabarbeitungsprozesses zur Verfügung stehen. Je nachdem, ob es sich um numerische Werte (Zahlen) oder um Strings (Zeichenfolgen, die in Anführungszeichen einzuschließen sind) handelt, unterscheidet man numerische Speicherfelder von Stringfeldern. Das, was im EDV-Sprachgebrauch durch einen Speicherfeldnamen bezeichnet wird, bezeichnet der empirisch arbeitende Sozialwissenschaftler als Variable. Damit der Rechner Speicherfelder identifizieren kann, werden sie vom Benutzer mit Namen versehen, wobei die folgende Regel gilt:

Die Namen von numerischen Speicherfeldern bestehen aus maximal 8 alphanumerischen Zeichen (Buchstaben und Ziffern, also keine Sonderzeichen), wobei das erste Zeichen ein Buchstabe sein muß. Die Namen von Stringfeldern werden genauso gebildet und mit dem $-Zeichen abgeschlossen.

Zur Wertzuweisung selbst kann man in BASIC die LET-Anweisung benutzen, die allgemein folgendermaßen aussieht:

```
nn LET Speicherfeldname = Ausdruck
```

An der Stelle nn steht dabei die jeweilige Satznummer des Programms, an der Stelle Speicherfeldname ein Variablenname gemäß der oben formulierten Regel; danach muß das Gleichheitszeichen folgen und an der Stelle Ausdruck kann stehen:

- eine Zahl (diese wird gespeichert)
- eine Rechnung (dann wird das Rechenergebnis gespeichert)
- ein String (dann muß das Speicherfeld vom Stringtyp sein)
- ein anderes Speicherfeld

In dem folgenden einfachen Programm werden LET-Anweisungen benutzt und es taucht zum ersten Mal die REM-Anweisung auf. Diese Anweisung führt hinter dem Schlüsselwort REM Texte auf, die lediglich als Information für den Leser des Programms dienen, auf dessen Abarbeitung aber keinen Einfluß haben.

```
10 REM Pythagoras
20 LET A = 3
30 LET B = 4
40 LET C = SQR(A*A + B*B)
50 LET A$ = "Hypotenuse"
60 PRINT:PRINT:PRINT
70 PRINT A$;" = ";C
80 END
```

Satz 10 ist eine Programmüberschrift; in den Sätzen 20 und 30 werden die Speicherfelder A und B mit den Werten 3 und 4 belegt. In Satz 40 wird Feld C mit einem Rechenergebnis belegt, wobei auch eine neue Funktion, nämlich die SQR-Funktion ins Spiel gebracht wurde. Diese SQR-Funktion dient dazu, aus dem Argument, das wieder in Klammern einzuschließen ist, die Quadratwurzel zu ziehen. Der Leser erkennt, daß hier der Lehrsatz des Pythagoras in ein Programm umgesetzt wurde.

In Satz 50 wird auch ein Stringfeld belegt und in Satz 70 kann dann die Ergebnisausgabe erfolgen, nachdem mit Satz 60 bei der Ausgabe drei Zeilen freigehalten wurden. Satz 80 beendet das Programm.

Nach dem Start dieses Programms mit dem Kommando RUN ergibt sich:

```
Hypotenuse =  5
```

Die Wertzuweisung mit der LET-Anweisung weist einen wesentlichen Nachteil auf, nämlich den, daß das jeweilige Programm nur mit diesen festgelegten Werten arbeiten kann. Wer also an einem anderen rechtwinkligen Dreieck interessiert sind, muß das obige Programm erst ändern, indem die Sätze 20 und 30 ausgetauscht werden. Um das obige Programm für alle beliebigen rechtwinkligen Dreiecke verwenden zu können, wird die INPUT-Anweisung benötigt:

```
nn INPUT "Text"; Variablenliste
```

Wenn diese Anweisung bei der Programmabarbeitung erreicht wird, wird auf dem Bildschirm der String ausgegeben, der in Anführungszeichen eingeschlossen ist (dieser Teil der Anweisung, einschließlich des Semikolons, darf auch entfallen; dann wird natürlich nichts ausgegeben), danach ein Fragezeichen und damit bleibt das Programm dann stehen:

Es werden jetzt vom Benutzer so viele Werte angefordert, wie Speicherfeldnamen in der Variablenliste hinter dem Strichpunkt stehen (dort durch Komma voneinander getrennt). Diese Werte sind ebenfalls durch Komma voneinander zu trennen und die Eingabe muß mit der Return-Taste abgeschlossen werden. Bei der Eingabe (und bei der Programmierung) muß beachtet werden, daß die Typen der Speicherfeldnamen (Stringvariable oder numerische Variable) mit dem Typ der einzugebenden Werte übereinstimmen.

Das oben dargestellte Pythagoras-Programm kann nun unter Verwendung dieser INPUT-Anweisung wie folgt verallgemeinert werden:

```
10 REM Pythagoras Nr. 2
20 CLS
30 INPUT "1. Kathete : "; A
40 INPUT "2. Kathete : "; B
50 C = SQR(A*A + B*B)
60 PRINT:PRINT:PRINT
70 PRINT "Hypotenuse = ";C
80 END
```

b) Programmverzweigungen

Die bisherigen Programme werden von oben nach unten abgearbeitet. Es gibt Problemstellungen, bei denen von dieser automatischen Abarbeitungsreihenfolge abgewichen werden muß. Dies wird durch Sprunganweisungen ermöglicht (man spricht auch von Programmverzweigungen), die in unbedingte und bedingte Sprunganweisungen unterteilt werden.

Von beiden Typen soll hier je ein Vertreter betrachtet werden und zwar die GOTO-Anweisung als unbedingte und die IF...THEN-Anweisung als bedingte Sprunganweisung.

Die allgemeine Form der GOTO-Anweisung lautet:

nn GOTO mm

Wird diese Anweisung erreicht, erfolgt ein Programmsprung zum Satz mit der Nummer mm.

Die IF...THEN-Anweisung (Wenn...dann...) hat folgende allgemeine Form:

nn IF logischer Ausdruck THEN Anweisung(en)

Bei der IF...THEN-Anweisung überprüft der Rechner zunächst den logischen Ausdruck daraufhin, ob er WAHR ist oder FALSCH. Ist er wahr, wird die Anweisung ausgeführt, die hinter dem Schlüsselwort THEN steht (stehen hier mehrere - durch Doppelpunkte voneinander getrennt - so werden auch die übrigen nur ausgeführt, wenn der logische Ausdruck wahr ist); ist der logische Ausdruck hingegen falsch, so wird der im Programm nächstfolgende Satz bearbeitet.

Die Funktionsweise dieser Sprunganweisungen demonstriert das folgende Programm, welches in der Lage ist, aus einer beliebigen Anzahl beliebiger Zahlenwerte das arithmetische Mittel auszurechnen (diese Aufgabe kann man unter Nutzung des Programmpakets FRAMEWORK, wie noch gezeigt wird, mit der Funktion §AVG lösen):

```
10 REM Arithmetisches Mittel
20 CLS : INPUT "Anzahl der Werte : ";N
30 I = 1
40 PRINT"Bitte Wert Nr.";I; : INPUT X
50 S = S+X : I = I+1
60 IF I<=N THEN GOTO 40
70 AM = S/N
80 PRINT:PRINT:PRINT
90 PRINT "Mittelwert = ";AM
100 END
```

In diesem Programm, das schon wesentliche Bausteine enthält, wie sie auch in anspruchsvolleren und umfangreicheren Rechenprogrammen immer wieder verwendet werden müssen, geschieht folgendes:

Satz 10 dient zur Angabe einer Programmüberschrift. Satz 20 löscht den Bildschirm und fordert die Anzahl der zu mittelnden Werte für Feld N an. In Satz 30 wird ein Zählerfeld I mit dem Wert 1 belegt.

Wichtig ist dann Satz 40: Hier erfolgt die Anforderung des I-ten Wertes für Feld X; dies geschieht durch Ausgabe einer entsprechenden Meldung mit PRINT, gefolgt von einer INPUT-Anweisung bei Unterdrückung des an sich üblichen Zeilenvorschubs wegen des Strichpunktes am Ende der PRINT-Anweisung. In Satz 50 wird dann der Inhalt eines Summenfeldes S um den Wert, der im Feld X angekommen ist, erhöht und der Inhalt des Zählfeldes I wird um 1 erhöht.

Satz 60 bringt die erforderliche IF-Abfrage: Solange der Inhalt des Zählfeldes I noch kleiner oder gleich dem Wert im Feld N ist, müssen weiter Werte angefordert und aufaddiert werden; deshalb Rücksprung zum Satz 40, solange die logische Bedingung erfüllt ist; hingegen wird Satz 70 erreicht, wenn die logische Bedingung nicht mehr erfüllt ist, d.h. wenn alle zu mittelnden Werte eingegeben und aufaddiert worden sind; in diesem Fall kann das arithmetische Mittel berechnet werden.

In Satz 80-100 erfolgt die Ausgabe von drei Leerzeilen, die Ausgabe des arithmetischen Mittels und die Beendigung des Programms.

Zur Übung soll noch ein weiteres kleines Programm angeschlossen werden, das dazu dient, die Summe aller ganzen Zahlen von 1 bis 100 zu berechnen:

```
10 REM Summe 1 bis 100
20 I = 1
30 S = S + I
40 I = I + 1
50 IF I < 101 THEN GOTO 30
60 CLS : PRINT"Summe = ";S
70 END
```

Man erkennt, daß das Summenfeld S solange mit dem immer um 1 vergrößerten Wert des Feldes I erhöht wird, solange I kleiner als 101 ist. Ist dies nicht mehr der Fall, wird Satz 60 erreicht, in dem nach Löschen des Bildschirms die gewünschte Summe ausgegeben wird (es handelt sich um den Wert 5050).

Dieses Beispiel wurde angefügt, um den Begriff der <u>Programmschleife</u> zu erläutern: Alles, was zwischen den Sätzen 30 und 50 steht, wird einhundert Mal durchlaufen, d.h. das Programm dreht gewissermaßen in diesem Programmteil 100 Runden.

Eine solche Programmschleife kann man einfacher programmieren, indem man die FOR...TO - in Verbindung mit der NEXT-Anweisung verwendet, wie es das folgende Programm zeigt, welches das gleiche Problem löst wie das vorhergehende:

```
10 REM Summe 1 bis 100 Version 2
20 FOR I = 1 TO 100
30 S = S + I
40 NEXT I
50 CLS : PRINT"Summe = ";S
60 END
```

Hier befindet sich die Programmschleife zwischen den Sätzen 20 und 40. Zu jeder FOR...TO-Anweisung gehört notwendigerweise auch eine NEXT-Anweisung; beide müssen den gleichen Laufvariablennamen - hier I - aufweisen.

c) Indizierte Variablen

Zur Datenbereitstellung kennen wir schon die LET- und die INPUT-Anweisung. Wenn in einem "echten" Datenverarbeitungsprozeß eine große Menge von Daten bereitgestellt werden soll, sind diese Möglichkeiten, zumindest in der Form, wie sie bisher besprochen wurden, recht unhandlich. Einfacher funktioniert die Dateneingabe im Zusammenwirken der folgenden beiden Anweisungen:

nn DATA Wert1,Wert2,Wert3,...

nn READ Name1,Name2,Name3,...

In der DATA-Anweisung werden Werte bereitgestellt, mit der zugehörigen READ-Anweisung werden sie gelesen. Es muß dabei darauf geachtet werden, daß in der READ-Anweisung (oder in den READ-Anweisungen) nicht mehr Speicherfeldnamen genannt werden als in der DATA-Anweisung (oder in den DATA-Anweisungen) Werte vorhanden sind. Allerdings dürfen weniger Namen genannt werden; dann werden eben nicht alle Werte gelesen. Weiterhin muß Übereinstimmung zwischen dem Typ der Werte und dem Typ der Speicherfelder bestehen.

Aber auch hier wird die Programmierung umständlich, wenn man viele Werte (z.B. 2000 Werte) einlesen will, weil dann ja 2000 Namen für Speicherfelder in den READ-Anweisungen angegeben werden müßten.

Dieses Problem löst man durch Einführung indizierter Variablen, wie man sie auch aus der Mathematik kennt: Anstatt 2000 numerische Felder mit A, B, C, D, ... usw. zu benennen, nennt man sie z.B. alle A und numeriert sie in folgender Weise durch:

```
A(1), A(2), A(3), ... , A(2000)
```

Um dem Rechner mitzuteilen, daß nicht mehr, wie bisher, nur ein Speicherfeld gemeint ist, wenn der Name A auftaucht, muß dieser Bereich dimensioniert werden. Dazu dient die folgende Anweisung:

```
nn DIM Name(Zahl)
```

Bei Name steht der Name des Speicherbereichs (der Variablen), der dimensioniert werden soll; bei Zahl steht die Anzahl der freizuhaltenden einzelnen Speicherplätze.

Das folgende Beispiel zeigt, wie dieses Konzept benutzt werden kann, um 12 Monatswerte einer Variablen einzulesen, sie zur Kontrolle auf dem Bildschirm wieder auszugeben und ihren Durchschnitt auszurechnen:

```
10 REM Monatswerte
20 DATA 11,12,11,10,13,13,15,14,13,15,16,17
30 N = 12
40 DIM X(N)
50 FOR I = 1 TO N
60 READ X(I)
70 NEXT I
80 CLS : PRINT"Nr.","Wert" : PRINT
90 FOR I = 1 TO N
100 PRINT I,X(I) : S = S + X(I)
110 NEXT I
120 AM = S/N
130 PRINT:PRINT:PRINT
140 PRINT"Mittelwert = ";AM
150 PRINT:PRINT"Ende" : END
```

In diesem Programm geschieht folgendes:

In Satz 10-20 wird eine Überschrift angegeben und es werden die Daten bereitgestellt. In Satz 30-40 erfolgt die Angabe der Anzahl der Daten und die Dimensionierung des erforderlichen Arrays.

Mit Satz 50 beginnt die Leseschleife; Lesen des I-ten Wertes in Satz 60 (folgende READ-Anweisungen fahren in den DATA-Listen immer dort fort zu lesen, wo vorhergehende aufgehört haben); mit Satz 70 wird sie beendet.

In Satz 80 wird der Bildschirm gelöscht und eine Tabellenüberschrift ausgegeben, gefolgt von einer Leerzeile.

Mit Satz 90 beginnt die Ausgabe- und Rechenschleife, die in Satz 100 die Laufnummer des jeweiligen Wertes (I) und den Wert selbst ausgibt (X(I)) und die Summe S um X(I) erhöht. Mit Satz 110 wird diese Schleife beendet.

Satz 120 wird erreicht, wenn keine Werte mehr zu bearbeiten sind, d.h. es kann jetzt der Mittelwert berechnet werden. In Satz 130-150 erfolgt die Ausgabe von drei Leerzeilen, die Ausgabe des Mittelwertes und die Beendigung des Programms mit der Meldung Ende.

d) Unterprogramme

Häufig ist es sinnvoll, bestimmte Algorithmen (zum Beispiel eine Mittelwertberechnung) in einem einzigen Programm mehrfach zu verwenden. Man stelle sich vor, es wären per DATA-Anweisungen Körpergrößen, Gewichtsangaben, Angaben zum Blutdruck usw. für eine Reihe befragter Personen eingegeben worde, und für jede Variable soll das arithmetische Mittel berechnet werden. Man wird diesen Programmteil sinnvollerweise nur einmal programmieren, ihn aber mehrfach "anspringen". Wie leicht einsichtig ist, können diese Sprünge nicht mit der GOTO-Anweisung erfolgen, weil der jeweils erforderliche Rücksprung ja immer wieder hinter die Stelle des ersten "Absprungs" (der ersten Mittelwertberechnung also) zurückführen würde.

Stattdessen verwendet man die GOSUB- in Verbindung mit der RETURN-Anweisung, wie es im folgenden schematisch gezeigt wird:

```
10 REM Hauptprogramm
...
Dateneingabe
Bereitstellung der Werte der ersten Variablen
...
100 GOSUB 1000
110 Erste Ergebnisse
    Bereitstellung der Werte der zweiten Variablen
200 GOSUB 1000
210 Zweite Ergebnisse
...
usw.
990 END

1000 REM Unterprogramm Mittelwertberechnung
... Mittelwertberechnung
1100 RETURN
```

e) Funktionen

Wir haben schon die TAB- und die SQR-Funktion kennengelernt. BASIC stellt noch viele andere Funktionen bereit, von denen uns später vor allem die RND-Funktion interessiert.

Diese Funktion (ihr Argument ist immer 1) erzeugt Zufallszahlen im Wertebereich zwischen 0 bis unter 1. In einem Programm, das mit dieser Funktion arbeitet, stellt man sinnvollerweise die Anweisung

RANDOMIZE TIMER

voran, weil andernfalls bei jedem Programmlauf die gleiche Folge von Zufallszahlen erzeugt wird. Kombiniert man schließlich diese Funktion mit der INT-Funktion (sie schneidet bei positiven Zahlen die Nachkommastellen ab), kann man beispielsweise wie in dem folgenden Programm 100 Würfelwürfe simulieren:

```
10 REM 100 Wuerfelwuerfe
20 CLS : RANDOMIZE TIMER
30 FOR I = 1 TO 100
40 W = INT(RND(1)*6)+1
50 PRINT W;"  ";
60 NEXT I
70 END
```

f) Graphikprogrammierung

Ein Bereich, in dem die eigene Programmierung in BASIC sehr ertragreich ist, ist das weite Feld der Graphikprogrammierung. Hier sind prinzipiell zwei Wege zu unterscheiden, die sog. Normalgraphik und die hochauflösende Graphik.

Bei der Normalgraphik muß man sich den Bildschirm aufgeteilt denken in 80 Spalten und 25 Zeilen, d.h. das kleinste ansprechbare Element entspricht dann dem Platz, der für ein Symbol jeweils zur Verfügung steht.

Um Graphiksymbole auf den Bildschirm zu bringen, bedient man sich der CHR$-Funktion, die - in Zusammenhang mit der PRINT-Anweisung - dazu dient, Symbole auszugeben, deren ASCII-Codezahl als Argument anzugeben ist. Beispielsweise wird mit der Codezahl 219 ein kleines Rechteck ausgegeben, wenn man schreibt

PRINT CHR$(219)

Auf diese Weise ist es also möglich, etwa Balken unterschiedlicher Länge zu produzieren, wie das folgende Programmbeispiel schematisch zeigt:

```
10 REM Balken
20 CLS : INPUT "Laenge des Balkens (1-80)";L
30 CLS : FOR I = 1 TO L : PRINT CHR$(219); : NEXT I
40 END
```

Mit derartigen Programm-Bausteinen kann man Balkendiagramme u.ä. erzeugen, wobei lediglich darauf geachtet werden muß, daß der auf dem Bildschirm zur Verfügung stehende Platz nicht überschritten wird.

In diesem Zusammenhang ist die Nutzung der LOCATE-Anweisung sehr sinnvoll, die die allgemeine Form

LOCATE z,s

hat. Sie positioniert den Cursor auf der Bildschirmposition mit der Zeile z und der Spalte s, womit es möglich wird, in der Normalgraphik auch anspruchsvollere Probleme in Angriff zu nehmen.

Anzumerken ist in diesem Zusammenhang, daß die Bildschirmzeilen von oben nach unten numeriert sind, also nicht so, wie man es von einem Achsenkreuz aus der Mathematik gewohnt ist. Will man also hohe Y-Werte oben und niedrige unten auf dem Bildschirm erscheinen lassen, so muß man die Y-Werte gewissermaßen "auf den Kopf" stellen.

Eleganter als die Normalgraphik ist die hochauflösende Graphik. Sie macht ein "Umschalten" des Bildschirms erforderlich, wozu die Anweisung

SCREEN 2

verwendet wird (die Zahl hinter dem Schlüsselwort SCREEN kann auch anders lauten, abhängig davon, welche Graphikkarte der benutzte Rechner hat); "zurückgeschaltet" wird mit

SCREEN 0 : WIDTH 80

Hier muß man sich den Bildschirm aufgeteilt denken in 640 Spalten (0-639) und 200 Zeilen (0-199) (auch diese Werte sind rechnerabhängig), wobei wieder besonders beachtet werden muß, daß die Zeilen von oben nach unten aufsteigend numeriert sind.

Zum Zeichnen in der hochauflösenden Graphik gibt es eine Reihe von Anweisungen. Die beiden wichtigsten sind die folgenden:

PSET (s,z)

Diese Anweisung zeichnet einen Punkt am Schnittpunkt der Spalte Nr. s mit der Zeile Nr. z.

LINE (s1,z1)-(s2,z2)

Diese Anweisung zeichnet eine gerade Linie vom Punkt mit den Koordinaten s1,z1 bis zum Punkt mit den Koordinaten s2,z2.

Das folgende Programm benutzt diese beiden Anweisungen, um eine Sinuslinie zu zeichnen.

```
10 REM sinuslinie
20 CLS
30 SCREEN 2
40 LINE (1,1)-(1,190) : LINE (1,100)-(630,100)
50 FOR S = 1 TO 630
60 H = S/100 : H = SIN(H)*50
70 Z = 100 - H : PSET (S,Z) : NEXT S
80 LOCATE 20,20
90 INPUT "Zur Fortsetzung bitte RETURN";A$
100 SCREEN 0 : WIDTH 80
110 PRINT"Ende des Programms" : END
```

Zu diesem Programm eine kurze Beschreibung:

Satz 10-30 dient zur Angabe einer Überschrift, zum Löschen des Bildschirms und zum Umschalten in die hochauflösende Graphik. Mit Satz 40 wird ein Achsenkreuz gezeichnet.

In Satz 50 beginnt eine Programmschleife über (fast) alle Spalten des Bildschirms (die Graphik wird von links nach rechts erzeugt). In Satz 60 wird eine Hilfsgröße H = S/100 erzeugt; H läuft also in der Programmschleife von 0.01 bis 6.30. Dies ist ungefähr der Bereich, der durch eine Sinusschwingung abgedeckt werden soll (das Argument der SIN-Funktion wird in Einheiten des Kreisparameters angegeben); danach erfolgt die Bestimmung des Sinuswertes von H mit der SIN-Funktion und Multiplikation mit 50 (da SIN(H) sich zwischen -1 und +1 bewegt, muß dieser Schwankungsbereich, um eine hübsche Graphik zu bekommen, ausgeweitet werden - hier auf -50 bis +50).

Da die horizontale Achse in der Zeile 100 liegt (siehe Satz 40), werden in Satz 70 die Zeilen für die Punkte, aus denen sich die Sinuslinie zusammensetzt, über 100-H berechnet; an der Stelle S,Z wird dann der jeweilige Punkt gezeichnet und zum nächsten Punkt übergegangen.

In Satz 80-90 wird der Cursor unter der Graphik positioniert zusammen mit der Anforderung der Return-Taste; wegen der INPUT-Anweisung wartet das Programm, bis der Benutzer die RETURN-Taste betätigt. In Satz 100-110 wird dann der Bildschirm in den Textmodus (80-Zeichen-Darstellung) "zurückgeschaltet" und das Programm beendet.

g) Nutzung externer Speicher

Von der BASIC-Sprachebene aus kann auch auf externe Speicher, also auf Disketten oder auf die Festplatte zugegriffen werden, zum Beispiel zum Speichern eines Programms mit dem folgenden Kommando:

```
SAVE "Name"
```

Dieses Kommando speichert eine Datei mit dem Namen "Name" auf dem angemeldeten externen Speicher.

LOAD "Name"

Dieses Kommando lädt eine Datei mit dem Namen "Name".

FILES

Dieses Kommando gibt das Inhaltsverzeichnis des angemeldeten Speichers aus.

Mit dem Kommando

SYSTEM

gelangt man von der BASIC-Sprachebene auf die Betriebssystemebene zurück.

2.5 ZUSAMMENFASSUNG

Zusammenfassend hier noch einmal die BASIC-Sprachelemente, die wir in diesem Kapitel besprochen und verwendet haben:

Anweisungen

CLS	:	Löschen des Bildschirms
DATA	:	Vorgabe von Daten (Werten)
DIM	:	Dimensionieren von Arrays
END	:	Beendigung des Programms
FOR...TO	:	Beginn einer Programmschleife
GOSUB	:	Sprung in ein Unterprogramm
GOTO	:	Unbedingter Sprung
IF...THEN	:	Bedingter Sprung

INPUT	:	Eingabe von Informationen
LET	:	Wertzuweisung
LINE	:	Zeichnen einer Geraden in hochauflösender Graphik
LOCATE	:	Positionieren des Cursors
NEXT	:	Ende einer Programmschleife
PRINT	:	Ausgabe von Informationen
PSET	:	Zeichnen eines Punktes in hochauflösender Graphik
READ	:	Lesen von Werten aus DATA-Anweisungen
REM	:	Eingabe von Kommentaren in ein Programm
RETURN	:	Ende eines Unterprogramms (Rückkehr ins Hauptprogramm)
SCREEN	:	Umschalten des Bildschirmmodus
WIDTH	:	Vorgabe der Zahl der Bildschirmspalten

Kommandos

FILES	:	Ausgabe des Disketteninhaltsverzeichnisses
LIST	:	Auflisten des Inhalts des Programmspeichers
LOAD	:	Laden einer Datei in den Arbeitsspeicher
NEW	:	Löschen des Programmspeichers
RUN	:	Starten des Programms
SAVE	:	Speichern eines Programms
SYSTEM	:	Rückkehr zur Betriebssystemebene

Funktionen

CHR$	:	Ausgabe eines ASCII-Codezeichens
INT	:	Abschneiden von Dezimalstellen bei reellen positiven Zahlen
RND	:	Erzeugung einer Zufallszahl
SIN	:	Bestimmung des Sinus-Wertes
SQR	:	Bestimmung einer Quadratwurzel
TAB	:	Verschiebung einer Bildschirmausgabe

LITERATURHINWEISE

BOMANNS : Das große Floppy & Harddisk Buch, Düsseldorf 1987

NIEDER, H.C. : MS-DOS Version 3, Haar bei München 1986

SCHIEB : Das große Buch zu MS-DOS, PC-DOS, Düsseldorf 1987

VOSS, W. : BASIC, leicht und schnell gelernt, Darmstadt 1984

WOLTERS, M.F. (Hg.) : Der Schlüssel zum Computer, Reinbek 1974

ZIMMERMANN, W.L. : Datenverarbeitung - Überblick, Grundlagen, Eingabe/Ausgabe, 2. Auflage, Band 1, Wiesbaden 1984

KAPITEL 3:

Softwarenutzung - Das Beispiel FRAMEWORK

3.1 SOFTWARE IN DEN SOZIALWISSENSCHAFTEN

3.2 EIN BEISPIEL

3.3 DIE GRUNDIDEE VON FRAMEWORK

3.4 DER START VON FRAMEWORK

3.5 DER UMGANG MIT FRAMEWORK

LITERATURHINWEISE

3.1 SOFTWARE IN DEN SOZIALWISSENSCHAFTEN

Im vorangegangenen Kapitel wurden die wesentlichen Grundelemente der Programmiersprache BASIC vorgestellt, so daß der Leser in der Lage ist, Problemlösungen durch Selbstprogrammierung in Angriff zu nehmen. Sozialwissenschaftliche Anwendungsbeispiele finden sich in späteren Kapiteln. Hier soll zunächst aber die Frage gestellt werden, ob man im Bereich des rechnergestützten Arbeitens nicht besser auf fertige Programme, also auf Software zurückgreifen kann. Dieser zweite Weg wird hier zunächst beschritten, wobei dafür die folgenden Gründe entscheidend sind (diese Aufzählung erhebt keinen Anspruch auf Vollständigkeit):

1. Die Software, die eingesetzt werden kann, ist immer leistungsfähiger und immer preiswerter geworden.

2. Die Anwendung von Software befreit den Rechnernutzer von der Last, selbst eine Programmiersprache erlernen zu müssen. Allerdings muß er die Grundelemente der jeweiligen Programmsystemsprache beherrschen.

3. Es entfällt die Notwendigkeit, selbst erstellte Programme austesten zu müssen, bis sie wirklich diejenigen Aufgaben fehlerfrei erledigen, die der Nutzer erledigt haben möchte.

4. Durch die Software-Nutzung gewinnt der Anwender die Zeit, sich intensiver mit den inhaltlichen Aspekten seiner Problemstellungen zu befassen.

5. Software gibt es für die unterschiedlichsten sozialwissenschaftlichen Aufgabenstellungen.

Gerade der zuletzt genannte Punkt verdeutlicht, daß bei vielen sozialwissenschaftlichen Aufgabenstellungen - wenn sie einen empirischen Bezug aufweisen - zunächst die Frage beantwortet werden sollte, ob nicht leistungsfähige, fertige Programme vorliegen.

Die wichtigsten Einsatzbereiche dürften die folgenden sein:

1. Textverarbeitung

Wer jemals vor der Aufgabe gestanden hat, umfangreichere Texte zu schreiben, der weiß, wie segensreich die Möglichkeiten moderner Textverarbeitungsprogramme sind. Korrekturen, Textveränderungen, Umstellungen, Verlängerungen oder

Verkürzungen, Auswechseln bestimmter Begriffe, Vertauschen von Absätzen, Zusammenfügen verschiedener Textbausteine, Gestaltung des Layouts, Gestaltung des Seitenumbruchs, schnelle Druckausgabe usw. - dies alles sind Teilaufgaben, die in der "traditionellen" Textverarbeitung (mit der Schreibmaschine, Tipp-Ex, Schere und Klebestiften) unendlich große Mühen bereiten können.

Mit einem modernen Textverarbeitungssystem haben diese Arbeiten ihren Schrecken verloren.

2. Dateiverwaltung

Unter "Dateiverwaltung" versteht man alle Aufgaben, die mit der Eingabe von Datenbeständen, mit ihrer eventuellen Korrektur und Veränderung, mit ihrer Speicherung, mit Sortieren und Suchen von Datensätzen, mit gezielten, selektierenden Ausgaben derartiger Datensätze, mit dem Verrechnen von Daten und ähnlichen Aufgaben zu tun haben.

Gerade bei umfangreicheren Datenbeständen können derartige Aufgaben sehr zeitraubend sein und werden deshalb in zunehmendem Maße durch komfortable Dateiverwaltungsprogramme übernommen. Wer einmal erlebt hat, wie schnell mit dem Rechner gezielt nach bestimmten Datensätzen gesucht werden kann (man denke beispielsweise an eine Literaturdatenbank, in der 5000 Titel erfaßt sind, und in der nach Vorgabe von Stichworten und Stichwortkombinationen Auswahlen vorgenommen werden sollen), der wird "traditionelle" Dateiverwaltung mit Zettelkästen und Karteikarten rasch vergessen.

3. Statistische Auswertungen

In den empirischen Sozialwissenschaften spielen insbesondere statistische Auswertungen eine entscheidende Rolle. Dies spielt sich noch in vergleichsweise überschaubarem Rahmen ab, wenn es um univariate Auswertungen geht, wenn also beispielsweise aus 200 Einzelangaben zur bevorzugten politischen Partei eine Häufigkeitstabelle erzeugt werden soll oder eine graphische Präsentation dieser Daten, oder wenn ein durchschnittliches Einkommen oder die Streuung dieser Daten berechnet werden soll. Schwieriger wird es, wenn die Zusammenhänge zwischen zwei statistischen Untersuchungsvariablen interessieren oder wenn in der multivariaten Statistik mehrere, unter Umständen sehr viele Variablen gleichzeitig zum Gegenstand der statistischen Analyse gemacht werden.

Bei solchen Aufgabenstellungen der anspruchsvolleren statistischen Auswertung und Analyse, bei denen der Rechenaufwand explosionsartig ansteigt, kann "per Hand" nicht mehr sinnvoll gearbeitet werden. Erst der Rechner- und der Softwareeinsatz verhelfen hier zu Ergebnissen.

4. Modellbildungen

Mit den obigen Ausführungen ist angedeutet worden, daß die Methoden der empirischen Sozialwissenschaften Realitätsbezug dadurch gewinnen, daß der Komplexität der Realität durch Betrachtung vieler Variablen gleichzeitig und der Beziehungen zwischen ihnen Rechnung getragen wird. Nur am Rande sei allerdings darauf hingewiesen, daß auch sehr stark abstrahierende Betrachtungen, also zum Beispiel die Beschränkung der statistischen Analyse auf nur zwei Variablen - z.B.: Beruflicher Status und Einkommen - zu durchaus wertvollen Erkenntnissen führen kann. Natürlich weiß der empirisch arbeitende Sozialforscher, daß das Einkommen befragter Personen nicht nur vom beruflichen Status abhängt, sondern von einer Vielzahl weiterer Faktoren (Alter, Bildung, Geschlecht etc.), gleichwohl ist aber auch der bivariate Zusammenhang inhaltlich interpretationsfähig und deshalb empirisch sinnvoll.

Wenn aber komplexe Beziehungsgeflechte zur Abbildung interessierender Teile der Realität verwendet werden, dann gelangt man zu Modellen, deren Entwicklung und empirische Überprüfung durch den Rechner- und Software-Einsatz wesentlich erleichtert wird. Auch die Produktion von Modellergebnissen ist dann Sache der entsprechenden Programme.

Ein solches Modell setzt sich konstitutiv zusammen aus Variablen und Beziehungen zwischen diesen Variablen. Soll nun praktisch mit einem derartigen Modell gearbeitet werden, so sind nach den erforderlichen Vorarbeiten (Bennenung der Variablen und Formulierung der Beziehungen, Erhebung der erforderlichen Daten) folgende Arbeitsschritte notwendig:

a) Eingabe, Kontrolle und Auswertung der Daten
b) Statistische Schätzung der Parameter der Funktionalbeziehungen
c) Konstitution des Modells
d) Erprobung des Modells und Überprüfung anhand der realen Daten
e) Eventuelle Modifikationen des Modells
f) Erzeugung und Präsentation von Modellergebnissen

Alle diese und damit zusammenhängende Arbeiten können durch geeignete Computerprogramme übernommen werden.

5. Graphische Präsentationen

Gerade im sozialwissenschaftlichen Bereich bietet es sich an, der besseren Übersichtlichkeit halber statistische Auswertungs- und Analyseergebnisse, oder die Ergebnisse von Modell-Läufen graphisch darzustellen. Man denke in diesem Zusammenhang auch an statistische Zeitreihen (Entwicklung der Bevölkerungszahl, wirtschaftliche Entwicklungen, Trendanalysen etc.). Die Darstellungen derartiger Sachverhalte und Entwicklungen in graphischer Form sind in der Regel wesentlich informativer als etwa tabellarische Ausgaben - aber sie sind auch mit größerem Aufwand verbunden.

Deshalb empfiehlt es sich auch hier, auf die entsprechende Software zurückzugreifen, also auf Programmpakete, die speziell zur graphischen Präsentation empirischer Sachverhalte entwickelt wurden. Sie sind in der Lage, innerhalb von Sekunden graphische Darstellungen zu liefern und insbesondere können sie in sehr kurzer Zeit Alternativen präsentieren (zum Beispiel alternative Trendfunktionstypen, Häufigkeitsverteilungen bei unterschiedlicher Klassifikation der Daten usw.).

Betrachtet man diese unterschiedlichen Anwendungsbereiche in einem zusammenfassenden Überblick, so läßt sich feststellen, daß alle in den empirischen Wissenschaften, also auch im breiten Anwendungsbereich der empirischen Sozialwissenschaften, eine wesentliche Rolle spielen. Es stellt sich deshalb die Frage, in welcher Weise diese und ähnliche Aufgabenstellungen durch zur Verfügung stehende Computerprogramme erledigt werden können.

Dies führt zu der weiteren Frage, ob es nicht Software-Pakete gibt, die alle die Aufgaben, die oben genannt wurden, in sich vereinen. Und in der Tat: Derartige Software-Programme liegen vor. Man spricht von den sog. <u>Integrierten Software-Paketen</u> und meint damit diejenigen Programme, die in der Lage sind, sowohl für Textverarbeitungsaufgaben, als auch für Aufgaben der Dateiverwaltung, für Rechenaufgaben oder zum Zwecke graphischer Präsentationen eingesetzt zu werden. Beispiele dafür sind:

Open Access
Lotus
Symphony
Framework

Mit dem zuletzt genannten Programmpaket wollen wir uns im folgenden befassen, um es dann auch in konkreten sozialwissenschaftlichen Anwendungsbereichen einzusetzen.

3.2 Ein Beispiel

Um zeigen zu können, wie das Programmpaket FRAMEWORK funktioniert, soll hier ein einfaches Demonstrationsbeispiel eingeführt werden, anhand dessen die wichtigsten Sachverhalte, auf die es für den Anfänger zunächst ankommt, anschaulich erklärt werden können. Dabei braucht man nicht nur den Einsatz eines Softwarepakets im Blick zu haben, sondern die folgenden Erörterungen gelten generell, also auch zum Beispiel für den Fall der Selbstprogrammierung.

Es handelt sich bei diesem Beispiel um ein für die empirische Sozialwissenschaft sehr typisches Beispiel, das wichtige der in den vorangegangenen Ausführungen genannten Aufgabenstellungen repräsentieren kann, zum Beispiel Datenverwaltungsaufgaben, Rechenaufgaben, Aufgaben der statistischen Auswertung und Analyse u.ä.. Es geht dabei um die Auswertung eines Fragebogens.

Man stelle sich vor, es sei eine empirische Untersuchung vorbereitet worden, die Aufschluß geben soll über die sozialwissenschaftlich relevante Fragestellung:

"Welches sind die demographischen und sozio-ökonomischen Größen, die mit darüber entscheiden, für welche politische Partei sich ein Bundesbürger bei der nächsten Bundestagswahl entscheidet ?"

Es interessieren hier also nicht generelle Faktoren, wie etwa das Image bestimmter Politiker, ihre Erfolge oder Mißerfolge, die gesamtwirtschaftliche Lage oder außenpolitische Einflüsse, sondern die Untersuchung konzentriert sich auf individuelle Merkmale. Der Leser möge bedenken, daß es sich hier nur um ein Demonstrationsbeispiel und nicht um eine wirkliche sozialwissenschaftliche Untersuchung handelt. Ziel ist also nicht, zu neuen und empirisch gehaltvollen Erkenntnissen zu gelangen, sondern zu zeigen, wie mit bestimmten Methoden des Computereinsatzes die Alltagsarbeit des empirischen Sozialforschers erleichtert werden kann.

Bei den theoretischen Vorüberlegungen zur Konzipierung dieser Untersuchung sind die folgenden Variablen als erheblich ermittelt worden. Wie bei dieser Operationalisierung vorzugehen ist, kann der einführenden Literatur in die sozialwissenschaftliche Methodenlehre entnommen werden.

- Geschlecht
- Alter
- Konfession
- Monatseinkommen
- Fernsehdauer pro Tag im Durchschnitt
- bevorzugte politische Partei

Die Art und Weise, wie man derartige Daten erhebt, soll hier nicht Gegenstand der Betrachtung sein. Wir interessieren uns jetzt nicht für die Frage, ob eine Totalerhebung, oder ob eine Stichprobenerhebung durchgeführt werden soll, wie gegebenenfalls die Repräsentativität einer Stichprobe gewährleistet werden kann, oder ob mündliche oder schriftliche Befragungen vorzuziehen sind. Es interessiert auch nicht, ob die Fragen klug gestellt und formuliert sind, ob die Antwortvorgaben in Ordnung sind, ob die Anordnung im Fragebogen und das Layout akzeptabel sind usw.. Auch diese und damit zusammenhängende Fragen werden in der einführenden Methodenliteratur ausführlich behandelt. An dieser Stelle interessiert nur das Ergebnis, das zum Beispiel nach dem Versenden des folgenden Fragebogens zustandekommt:

1.	Geschlecht	männlich	o
		weiblich	o
2.	Alter	__ Jahre	
3.	Konfession	evangelisch	o
		katholisch	o
		sonstiges	o
		keine	o
4.	Wohnort	______________	
5.	Monatseinkommen (netto)	ca. DM _______	
6.	Fernsehdauer pro Tag im Durchschnitt	ca. ______ min.	
7.	bevorzugte politische Partei	CDU/CSU	o
		SPD	o
		FDP	o
		Die Grünen	o
		Sonstige	o

Bevor nun die Ergebnisse der ausgefüllten Fragebögen einem Rechner zur weiteren sozialstatistischen Analyse übergeben werden können, ist eine Codierung der Merkmalswerte vorzusehen. Dabei muß auch ein Wert für die missing values (für diejenigen Fälle, wo keine Antwort vorliegt) vorgegeben werden. Weiterhin werden den einzelnen Variablen gleich Namen zugeteilt, unter denen sie später bei den Auswertungen angesprochen werden können. Auf diese Weise gelangt man zu der folgenden Übersicht:

Variable	Wert	Code	Name
Geschlecht	männlich	0	SEX
	weiblich	1	
	keine Angabe	-9	
2. Alter	Jahre	dto.	ALTER
	keine Angabe	-9	
3. Konfession	evangelisch	0	KONF
	katholisch	1	
	sonstiges	2	
	keine	3	
	keine Angabe	-9	
4. Wohnort	laut Angabe	dto.	ORT
	keine Angabe	-9	
5. Monats-einkommen	DM	dto.	EINK
	keine Angabe	-9	
6. Fernsehdauer	Minuten	dto.	TV
	keine Angabe	-9	
7. bevorzugte politische Partei			PARTEI
	CDU/CSU	0	
	SPD	1	
	FDP	2	
	Die Grünen	3	
	Sonstige	4	
	keine Angabe	-9	

Nach dem (hoffentlich erfolgreichen) Rücklauf der Fragebogen kann man die folgende tabellarische Übersicht aufbauen, von der hier nur der Anfang dargestellt ist (der Einfachheit halber wurden Abkürzungen verwendet : m = männlich, w = weiblich, ev = evangelisch, kA = keine Angabe usw.):

NR	SEX	ALTER	KONF	ORT	EINK	TV	PARTEI
001	m	33	ev	Köln	2500	120	SPD
002	m	21	kath	Bonn	1800	80	SPD
003	w	45	ev	München	2200	kA	FDP
004	m	41	sonst	Lindau	3600	60	CDU/CSU
005	w	19	ev	Aachen	1500	100	Grüne
006	m	25	kA	Köln	2000	90	CDU/CSU
007	w	55	kath	Bochum	1750	150	kA
008	...						
usw.							

Von den obigen Codierungsregeln ausgehend kann jetzt die folgende <u>Datenmatrix</u> erstellt werden:

NR	SEX	ALTER	KONF	ORT	EINK	TV	PARTEI
001	0	33	0	Köln	2500	120	1
002	0	21	1	Bonn	1800	80	1
003	1	45	0	München	2200	-9	2
004	0	41	2	Lindau	3600	60	0
005	1	19	0	Aachen	1500	100	3
006	0	25	-9	Köln	2000	90	0
007	1	55	1	Bochum	1750	150	-9
008	...						
usw.							

Damit sind alle Vorbereitungen getroffen, um diese Daten zum Zwecke der weiteren statistischen Analyse - gleichgültig, ob diese mit einem Softwareprogramm geschieht oder durch selbst erstellte BASIC-Programme - in einen Rechner einzugeben.

3.3 DIE GRUNDIDEE VON FRAMEWORK

FRAMEWORK ist ein integriertes Programmsystem. Mit diesem Begriff bezeichnet man ein Programmpaket, mit dem man die unterschiedlichsten Aufgaben erledigen kann. Voraussetzung für die weitere Arbeit ist, daß man einen Computer besitzt, der FRAMEWORK "verstehen" kann, also z.B. einen IBM-PC oder einen IBM-kompatiblen Rechner mit zwei Diskettenlaufwerken oder einer Festplatte.

FRAMEWORK liegt derzeit in der Version II vor, weshalb man häufig auch von dem Programmsystem FRAMEWORK II spricht. Zusätzlich gibt es eine vereinfachte Version dieses Programmpakets, das unter dem Namen "Junior FRAMEWORK" auf den Markt gebracht wurde. Es unterscheidet sich nicht grundsätzlich von FRAMEWORK II. Deshalb gilt alles, was im folgenden gesagt wird, im Prinzip für beide Versionen. Dort, wo die Unterschiede in der praktischen Nutzung der Systeme von Bedeutung sind, wird gesondert darauf aufmerksam gemacht.

Welche Aufgaben kann FRAMEWORK übernehmen ?

Mit FRAMEWORK kann man Textverarbeitung betreiben oder rechnen. Man kann Adreßverzeichnisse anlegen und verwalten, Zettelkästen nach Stichworten sortieren, Literaturverzeichnisse erstellen oder ähnliche Aufgaben erledigen - alles, was unter dem Stichwort "Dateiverwaltung" zusammengefaßt wird. Man kann darüber hinaus auch Graphiken erstellen.

Vor allem aber können diese und noch weitere Aufgaben auch miteinander "gekoppelt" werden, d.h. man kann rechnen, die Ergebnisse graphisch darstellen und auch noch die erläuternden Texte mit diesem System schreiben.

Diese Aufzählung verdeutlicht, daß mit FRAMEWORK ein außerordentlich leistungsfähiges Programmpaket zur Verfügung steht, das eine wirksame Hilfe und Unterstützung bei einer Vielzahl durchaus unterschiedlicher Aufgabenstellungen bietet.

Die Bedienung dieses Programmsystems ist sehr einfach, weil es menügesteuert funktioniert, d.h. der Benutzer kann aus einem Angebot unterschiedlicher Aktivitäten, die ihm auf dem Bildschirm angeboten werden, auswählen, so daß in einem Gespräch mit dem Computer (genauer mit dem Programmsystem) der Rechnereinsatz gesteuert wird.

Die Grundidee besteht darin, daß dieses System in gewisser Weise den Schreibtisch eines angestrengt arbeitenden Wissenschaftlers, Studenten oder Schülers simuliert:

Man stelle sich vor, ein Sozialwissenschaftler hat den Vorsatz gefaßt, eine größere schriftliche Ausarbeitung zu Papier zu bringen, bei der auch die Daten der Fragebogenaktion, die im vorangegangenen Abschnitt präsentiert wurden, ausgewertet werden sollen. Also beginnt er mit seiner Arbeit, indem er zunächst an seinem Schreibtisch Platz nimmt.

Dieser Schreibtisch ist bald übersät mit Papieren, Notizzetteln, Zeichnungen, Textauszügen, Photokopien einzelner Buchseiten, Auszügen aus Veröffentlichungen, Tabellen mit Zahlenkolonnen, Zetteln mit Zwischenrechnungen usw.. Vielleicht gibt es auch noch einige Ablagekörbe mit unterschiedlichen Inhalten, Stapel von Papier auf einem benachbarten Tisch oder auf den einzelnen Brettern des Regals neben dem Schreibtisch und drei Kästen mit Karteikarten, auf denen Literaturquellen oder was auch immer verzeichnet sind. Ergänzt wird das Ganze durch Hilfsinstrumente, wie Taschenrechner, Lineale, Buntstifte, Schere, Klebestifte usw..

FRAMEWORK simuliert den Berg von Papieren und bringt Ordnung hinein, indem es für jeden dieser Zettel einen sog. Frame einrichtet (Frame = Rahmen). Die Frames werden auf dem Bildschirm als umrandete Flächen dargestellt.

Das System kann mehrere Frames gleichzeitig auf dem Bildschirm präsentieren - nebeneinander, übereinander gestapelt, sich gegenseitig überlappend oder verdeckend, groß oder klein - ganz wie das gewünscht ist.

Diese Frames können mit Inhalten gefüllt werden (Texte, Tabellen, Graphiken, Rechnungen u. dergl.), sie können gespeichert und jederzeit wieder verwendet werden, sie können verändert, ergänzt und gelöscht werden und sie können miteinander verkoppelt werden.

Dabei ist man angenehmerweise der Mühe enthoben, eine Programmiersprache erlernen zu müssen. Allerdings kommt man nicht darum herum, nun bestimmte Elemente der Programmsystemsprache zu erlernen, damit FRAMEWORK die Lösung derjenigen Aufgaben übernimmt, die man selbst nicht lösen will. Ein weiterer Nachteil bei der Nutzung fertiger Programmsysteme soll nicht verschwiegen werden:

Je umfangreicher und je komfortabler derartige Systeme werden, desto schwieriger ist es für den "Einsteiger", sich den erforderlichen Durchblick zu verschaffen: In der Regel weiß er nicht, was das System im Detail eigentlich tut, wenn es arbeitet - er wird gewissermaßen abhängig vom Rechner und den Programmen, er muß ihnen blindlings vertrauen. Derartige Abhängigkeiten sind nicht unproblematisch, was aber an dieser Stelle nicht weiter diskutiert werden soll.

Natürlich ist hier nicht der Platz, alle beliebigen Details von FRAMEWORK zu besprechen - und dies ist auch gar nicht erforderlich. Es geht in erster Linie darum, die grundlegenden Möglichkeiten, und die, die in der praktischen Arbeit des empirisch orientierten Sozialwissenschaftlers am häufigsten verwendet werden, vorzustellen.

Wenn der Leser sich dann nach der Lektüre dieses Buchs zu den schon Fortgeschritteneren zählen darf, dann wird es ihm überhaupt nicht schwer fallen, selbständig und ohne schriftliche Anleitung weitere Spezialitäten von FRAMEWORK zu erarbeiten.

3.4 DER START VON FRAMEWORK

Bevor zum ersten Mal mit dem Programmsystem FRAMEWORK II oder mit Junior FRAMEWORK gearbeitet werden kann, ist eine sog. Installation erforderlich, die für die beiden Programmsysteme unterschiedlich ist. Diese Installation erfolgt dialogorientiert, so daß dabei keine besonderen Probleme auftreten. Einzelheiten dazu sind dem FRAMEWORK-Bedienungshandbuch oder der speziellen FRAMEWORK-Literatur zu entnehmen (siehe Literaturhinweise zu diesem Kapitel).

a) Laden des Programmsystems FRAMEWORK

Vor dem Laden des Programmsystems müssen einige Elemente der Programmsystemsprache angesprochen werden. Der Einstieg in diese Programmsystemsprache ist deshalb recht einfach, weil laufend über Menüs auf dem Bildschirm angezeigt wird, was im nächstfolgenden Schritt getan werden kann oder getan werden muß. Das Gespräch mit dem Rechner und dem Programmsystem FRAMEWORK beschränkt sich deshalb auf die Auswahl von Menüpositionen.

Vor dem Laden muß zunächst die Betriebssystemebene erreichet werden und eine formatierte Diskette (wir nennen sie Arbeitsdiskette) ist bereitzulegen.

Ich gehe hier und im folgenden davon aus, daß mit einem PC mit Doppellaufwerk gearbeitet wird; wenn mit einem Festplattensystem gearbeitet wird, sollten vor dem ersten Einsatz von FRAMEWORK alle benötigten Systemprogramme auf die Festplatte kopiert werden. Sie hat ja für solche Zwecke Platz genug. Auch die Dateien, die bei der Arbeit mit FRAMEWORK erzeugt werden, können auf der Festplatte abgelegt werden. Damit wird der im folgenden noch öfter auftauchende Hinweis auf die Nutzung der Systemdiskette einerseits und von Arbeitsdisketten andererseits entbehrlich.

In diesem Fall der Nutzung eines Festplattensystems empfiehlt sich die Einrichtung von mindestens zwei Sub-Directories, also von Unterverzeichnissen.

Zum Laden von FRAMEWORK von der Festplatte benötigt man das Kommando

FW

Man erhält dann das Bild auf dem Bildschirm, das sich auch nach dem Start mit einem Doppellaufwerk-Rechner ergibt. Es ist weiter unten vorgestellt.

Ist ein Doppellaufwerk vorhanden, startet man das Programmsystem FRAMEWORK, nachdem die FRAMEWORK-Systemdiskette Nr. 1 ins Laufwerk A: eingelegt wird, mit dem Kommando

FW

Das System antwortet nach einer kurzen Ladezeit mit einigen wichtigen Hinweisen und Informationen auf dem Bildschirm:

Nach dem Start mit der Systemdiskette Nr.1

Framework 1.1

COPYRIGHT (c) Ashton-Tate 1984;
COPYRIGHT (c) Forefront 1984; Alle Rechte vorbehalten.
Framework, FRED, and ASHTON-TATE sind geschützte Warenzeichen

Wir möchten Sie darauf hinweisen, daß für das Programmpaket der Endkunden-Lizenzvertrag Anwendung findet. ASHTON-TATE stellt Ihnen mit dieser nicht übertragbaren Vereinbarung Framework in der Ihnen vorliegenden Version für den Einsatz auf einem Rechner zur Verfügung.

Sie erwerben an Framework kein Eigentum, sondern Nutzungsrechte und dürfen das Programmpaket nicht kopieren oder ändern.

Bitte SYSTEM-DISKETTE 2 ins Laufwerk A: einlegen

Bitte bestätigen Sie durch Drücken von RETURN Ihr Einverständnis mit den Lizenzbedingungen und beginnen Sie mit Framework.

Diesen Informationen entnimmt man unter anderem, daß nun in das Laufwerk A: die FRAMEWORK-Systemdiskette Nr. 2 einzulegen ist. Gleichzeitig legt man ins Laufwerk B: eine formatierte Arbeitsdiskette ein. Wie jedes andere Programmsystem auch benötigt nämlich FRAMEWORK eine Arbeitsdiskette, um die Inhalte der Frames, die erzeugt werden, speichern zu können.

b) Der Start-Bildschirm

Wenn die erforderlichen Informationen von der FRAMEWORK-Systemdiskette Nr. 2 geladen sind, erscheint der FRAMEWORK-Startbildschirm, der so aussieht :

Startbildschirm

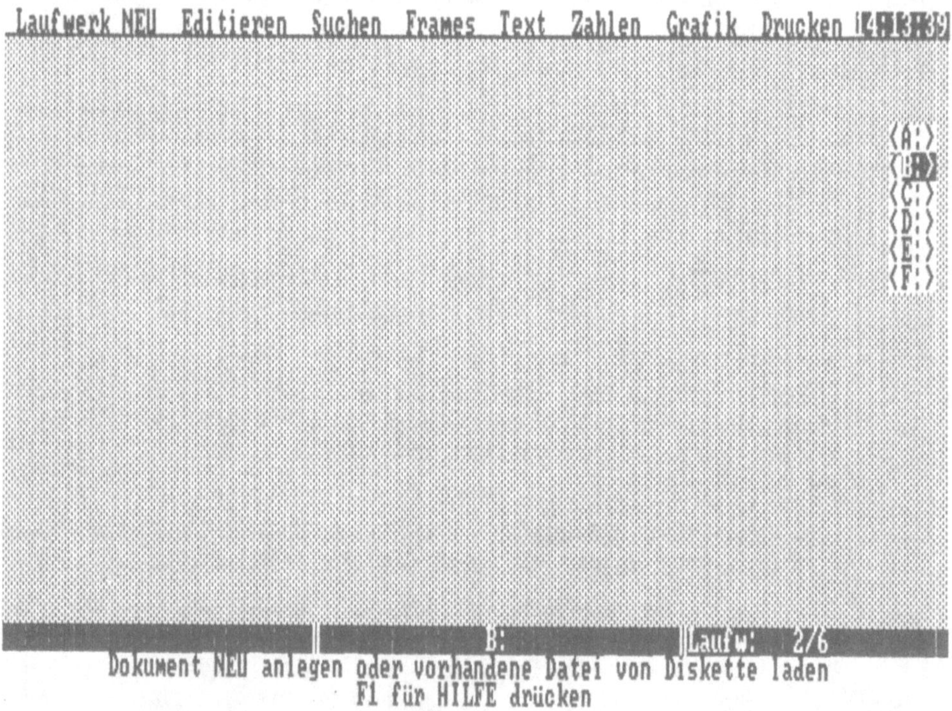

Dies ist der Startbildschirm des Systems Junior FRAMEWORK. Der von FRAMEWORK II sieht im Prinzip genauso aus, mit dem Unterschied, daß in der Kopfzeile - dies ist das Hauptmenü - an erster Stelle zusätzlich das Stichwort "Anwendung" auftaucht. Außerdem erscheint zusätzlich rechts oben auf dem Bildschirm das Stichwort "BIBLIOTHEK". Diese Unterschiede brauchen uns aber jetzt nicht weiter zu kümmern.

Diesen Bildschirm wollen wir uns nun, bevor wir weiterarbeiten, etwas näher anschauen:

Der Bildschirm präsentiert die Arbeitsfläche von FRAMEWORK, also gewissermaßen die Schreibtischplatte, auf der noch keine Zettel (keine Frames) herumliegen - nur ein paar unentbehrliche Utensilien.

b.1) Die Kopfzeile

Zu diesen Utensilien gehört die Kopfzeile, die das FRAMEWORK-Hauptmenü präsentiert.

Im Gegensatz zur Menükarte in einem Restaurant stehen hier die "Gerichte", die ausgewählt werden können, nicht untereinander, sondern nebeneinander. Es handelt sich um die FRAMEWORK-Aktivitäten, die jetzt ausgewählt werden können.

b.2) Auswahlen aus dem Hauptmenü

Um eine der Positionen aus dem Hauptmenü auszuwählen, benötigt man die

Ins-Taste

Wenn die Ins-Taste gedrückt wird, wird eine der Positionen des Hauptmenüs automatisch hell unterlegt - sie wird markiert. Diese Markierung ist nichts anderes als ein über mehrere Symbole ausgedehnter Cursor, der in diesem Zusammenhang auch Marker genannt wird.

Nach dem Start von FRAMEWORK wird automatisch nach Drücken der Ins-Taste die Hauptmenüposition NEU markiert. Hat man schon mit anderen Menüpositionen gearbeitet, wird automatisch diejenige markiert, die zuletzt angesprochen worden war.

Mit der Markierung einer Hauptmenüposition wird auch automatisch das entsprechende Untermenü geöffnet, d.h. dessen Positionen werden auf dem Bildschirm ausgegeben.

Wenn man eine andere Position aus dem Startmenü auswählen will, als diejenige, die automatisch nach Drücken der Ins-Taste markiert wird, betätigt man einfach die Cursor-Steuertasten: Die Linkspfeiltaste verschiebt die Markierung nach links, die Rechtspfeiltaste verschiebt sie nach rechts. Dabei wird das jeweils markierte Untermenü automatisch auch geöffnet.

b.3) Die Stapel

Neben dem Hauptmenü in der Kopfzeile sind auf dem Startbildschirm die Stapel wichtig, von denen es zwei gibt, nämlich das Laufwerksverzeichnis und den Dokumentenstapel. Das Laufwerksverzeichnis ist in der vorangegangenen Abbildung am rechten Bildschirmrand zu erkennen, nicht aber der Dokumentenstapel. Dies liegt einfach daran, daß kurz nach dem Start von FRAMEWORK noch keine Dokumente (Frames mit eingegebenen Informationen) existieren.

Mit der Taste

Scroll Lock

kann der Marker in das Laufwerksverzeichnis geschickt werden. Nach dem gerade erfolgten Start von FRAMEWORK II ist der Marker automatisch dort.

Im Laufwerksverzeichnis kann man mit der Auf- oder Abwärtspfeiltaste das interessierende Laufwerk auswählen, wenn das automatisch markierte noch nicht das interessierende Laufwerk ist.

Drückt man dann die Return-Taste, wird das Inhaltsverzeichnis der Diskette im ausgewählten Laufwerk auf der Arbeitsfläche in einem vom System automatisch erzeugten Frame ausgegeben. Dies entspricht dem Kommando DIR auf der Betriebssystemebene.

Drückt man jetzt die Plustaste des Zifferntastenfeldes (im folgenden mit NUM+ bezeichnet), kann man in dieses Inhaltsverzeichnis "hineinsteigen" und sich durch Benutzung der Auf- oder Abwärtspfeiltaste darin bewegen. So kann im ausgegebenen Dateiverzeichnis eine Datei ausgewählt werden und diese (dann mit dem Marker hell unterlegt) durch Drücken der Return-Taste von der Diskette in den Rechner geladen werden.

Wenn auf der Arbeitsdiskette mehr Dateien sind, als im gerade erzeugten Frame sichtbar sind, kann man durch weiteres Drücken der Abwärtspfeiltaste auch diejenigen Dateinamen sichtbar machen, die sich zunächst noch unter dem unteren Rand des Frames verbergen.

Wenn man vom Dateiverzeichnis wieder auf die Arbeitsfläche zurück will, verläßt man das Dateiverzeichnis mit NUM- und drückt erneut die Scroll-Lock-Taste.

Der zweite Stapel auf dem Startbildschirm ist der Dokumentenstapel, der in der Startphase noch nicht vorhanden ist, wie schon erwähnt wurde. In diesem Stapel wird ein Verzeichnis aller Frames angelegt, die während einer Arbeitssitzung mit FRAMEWORK angelegt werden. FRAMEWORK erlaubt also nicht nur, Zettel auf dem Schreibtisch (Frames auf der Arbeitsfläche des Bildschirms) anzulegen und anzuhäufen (die sog. Dokumente), sondern erzeugt automatisch auch ein Verzeichnis aller Zettel - auf einem Extrazettel gewissermaßen.

Jeder Frame, der angelegt wird, muß einen Namen bekommen und diese Namen tauchen im Dokumentenstapel rechts unten auf dem Bildschirm zusammenfassend auf. So hat man immer einen Überblick darüber, welche Dokumente angelegt wurden - selbst dann, wenn nicht mehr alle Frames auf dem Bildschirm sichtbar sind, weil sie sich vielleicht gegenseitig überdecken.

b.4) Die Bibliothek

Rechts oben auf dem Startbildschirm taucht nach dem Start von FRAMEWORK II, nicht aber bei dem System Junior FRAMEWORK, die Bezeichnung "BIBLIOTHEK" auf. Diese Bibliothek dient dazu, sog. Makros abzulegen, die für Programmierzwecke verwendet werden können. Wir werden davon keinen Gebrauch machen, deshalb hier keine weiteren Hinweise dazu.

b.5) Die Statuszeile

Im unteren Teil des Startbildschirms (und auf allen anderen Bild-schirmen, die beim Arbeiten mit FRAMEWORK auftauchen) unterhalb der Arbeitsfläche befindet sich die dreiteilige Statuszeile (hell unterlegt). Dort ist jetzt noch nicht viel zu lesen. Später befinden sich dort Informationen zu den gerade verwendeten Dateien.

b.6) Das Nachrichtenfeld

Unter der Statuszeile befindet sich in den untersten beiden Bildschirmzeilen das Nachrichtenfeld. Die erste dieser beiden Zeilen ist die Editierzeile, die später noch eine wichtige Rolle spielen wird. Sie zeigt an, was gerade an Informationen eingegeben oder geändert (editiert) wird. In der untersten Zeile erscheinen Erläuterungen, die von FRAMEWORK bereitgestellt werden. Dazu gehören auch Fehlermeldungen, Statusangaben, Fragen des Systems an den Benutzer u.ä..

c) Anmelden des Arbeitslaufwerkes

Die konkrete Arbeit mit FRAMEWORK beginnt mit dem Anmelden des Arbeitslaufwerks. Weiter oben wurde schon darauf hingewiesen, daß beim Start des Systems ins Laufwerk B: eine formatierte Arbeitsdiskette eingelegt wird (dies ist natürlich nicht nötig, wenn mit einem Festplattensystem gearbeitet wird). Nun muß FRAMEWORK mitgeteilt werden, daß für die Ablage von Dateien nicht die Diskette im Laufwerk A: (dort liegt ja die FRAMEWORK-Systemdiskette Nr.2), sondern diejenige in Laufwerk B: bzw. die Festplatte C: zuständig ist. Dies nennt man das Anmelden eines Laufwerks.

Dieses Anmelden des Laufwerks B: (bzw. der Festplatte C:) geht vom Laufwerksverzeichnis am rechten Bildschirmrand aus, in dem sich der Marker ja nach dem Start von FRAMEWORK automatisch befindet. Steuert man jetzt das anzumeldende Laufwerk mit den senkrechten Pfeiltasten an und drückt die Tasten

Ctrl und Return

gemeinsam, ist die erforderliche Anmeldung vollzogen.

d) Erzeugen eines Frames

Was bisher besprochen wurde, reicht aus, nun einen Frame zu erzeugen, der die Daten unseres Fragebogenbeispiels aufnehmen soll. Dazu muß das Untermenüs NEU aus dem Hauptmenü geöffnet werden (Ins-Taste und Markieren der Position NEU), wobei sich das folgende Bild ergibt :

Untermenü NEU

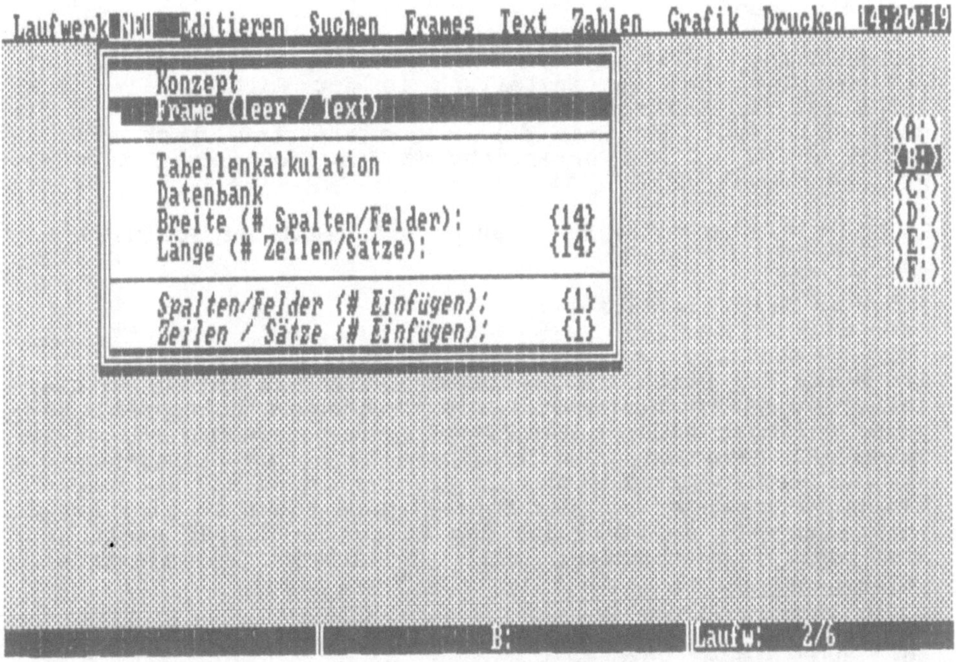

Frame für Textverarbeitung, Grafik, weitere Frames oder DOS-Zugriff anlegen

Vor den weiteren Schritten muß nun überlegt werden, daß die einzugebende Datenmatrix nichts anderes ist als eine Datenbank. Dies wiederum erfordert, dem System mitzuteilen, wie groß diese Datenbank sein soll. Mit dem Stichwort "Größe einer Datenbank" ist dabei die Zahl der Zeilen (Sätze) und die Zahl der Spalten (Arrays, in FRAMEWORK ist die Rede von Feldern in diesem Zusammenhang) gemeint.

Um diese Informationen einzugeben (sie sind zuerst, also vor der eigentliche Dateneingabe notwendig), wählen wir im Untermenü NEU mit der Abwärtspfeiltaste die Position

Breite (# Spalten/Felder) :

Dort findet sich eine Voreinstellung, die nun geändert werden kann, da die Beispiel-Datenbank eine Breite von 7 Spalten aufweist (es wird dabei darauf verzichtet, die Spalte mit den Laufnummern der Fragebogen ebenfalls in die Datenbank einzugeben).

Zur Änderung drückt man die Return-Taste, was zur Folge hat, daß die Zahl der Voreinstellung in der Editierzeile links unten auf dem Bildschirm erscheint. Dort gibt man jetzt die gewünschte Zahl ein, die dann durch erneuten Druck auf die Return-Taste in die entsprechende Position des Untermenüs NEU übernommen wird.

In der gleichen Weise kann man nach Auswahl der Position

Länge (# Zeilen / Sätze) :

die Länge der Datenbank festlegen, indem man in der Editierzeile (vorher Return-Taste) die gewünschte Zeilenzahl eingibt. Befinden sich in der Fragebogenuntersuchung beispielsweise 123 Personen, ist jetzt die Zahl 123 einzugeben und mit der Return-Taste wieder in das Untermenü NEU zu übernehmen (damit nachher mit der Dateneingabe nicht zu viel Arbeit verbunden ist, empfehle ich dem Leser, an dieser Stelle nur die Zahl 7 einzugeben, weil in unserer Beispieltabelle tatsächlich nur 7 Datensätze aufgeführt sind).

Bei Bedarf kann diese Dimensionierung einer Datenbank jederzeit auch wieder verändert werden.

Wählt man jetzt im Untermenü NEU die Position

Datenbank

mit der Aufwärtspfeiltaste und drückt danach die Return-Taste, erscheint auf dem Bildschirm ein (noch) leerer Datenbankframe, der bereit ist, eine Tabelle mit 7 Spalten und 123 Zeilen (bzw. 7 Zeilen, wenn dem obigen Rat gefolgt wurde) aufzunehmen. Dies sieht so aus:

Leerer Datenbankframe

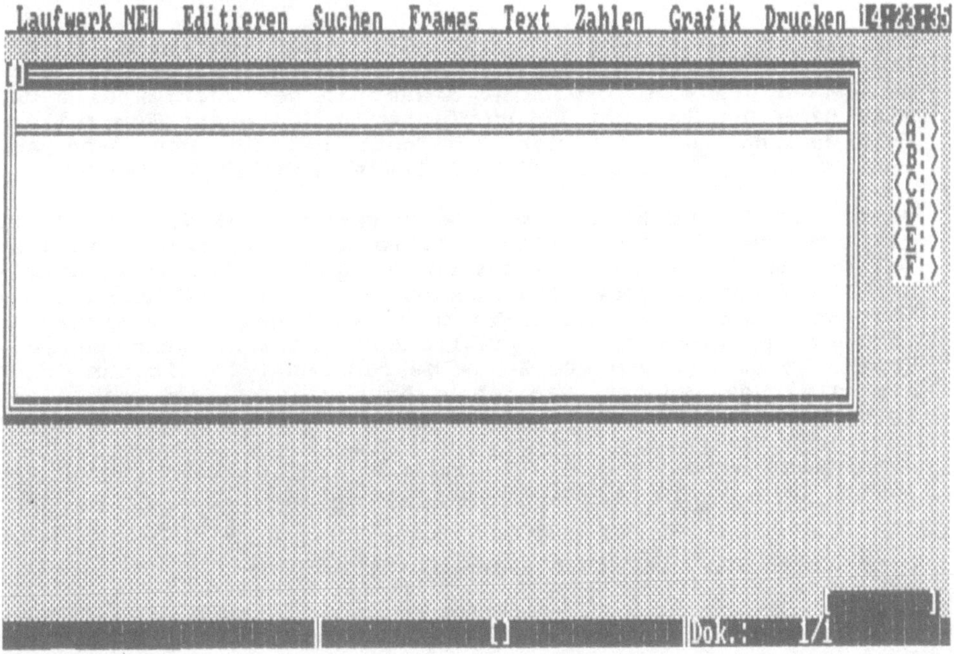

NEU: Datenbank

Jedem Frame, der geöffnet wurde, muß ein Name gegeben werden. Diesen Namen tippt man dort ein, wo der Cursor jetzt steht, nämlich auf dem Rand des Frames (links oben, zwischen den eckigen Klammern). Gibt man also ein

DAT1

so erscheint dieser Name in der Editierzeile und zwischen den eckigen Klammern und wird nach Drücken der Return-Taste als Name für diesen Frame geführt. Bei der Namensvergabe gelten die üblichen, dem Leser schon bekannten Regeln.

e) Dateneingabe

Jetzt geht es darum, die Informationen der Beispiel-Datenbank in den Frame einzugeben, weshalb zunächst der Cursor in den Frame hineingeschickt werden muß. Dies geschieht mit der Taste NUM+.

Der Cursor steht jetzt im ersten Feld der Kopfzeile, in die die Variablennamen eingegeben werden können. Tippt man jetzt den Namen SEX ein, erscheint dieser in der Editierzeile und wird nach Drücken der Return-Taste in das erste Kopfzeilenfeld übernommen. Mit der Tab-Taste gelangt man dann zum zweiten Feld, in das der Name ALTER eingegeben wird usw..

Wenn alle 7 Kopfzeilenbegriffe eingegeben sind, akzeptiert das Programm in der gleichen Zeile keine weiteren Eingaben (es wurden ja bei der Dimensionierung der Datenbank-Tabelle nur 7 Spalten vorgegeben), sondern der Cursor rückt nach dem letzten Drücken der Return-Taste in die zweite Tabellenzeile (die erste Zeile der "eigentlichen" Tabelle, wenn man die Kopfzeile als gesonderte Zeile betrachtet), in die nun, nach dem gleichen Muster wie oben beschrieben, die einzelnen Feldangaben satzweise (also zeilenweise) eingetragen werden.

Wenn diese Arbeit für die 7 Sätze der Beispiel-Datenbank erledigt ist, sieht der Datenbankframe so aus:

Datenbankframe mit eingegebenen Informationen

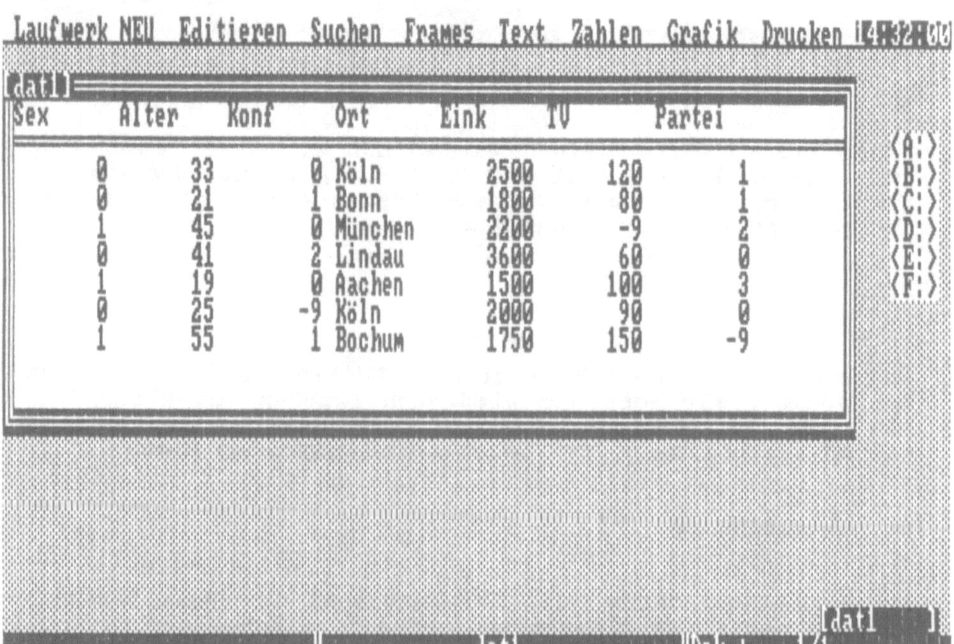

Sollten bei der Durchsicht der einzelnen Feldbesetzungen Fehler entdeckt werden, so können diese einfach korrigiert werden, indem man den Cursor in das entsprechende Feld steuert und dort durch Überschreiben die korrekte Information eingibt.

Es ist an dieser Stelle nicht wichtig, ob der Frame, was das Layout von Kopfzeile oder von Feldinformationen betrifft, besonders schön aussieht oder nicht - die Hauptsache ist, daß die Informationen korrekt eingegeben wurden. Der Leser sollte deshalb nicht versuchen, beispielsweise durch Benutzung der Leertaste zu einer anderen Gestaltung der Tabelle zu gelangen. Dies würde später nur stören und ist überflüssig. Der fortgeschrittenere FRAMEWORK-Benutzer wird später Möglichkeiten kennenlernen, das Layout einer derartigen Tabelle zu verbessern, wenn er dies wünscht.

f) Speichern eines Frames

Sehr wichtig ist es, eingegebene Informationen sofort zu speichern, um sich gegen Informationsverluste zu schützen, sollte einmal der Strom ausfallen oder sollte der Frameinhalt irrtümlich im Arbeitsspeicher gelöscht oder verändert werden.

Zum Speichern geht man wie folgt vor :

1. Verlassen des Frames mit der Taste NUM- (sofern erforderlich)

Damit wird erreicht, daß der Cursor auf dem Rand des Frames positioniert wird (der Frame wird markiert). Nun kann dieser Frame in seiner Gesamtheit angesprochen werden - hier zum Zwecke des Speicherns.

2. Auswahl von "Laufwerk" im Hauptmenü (Ins-Taste, Linkspfeiltaste)

3. Auswahl der Position "Zwischendurch abspeichern" (Abwärtspfeiltaste)

4. Return-Taste

Nach einem kurzen Moment meldet FRAMEWORK, daß die Speicherung vollzogen ist.

g) FRAMEWORK verlassen

Wenn man die Arbeit mit FRAMEWORK beenden will, benötigt man wieder das Untermenü "Laufwerk". Dort ist Position "ENDE Framework" mit den senkrechten Pfeiltasten auszuwählen und durch Drücken der Return-Taste zu aktivieren.

FRAMEWORK fragt jetzt, ob vor der Beendigung der Arbeit gespeichert werden soll, sofern dies nicht gerade schon geschehen war. In der Regel dürfte sich dies empfehlen, so daß diese Frage positiv beantwortet werden sollte. Daraufhin wird der Frame mit dem Namen "DAT1" gespeichert und dann erfolgt der Ausstieg aus FRAMEWORK.

Man gelangt automatisch zur Betriebssystemebene zurück, wenn man die DOS-Diskette einlegt und eine Taste drückt. Hat man allerdings das Betriebssystem (Datei COMMAND.COM) bei der Installierung von FRAMEWORK II oder von Junior FRAMEWORK auf die Systemdiskette Nr. 2 bzw. auf die Festplatte kopiert, erreicht man automatisch die DOS-Ebene.

3.5 DER UMGANG MIT FRAMEWORK

Über das hinaus, was schon über den Umgang mit FRAMEWORK mitgeteilt wurde, müssen hier noch einige zusätzliche Einzelheiten besprochen werden, die das Arbeiten mit diesem System erleichtern.

a) Das Laden eines Frames

Im vorangegangenen Abschnitt wurde ein Frame erzeugt. Er trug den Namen "DAT1", wurde auch mit Informationen gefüllt und gespeichert. Es wurde auch schon darauf hingewiesen, wie ein Frame, der als Datei auf der Arbeitsdiskette abgelegt (gespeichert) ist, wieder geladen werden kann. Wir wiederholen noch einmal die Schritte, die erforderlich sind, wenn man mit einem Doppellaufwerk arbeitet:

1. Starten des Rechners und Erreichen der DOS-Ebene
2. Laden von FRAMEWORK mit der Arbeitsdiskette in Laufwerk B:

3. Anmelden von Laufwerk B:

4. Mit der Scroll Lock-Taste ins Dateiverzeichnis (Voreinstellung, d.h. nach dem Start von FRAMEWORK nicht erforderlich)

5. Markieren von Laufwerk B:

6. Return-Taste zum Öffnen des Dateiverzeichnisses

7. Mit NUM+ in das Dateiverzeichnis hinein

8. Markieren von "DAT1" (Abwärtspfeiltaste)

9. Return-Taste

Jetzt erscheint der Frame mit dem Namen "DAT1" auf der FRAMEWORK-Arbeitsfläche.

b) Mehrere Frames

Bei den bisherigen Übungen mit FRAMEWORK konnte schon beobachtet werden, daß zeitweise mehrere Frames auf dem Bildschirm erscheinen: Wenn beispielsweise der Frame "DAT1" von der Arbeitsdiskette geladen und zu diesem Zweck erst das Dateienverzeichnis dieser Diskette "aufgeblättert" wird (Scroll Lock, Markieren von B:, Return-Taste), dann entstehen zwei Frames auf dem Bildschirm :

1. Der Frame mit dem Dateienverzeichnis der Arbeitsdiskette

2. Der Frame mit dem Namen "DAT1"

Beide Frames überlagern sich gegenseitig: Frame "DAT1" liegt auf dem Frame mit dem Dateienverzeichnis.

In diesem Fall ist es zu zwei Frames auf dem Bildschirm gekommen, weil einer automatisch erzeugt wurde (Dateienverzeichnis) und ein zweiter ("DAT1") geladen wurde, auch wenn man den ersten nicht sieht, weil er überdeckt wird.

Natürlich kann es auch passieren, daß der Benutzer selbst zwei oder mehr Frames erzeugt. Wenn zum Frame "DAT1" ein zweiter Frame erzeugt werden soll, so geht dies folgendermaßen vonstatten:

1. Erzeugen von Frame "DAT1" auf dem Bildschirm (z.B. Laden von der Arbeitsdiskette)
2. Mit der Ins-Taste ins Hauptmenü
3. Markieren der Menüposition NEU (Voreinstellung)
4. Markieren der Untermenüposition "Frame leer/Text"
5. Return-Taste

Jetzt hat man einen neuen Frame auf dem Bildschirm - zusammen mit dem alten Frame "DAT1". Dies sieht so aus:

Zwei Frames

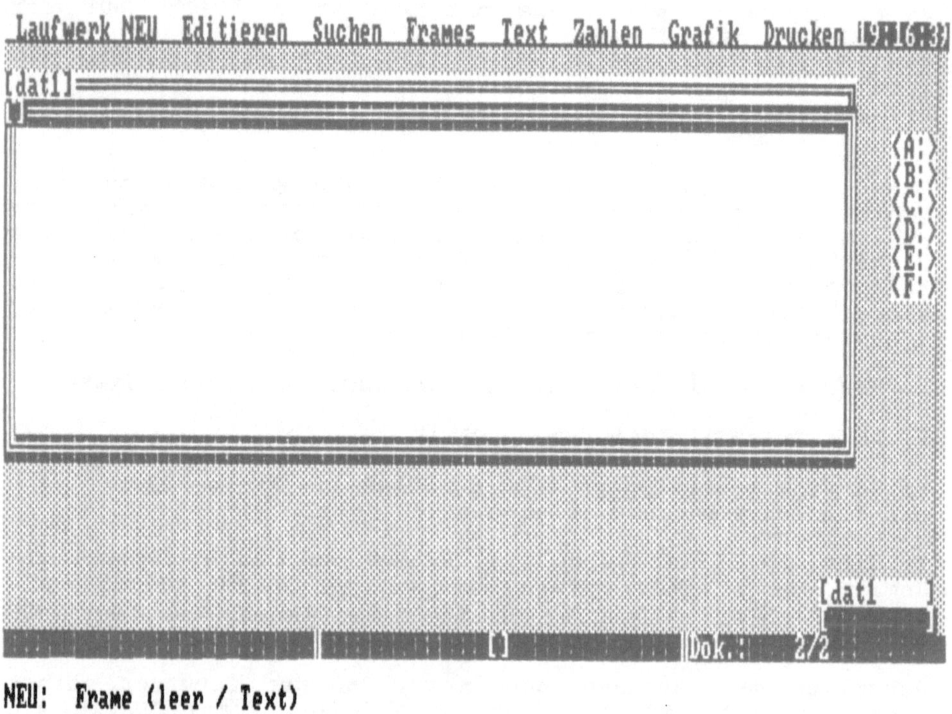

Auch dem neuen Frame muß man einen Namen geben, wie es ja an anderer Stelle schon besprochen wurde.

Das Bewegen von Frame zu Frame erfolgt in der Weise, daß man den Cursor auf den Rand des einen Frames bewegt (Taste NUM-) und dann per Aufwärtspfeil zum zuvor eingerichteten Frame, bzw. per Abwärtspfeil zum später eingerichteten Frame gelangt und mit der Taste NUM+ in diesen hinein.

Möglicherweise überlagern sich die Frames auf dem Bildschirm so, daß ihre Inhalte (teilweise oder ganz) nicht mehr sichtbar sind. In diesem Fall hilft das Verschieben von Frames weiter, das mit der Funktionstaste F3 POSITION möglich ist (siehe unten).

c) Die Funktionstasten

Auf der linken Seite der Tastatur (manchmal auch in der Kopfzeile der Tastatur) befinden sich zehn Funktionstasten (F1 bis F10), die für unterschiedliche Zwecke eingesetzt werden können. Bei der Arbeit mit FRAMEWORK kommt diesen Funktionstasten besondere Bedeutung zu, weil mit ihrer Hilfe viele nützliche Arbeiten erledigt werden können.

Die wichtigsten Funktionen sind die folgenden :

F1 HILFE

Mit dieser Taste kann man sich Informationen auf den Bildschirm holen, die FRAMEWORK dem Benutzer bereitstellt. Welche Informationen auf dem Bildschirm erscheinen, hängt davon ab, mit welcher Prozedur von FRAMEWORK gerade gearbeitet wird. Diese Taste arbeitet also situationsabhängig.

F2 FORMEL EDITIEREN

Wenn man diese Taste drückt, können Berechnungsformeln eingegeben oder verändert werden. Wir werden die Funktionsweise dieser Taste in den folgenden Kapiteln näher kennenlernen.

F3 POSITION

Mit dieser Taste kann man einen Frame auf der Arbeitsfläche verschieben. Was im einzelnen dabei zu tun ist, wird durch Meldungen des Systems in der Nachrichtenzeile angegeben.

F4 GRÖSSE

Mit dieser Taste kann man die Größe eines Frames oder von Feldern (Spalten) einer Datenbank verändern. Auch hierbei werden die erforderlichen Hinweise in der Nachrichtenzeile ausgegeben.

F5 NEUBERECHNUNG

Mit dieser Taste können in einem Datenbank- oder Tabellenfeld Neuberechnungen durchgeführt werden.

F6 AUSWAHL

Dies ist eine sehr wichtige Funktionstaste. Sie dient dazu, Markierungen zu erweitern. Da diese Aktivität bei den konkreten Anwendungen sehr häufig benötigt wird, soll sie hier etwas detaillierter beschrieben werden:

Will man zum Beispiel alle Ortsnamen in der gegebenen Datenbank DAT1 markieren, so ist zunächst der erste Ortsnamen zu markieren. Danach drückt man die Funktionstaste F6 AUSWAHL und kann nun mit der Abwärtspfeiltaste die Markierung ausdehnen.

F7 VERLAGERN

Mit dieser Taste kann man einen markierten Bereich aus einem Frame in einen anderen Bereich übertragen. Dabei wird der Inhalt des "abgebenden" Bereichs gelöscht.

F8 KOPIEREN

Diese Funkionstaste arbeitet genauso wie F7 mit dem Unterschied, daß der Inhalt des "abgebenden" Bereichs hier nicht gelöscht wird. Der entsprechende Inhalt wird also dupliziert.

F9 ZOOM

Mit dieser Funktionstaste kann man einen Frame auf die volle Bildschirmgröße vergrößern. Drückt man diese Funktionstaste erneut, wird der Frame wieder auf die ursprüngliche Größe verkleinert.

F10 ZEIGEN

Mit dieser Funktionstaste kann man zwischen der Frame- und der Konzeptversion umschalten. Dies betrifft die Textverarbeitung mit FRAMEWORK oder mit Junior FRAMEWORK. In einem Datenbankframe kann ebenfalls zwischen verschiedenen Darstellungsarten - nun bei Datenbank-Informationen - hin- und hergeschaltet werden.

d) Drucken - erste Hinweise

Das Drucken mit FRAMEWORK soll hier auch schon kurz angesprochen werden, wobei auf Details zunächst verzichtet wird. Gehen wir dabei wieder vom Beispiel des Frames "DAT1" aus.

Zum Drucken des Inhalts dieses Frames ist wie folgt zu verfahren (es wird dabei vorausgesetzt, daß ein betriebsbereiter Drucker angeschlossen und der Frame "DAT1" in den Rechner geladen wurde):

1. Markieren des Randes des Frames (Taste NUM-), falls der Cursor sich innerhalb des Frames befindet

2. Mit der Ins-Taste ins Hauptmenü

3. Markieren der Menüposition "Drucken" (Rechtspfeiltaste)

Es öffnet sich jetzt automatisch das Untermenü "Drucken", so daß sich das folgende Bild ergibt :

Untermenü "Drucken"

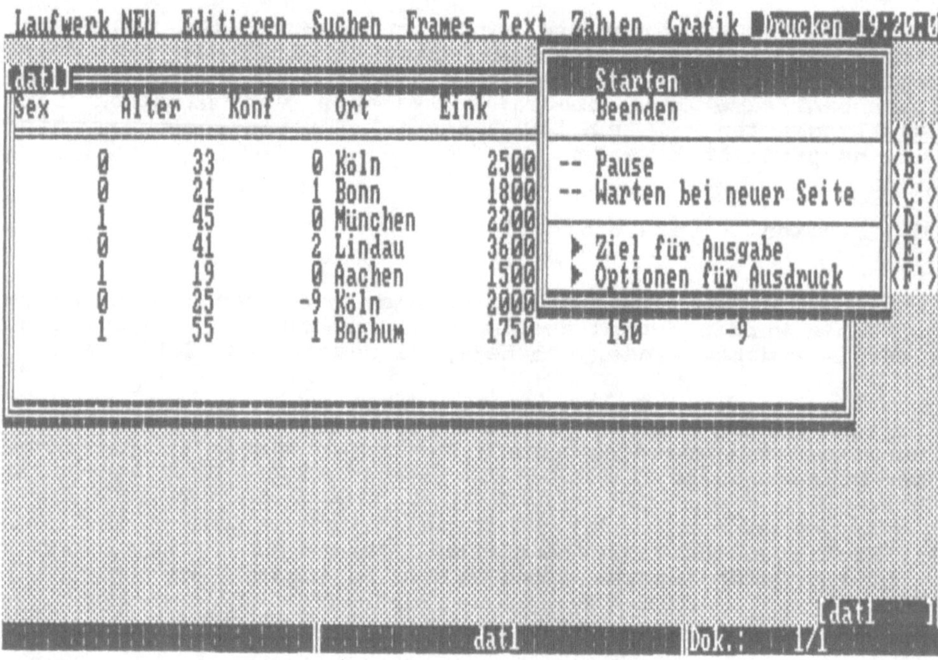

Startet Ausdruck des/der ausgewählten Frames

Um das Drucken nun in Gang zu bringen, benötigt man noch die folgenden Schritte :

4. Markieren der Position "Starten" (Voreinstellung)

5. Return-Taste zur Aktivierung dieser Prozedur

LITERATURHINWEISE

KOLBERG, M. : Integrierte Datenverarbeitung mit FRAMEWORK II, Haar bei München 1986

TÜRSCHMANN, C.W. : Computergestützte Befragung in der empirischen Sozialforschung, Berlin 1981

VOSS, W. : FRAMEWORK für Einsteiger, Düsseldorf 1987

KAPITEL 4:

Einfache statistische Auswertungen

4.1 AUFGABENSTELLUNG

4.2 METHODEN

4.3 PROBLEMANALYSEN

4.4 PROBLEMLÖSUNGEN MIT FRAMEWORK

LITERATURHINWEISE

4.1 AUFGABENSTELLUNG

Bei den Aufgabenstellungen, die in diesem und den folgenden Kapiteln behandelt werden, beschränken wir uns auf typische Problembereiche aus unterschiedlichen Feldern empirischer sozialwissenschaftlicher Arbeiten. Mit diesen überschaubaren Anwendungsfällen aus der Praxis soll gezeigt werden, welches der Nutzen des Rechnereinsatzes für den empirisch arbeitenden Sozialwissenschaftler ist. Der Leser wird bei der Besprechung dieser Beispiele und ihrer rechnergestützten Bearbeitung auch erkennen, auf welche anderen Anwendungsbereiche derartige Rechner- und Programmanwendungen übertragen werden können und welche Ergänzungen oder Veränderungen zu diesem Zweck gegebenenfalls erforderlich werden.

Dabei geben wir in diesem und in den beiden folgenden Kapiteln zunächst dem Softwareeinsatz den Vorzug, d.h. es werden ausschließlich Problemlösungen mit FRAMEWORK präsentiert. Über den Nutzen des Softwareeinsatzes und die damit verbundenen Vorteile gegenüber der Selbstprogrammierung wurde ja schon gesprochen.

Eine der wichtigsten Aufgaben der empirischen Sozialwissenschaften besteht darin, aufgrund theoretischer Überlegungen formulierte Untersuchungshypothesen, mit empirischen Befunden zu überprüfen. Dies geht von der Datenauswertung und -analyse aus. Dabei geht es um nichts anderes als um die Anwendung statistischer Methoden.

Spätestens dann, wenn aus Hunderten von Einkommensangaben das Durchschnittseinkommen ausgerechnet werden soll, um die Hypothese zu überprüfen, daß diese Größe in der Bundesrepublik Deutschland derzeit bei 2700 DM liegt, oder wenn der statistische Zusammenhang zwischen Geschlecht und bevorzugter politischer Partei bestimmt werden muß, um die Hypothese zu überprüfen, daß Frauen tendenziell andere Parteien bevorzugen als Männer, wird der Rechnereinsatz unentbehrlich.

Ohne detaillierte Diskussion ist darüber hinaus einsichtig, daß auch andere Fragestellungen nach diesem Muster in Angriff genommen werden können. Wenn in der Beispieldatenbank des Kapitels 3 nicht Informationen demographischer Art mit sozio-ökonomischen Angaben und mit Angaben zur bevorzugten politischen Partei kombiniert werden, sondern Angaben zum Einkommen, zur Familiengröße und zu den Konsumgewohnheiten, dann liegt der Gedanke nahe, daß eine empirische Untersuchung zur Frage durchgeführt werden soll, welche Verbrauchsgüter in welchen Mengen und unter welchen Bedingungen erworben werden. Vielleicht ist ein kommerzielles Marktforschungsinstitut, eine Werbeagentur oder ein Großunternehmen an derartigen Informationen interessiert, um zukünftige Absatzstrategien konzipieren zu können. Derartige Untersuchungen werden unter dem Stichwort "Marktforschung" zusammengefaßt und bedienen sich der gleichen Auswertungsmethoden, wie sie auch im ersten Beispiel eingesetzt werden müssen.

Genausogut könnte zur Debatte stehen, wie sich die bundesdeutsche Bevölkerung Ausländern gegenüber verhält und welche sozio-demographischen Variablen mit bestimmten Einstellungen den Ausländern gegenüber zusammenhängen. Auch bei derartigen Fragestellungen ist eine Datenerhebung erforderlich, wobei dann die erzeugten Datenbestände im Prinzip mit den gleichen Methoden ausgewertet werden, wie sie bei einer umfangreicheren Marktanalyse erforderlich sind.

4.2 METHODEN

a) Datenbereitstellung und Codierung

Unter <u>Daten</u> versteht man generell "Symbole für Informationen". Daraus wird deutlich, daß Daten Ziffern sein können oder Zahlen, aber auch Buchstaben oder andere Symbole, Worte, Texte usw.. Letztlich können auch auf andere Art verschlüsselte Informationen, wie zum Beispiel Töne, Farben, Bilder usw. als Daten im weitesten Wortsinne aufgefaßt werden. Im statistischen Bereich und in den Bereichen der empirischen Sozialforschung wird es sich, wenn man über "Daten" spricht, meist um <u>Zahlen</u> handeln, mit denen irgendwelche quantifizierbaren Sachverhalte oder Tatbestände von sozialwissenschaftlichem Interesse präsentiert werden.

Wie gelangt der Sozialwissenschaftler zu derartigen Daten ?

Prinzipiell lassen sich zwei Wege unterscheiden: die sekundärstatistische und die primärstatistische Datenerhebung.

Bei der <u>Sekundärstatistik</u> greift der Sozialwissenschaftler auf schon vorhandene statistische Veröffentlichungen zurück (z.B. Daten der amtlichen Statistik, Veröffentlichungen von Meinungsforschungsinstituten u. dergl.), soweit sie seinen Untersuchungszwecken dienen. Es darf dabei aber nicht übersehen werden, daß derartige Sekundärstatistiken häufig nicht aktuell genug sind, daß manchmal nicht kontrolliert oder nachvollzogen werden kann, wie die Daten entstanden sind (was ihre sachgerechte inhaltliche Interpretation erschwert oder sogar verhindert), und daß sie häufig nicht präzise genug den Zielsetzungen und Fragestellungen entsprechen, die gerade Gegenstand einer sozialwissenschaftlichen Untersuchung sind. Spätestens dann wird die primärstatistische Datenerhebung erforderlich.

Unter "Primärstatistik" versteht man die "eigene" Datenerhebung, die der empirisch arbeitende Sozialwissenschaftler im Rahmen seiner Forschungsaktivitäten durchführt. Hier lassen sich prinzipiell drei Wege beschreiten: Befragungen (mündlich oder schriftlich), Beobachtungen oder Experimente.

Was die Organisation einer primärstatistischen Datenerhebung betrifft, so ist zwischen Totalerhebungen (Auszählungen der sog. Grundgesamtheit) und Teilerhebungen (Stichproben) zu unterscheiden. Bei Stichprobenerhebungen, die in der sozialwissenschaftlichen Praxis außerordentlich große Bedeutung erlangt haben, ist die Zufallsstichprobe von besonderer Wichtigkeit, weil es bei ihren Ergebnissen möglich ist, auf wahrscheinlichkeitsstatistischem Wege Aussagen über die Repräsentativität der Stichprobe zu machen.

Von einer repräsentativen Stichprobe spricht man dann, wenn die Teilerhebung ein strukturgetreues Abbild der Grundgesamtheit darstellt, aus der sie stammt. Es leuchtet unmittelbar ein, warum repräsentative Stichproben nichtrepräsentativen vorzuziehen sind: Sie erlauben auch generell geltende Aussagen über die Grundgesamtheit, der sie entnommen wurden, ohne daß die Grundgesamtheit selbst vollständig untersucht werden müßte. Zufallsstichproben tendieren mit steigendem Stichprobenumfang dazu, repräsentative Ergebnisse bereitzustellen. Schon ab Stichprobenumfängen von 100 aufwärts können Zufallsstichproben eine hinreichende Repräsentativitätsgüte aufweisen, unabhängig von der Größe und der Struktur der Grundgesamtheit, der sie entnommen wurden.
Betrachten wir zur weiteren Erörterung der zentralen Begriffe im Zusammenhang mit der Datenbereitstellung noch einmal die Beispieldatenbank aus Kapitel 3, in der auch Informationen zum Geschlecht der befragten Personen und der von ihnen bevorzugten politischen Partei zu finden sind. Mit diesen Angaben könnte die Frage untersucht werden, ob wahlberechtigte Männer in der Bundesrepublik Deutschland tendenziell andere politische Parteien bevorzugen als Frauen.

Die in Kapitel 3 präsentierte Datenmatrix kann als Urliste bezeichnet werden, die in wirklichen sozialwissenschaftlichen Untersuchungen viel länger, aber auch breiter sein dürfte. Sie gibt Gelegenheit, einige weitere zentrale Begriffe zu diskutieren:

Jede Zeile in einer solchen Matrix wird "Datensatz" genannt (engl. record, case oder set). Jeder Datensatz stellt die Informationen für je einen Merkmalsträger bereit. Merkmalsträger können Personen sein, aber auch Familien, Nationen, Autos, Glühbirnen oder Zuchtsäue.

Jede Spalte einer solchen Tabelle wird als Array bezeichnet. In jeder Spalte befinden sich die Ausprägungen (Werte) für eine statistische Variable. Variablen können zum Beispiel das Geschlecht oder die bevorzugte politische Partei sein, aber auch der Familienstand, die Kinderzahl, die Körpergröße, das Einkommen, der Hubraum (wenn die Merkmalsträger Autos sind), das Bruttosozialprodukt (bei Nationen als Merkmalsträger) oder was auch immer.

Wenn nun einem Rechner derartige Daten zum Zwecke der weiteren Verarbeitung bereitgestellt werden sollen, ist es sinnvoll, sie so aufzubereiten, daß der Rechner möglichst gut damit umgehen kann.

Der erfahrene Rechnernutzer weiß, daß in Datenverarbeitungsprozessen mit Zahlen effizienter gearbeitet werden kann, als mit Buchstaben oder Texten. Deshalb ist es sinnvoll, die vorliegenden Informationen der Urliste in Zahlenwerte zu transformieren. Man spricht in diesem Zusammenhang von der sog. Codierung und entwickelt zu diesem Zweck ein Codebuch, in dem aufgezeichnet wird, in welcher Weise die Ausgangsinformationen codiert werden. Darüber wurde - ausgehend von der Beispieldatenbank - in Kapitel 3 (Abschnitt 3.2) schon gesprochen.

In diesem Codebuch werden nicht nur die Codierungsregeln notiert, sondern auch die folgenden Sachverhalte:

1. Name der Variablen

Für computergestützte Datenverarbeitungsprozesse ist es erforderlich, jeder der auszuwertenden Untersuchungsvariablen einen Namen (maximal 8 alphanumerische Zeichen, beginnend mit einem Buchstaben) zu geben, damit der Rechner mit seinen Programmen auf diejenigen Informationen zugreifen kann, die den Benutzer gerade interessieren.

2. Wertebereich der Variablen

Den möglichen Wertebereich einer Variablen gibt man an, um für spätere Datenkontrollen dem Rechner und seinem Kontrollprogramm sofort den zulässigen Bereich nennen zu können, so daß die Kontrolle zu Fehlermeldungen führt, wenn ein Wert außerhalb des zulässigen Bereichs gefunden wird.

Bei der Variable "Geschlecht" zum Beispiel ist der zulässige Wertebereich nach der Codierung auf die Ziffern 0 und 1, bei der Variablen "bevorzugte politische Partei" auf die Ziffern 0 bis 4 beschränkt.

3. Angabe der missing values

Unter dem Begriff "missing value" versteht man eine Codezahl, die dann einzugeben ist, wenn bei einem bestimmten Merkmalsträger bei einer Variablen die Antwort fehlt oder offensichtlich fehlerhaft ist. Wenn also zum Beispiel im dritten Fragebogen die Antwort auf die Frage nach dem Geschlecht fehlt (vielleicht ist sie vergessen worden, vielleicht hat sich der Befragte aber auch - aus welchen Gründen auch immer - geweigert, gerade diese Frage zu beantworten), oder wenn im siebten Fragebogen bei der bevorzugten politischen Partei zwei oder mehr Antwortvorgaben angekreuzt wurden, dann können diese Informationen nicht weiter verwertet werden.

Um nun auch dem Rechner für die späteren Datenauswertungsprozesse deutlich zu machen, daß in diesen Fällen die entsprechenden Werte zu übergehen sind, werden sie mit einer Ziffer (oder Zahl) codiert, die außerhalb des realen Wertebereichs liegt. Sowohl bei der Variablen "Geschlecht" als auch bei der Variablen "bevorzugte politische Partei" würde sich dafür zum Beispiel die Codeziffer -9 anbieten.

4. Typ der Variablen

Für die späteren Datenverarbeitungsprozesse ist es darüber hinaus sinnvoll, anzugeben, von welchem Typ die jeweilige Untersuchungsvariable ist. Dabei werden in einer ersten groben Klassifikation zwei Typen unterschieden, nämlich numerische Variablen und Stringvariablen.

5. Größe der Felder

Weiterhin wird in das Codebuch eine Information darüber aufgenommen, wieviele Stellen die einzelnen Felder beanspruchen. Diese Feldlänge entspricht also der Anzahl der Symbole pro Feld, wobei bei einer Variablen, die unterschiedlich lange Feldbesetzungen aufweist (wie zum Beispiel die Variable "Wohnort" mit den Werten "Bonn" - 4 Symbole -

aber auch "Oberpfaffenhofen" - 16 Symbole), die längste Feldbesetzung maßgebend ist.

6. Zahl der Dezimalstellen

Bei numerischen Variablen wird weiterhin angegeben, wieviele der Feldstellen für Dezimalstellen reserviert werden sollen. Hat man also beispielsweise als Untersuchungsvariable auch die Variable "monatliches Nettoeinkommen", so wird es sich empfehlen, für die Werte dieser Variablen zwei Dezimalstellen vorzusehen.

Damit sind die Voraussetzungen geschaffen, um mit der Dateneingabe zu beginnen.

b) Dateneingabe und -kontrolle

Nach den vorbereitenden Arbeiten liegt nun ein codierter Datenbestand in Form einer Datenmatrix vor. Wir sprechen in diesem Zusammenhang von einer Datei (engl. file).

Nachdem eine solche Datei dem Rechner eingegeben wurde, ist eine Datenkontrolle erforderlich, bei der vom entsprechenden Programm satzweise - von Variable zu Variable voranschreitend - geprüft wird, ob in irgendeinem der Felder der zulässige Wertebereich verlassen wird.

Auf diese Weise können natürlich die Fehler nicht entdeckt werden, die sich innerhalb des zulässigen Wertebereichs bewegen. Wenn also ein männlicher Befragter irrtümlich (oder um den Sozialforscher zu ärgern) "weiblich" angekreuzt hat, ist dieser Fehler mit dem gerade skizzierten Kontroll-Lauf nicht zu entdecken.

c) Die Präsentation von Daten

Die erste Gruppe der Auswertungsverfahren betrifft die Präsentation der erhobenen Daten auf anschauliche Weise, wobei prinzipiell zwischen tabellarischen und graphischen Präsentationen unterschieden wird.

Es leuchtet unmittelbar ein, warum über Methoden der Datenpräsentation gesprochen werden muß, wenn man sich einmal vorstellt, man hätte alle Haushalte in der Bundesrepublik Deutschland daraufhin untersucht, wieviele Personen in ihnen leben und wie hoch das monatliche Nettoeinkommen ist. Bei einer derartigen Befragung würde man zu einer Urliste gelangen, die rund 24 Millionen Zeilen umfaßt - zwar hat man damit den gesamten interessierenden Informationsbestand in Händen, diese Informationen sind aber im Grunde doch nicht zugänglich, weil in der Datenflut die wesentlichen Charakteristika bezüglich Haushaltsgröße und Haushaltseinkommen nicht mehr zu erkennen sind. Das gilt selbst dann, wenn man keine Totalerhebung durchführt, sondern sich auf eine Stichprobe vom Umfang 500 beschränkt.

Deshalb müssen solche Daten in einer Form präsentiert werden, die die wesentlichen Informationsgehalte zutage treten lassen. Handelt es sich dabei zunächst um den einfacheren Fall der univariaten statistischen Analyse (dabei wird nur jeweils eine einzige Untersuchungsvariable betrachtet), so wird man zu einem ersten brauchbaren Überblick über den Informationsgehalt der erhobenen Daten gelangen, indem man diese sortiert, gruppiert und gegebenenfalls klassifiziert.

Beim Beispiel der Variablen "Kinderzahl" sieht dies so aus, daß man eine Tabelle erzeugt, wo in der ersten Spalte die denkbaren Ausprägungen der Untersuchungsvariablen in sortierter Reihenfolge stehen, während in der zweiten Spalte festgehalten wird, wieviele der Merkmalsträger den jeweiligen Merkmalswert aufgewiesen haben. Diese Größen nennt man absolute Häufigkeiten. Dementsprechend könnte sich eine Tabelle ergeben, die schematisch so aussieht:

Kinderzahlverteilung

Kinderzahl	Häufigkeit
0	128
1	142
2	101
3	59
4	37
5	23
6	10
Summe	500

Ich habe in diesem fiktiven Beispiel der Einfachheit halber unterstellt, es hätte sich in der erhobenen Stichprobe keine Familie mit mehr als 6 Kindern gefunden und es hätte auch keine missing values gegeben.

Eine derartige Darstellung nennt man (univariate) Häufigkeitsverteilung, weil hier die einzelnen Häufigkeiten auf die gegebenen Merkmalswerte "verteilt" wurden. Es versteht sich, daß die Summe aller Häufigkeiten der Gesamtzahl der Merkmalsträger entsprechen muß.

Zu einem ähnlichen Bild gelangt man, wenn die Untersuchungsvariable zunächst klassifiziert werden muß, wie es bei der Variablen "monatliches Nettoeinkommen" der Fall wäre. Hier werden Klassen gebildet, in die die Merkmalsträger einsortiert werden, so daß sich die folgende Tabelle ergeben kann:

Einkommensverteilung

Einkommen (in DM)	Häufigkeit
unter 1000	64
1000 bis unter 1500	112
1500 bis unter 2000	148
2000 bis unter 3000	105
3000 bis unter 4000	45
4000 bis unter 5000	20
5000 bis unter 7500	6
Summe	500

Es wurde unterstellt, daß keine Familie mit mehr als 7499.99 (monatlich netto) im Datenbestand vorhanden war. Weiterhin ist zu erkennen, daß mit unterschiedlichen Klassenbreiten klassifiziert wurde, was insbesondere bei schiefen Verteilungen häufig sinnvoll ist.

Ausgehend von solchen Häufigkeitsverteilungen ist es oft nützlich - insbesondere dann, wenn man mehrere Verteilungen direkt miteinander vergleichen möchte - auch die Verteilungen der relativen Häufigkeiten zu bestimmen. Es geht dabei um die Berechnung der prozentualen Anteile der Merkmalsträger in den einzelnen Merkmalsgruppen oder -klassen. Man bedient sich dazu der Dreisatzrechnung.

Variablen, die klassifiziert werden müssen, so wie die "monatlichen Nettoeinkommen", nennt man stetig, Variablen, die nicht notwendigerweise klassifiziert werden müssen, wie die Variable "Kinderzahl", nennt man diskret.

Der Informationsgehalt einer univariaten Häufigkeitsverteilung tritt noch deutlicher zutage, wenn man sich graphischer Darstellungsmöglichkeiten bedient. Im Falle einer diskreten Variablen ist dies üblicherweise das Stabdiagramm, bei dem den einzelnen Merkmalswerten, die als Punkte auf der waagrechten Achse eines Achsenkreuzes abgetragen werden, die zugehörigen absoluten oder relativen Häufigkeiten als Stäbe (senkrechte Lote in den einzelnen Punkten der waagrechten Achse) zugeordnet werden. Im Falle unserer Kinderverteilung erhalten wir das folgende Bild:

Kinderzahlverteilung

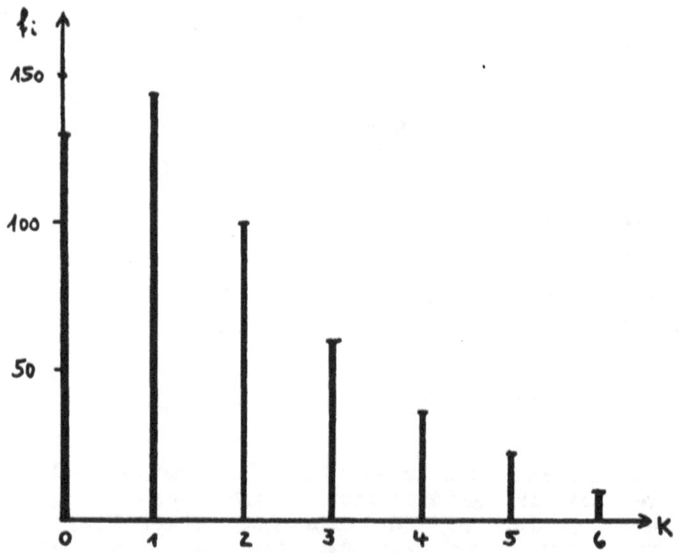

Bei einer stetigen Variablen benutzt man zur graphischen Darstellung ein Histogramm, bei der die darzustellenden absoluten oder relativen Häufigkeiten als Rechtecksflächen über den auf der waagrechten Achse abzutragenden Merkmalswertklassen dargestellt werden. Bei unterschiedlichen Klassenbreiten ist dabei auf das Prinzip der Flächentreue zu achten, welches beispielsweise eine Halbierung der Rechteckshöhe erfordert, wenn die Klassenbreite (Rechtecksbreite) sich verdoppelt, oder eine Absenkung der Rechteckshöhe auf ein Viertel, wenn die Klassenbreite sich vervierfacht usw..

Unter Beachtung dieser Regel stellt sich die obige Einkommensverteilung graphisch folgendermaßen dar:

Einkommensverteilung

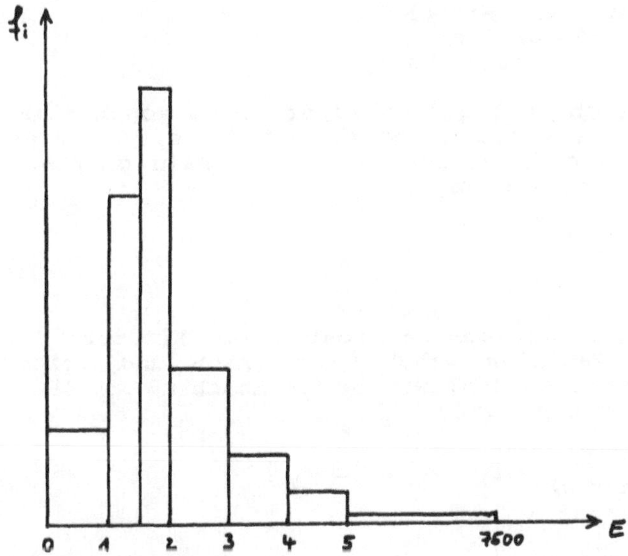

d) Univariate Auswertungen

Zentrale Zielsetzung bei tabellarischen und graphischen Darstellungen ist, den Informationsgehalt eines unter Umständen sehr großen Datenbestandes in übersichtlicher Form durch "Konzentration auf das Wesentliche" dem Nutzer der empirischen Befunde zugänglich zu machen. Diese "Konzentration" (man spricht auch von Informationsreduktion oder Datenreduktion) kann auch auf rechnerische Weise geleistet werden, indem man besonders charakteristische Eigenschaften einer gegebenen Häufigkeitsverteilung durch geeignete Maßzahlen zum Ausdruck bringt.

Solche "charakteristischen Eigenschaften" einer univariaten Häufigkeitsverteilung sind zum Beispiel die Mitte einer Verteilung (die sog. "zentrale Tendenz"), die Streuung einer gegebenen Häufigkeitsverteilung, ihre Schiefe, ihre Wölbung u.ä..

Ich werde mich auf die ersten beiden und wichtigsten dieser Aspekte beschränken, und will deshalb kurz über "Maße der zentralen Tendenz" (Mittelwerte) und über Streuungsmaße sprechen.

Die wichtigsten Maße der zentralen Tendenz sind

- das arithmetische Mittel
- der Median (Zentralwert)
- der Modus (häufigster Wert)

Das arithemtische Mittel aus einer Reihe von Merkmalswerten ist definiert als die Summe dieser Werte, dividiert durch ihre Anzahl, was ja allgemein bekannt sein dürfte. Es wird also wie folgt berechnet:

$$x = \sum x_i/n$$

Hat man also die folgenden Angaben zur Kinderzahl zufällig ausgewählter Familien erhoben, so kann das arithmetische Mittel berechnet werden, wie es im Anschluß an die folgende Tabelle beschrieben wird:

Familie	Kinderzahl
1	2
2	0
3	0
4	1
5	4
6	1
7	0
8	2
9	1
10	1
Summe	12

Das arithemetische Mittel ergibt sich in dieser Statistik zu

12/10 = 1.2

Der Median ist definiert als derjenige Merkmalswert, der die der Größe der Merkmalswerte nach sortierte Reihe der Merkmalswerte genau halbiert. Bei einer ungeraden Anzahl von

Werten (z.B. n = 11) ist dies der Wert an der Position n/2+0.5 (bei n=11 also der Wert an der 6. Position) der sortierten Reihe; bei einer geraden Anzahl von Merkmalswerten (wie in unserem Beispiel, wo n=10 ist), nimmt man den mittleren Wert zwischen Wert Nr. n/2 und Wert Nr. n/2+1 (hier also den mittleren Wert zwischen dem 5. und dem 6. Wert).

In unserem Beispiel ist der 5. Wert der sortierten Reihe die Kinderzahl 1, der 6. Wert ist ebenfalls 1, so daß sich als Median der Wert 1 ergibt.
Man sieht übrigens in diesem Zusammenhang, daß bei einer gegebenen Häufigkeitsverteilung die einzelnen Mittelwerte nicht identisch sein müssen: In unserem Beispiel ist der Median kleiner als das arithmetische Mittel (auch der Modus kann seinerseits von diesen Werten abweichen). Diese Abweichungen treten immer dann auf, wenn eine schiefe Häufigkeitsverteilung vorliegt. Bei symmetrischen Verteilungen fallen arithmetisches Mittel, Median und Modus in einem Zahlenwert zusammen.

Der <u>Modus</u> ist definiert als derjenige Wert, der in einer Häufigkeitsverteilung am häufigsten auftritt. In unserem einfachen Kinderzahl-Beispiel ist dies die Kinderzahl 1.

Die wichtigsten <u>Streuungsmaße</u> sind

- die Spannweite
- die Standardabweichung

Die <u>Spannweite</u> ist definiert als die Differenz zwischen dem größten und dem kleinsten beobachteten Merkmalswert. In unserem kleinen Beispiel ist dies:

Spannweite = 4 - 0 = 4

Die <u>Standardabweichung</u> ist dasjenige Streuungsmaß, das in der parktischen statistischen Arbeit am häufigsten verwendet wird. Sie ist definiert als die Quadratwurzel aus der durch n (Zahl der Werte) geteilten Summe aller quadrierten Abweichungen der einzelnen Merkmalswerte von ihrem arithmetischen Mittel.

Die Berechnungsformel sieht also so aus:

$$s = \sqrt{\sum(x_i - \bar{x})^2/n}$$

Zur Berechnung der Standardabweichung per Hand - ausgehend von dem obigen Datenbestand über Kinderzahlen, bei dem sich ja ein arithmetisches Mittel von 1.2 ergeben hatte - benötigt man die folgende Arbeitstabele, der in anschaulicher Weise die "Entstehung" dieser Maßzahl und damit der erforderliche Berechnungsweg entnommen werden kann:

Arbeitstabelle zur Berechnung der Standardabweichung

Familie	x	(x-1.2)	$(x-1.2)^2$
1	2	0.8	0.64
2	0	-1.2	1.44
3	0	-1.2	1.44
4	1	-0.2	0.04
5	4	2.8	7.84
6	1	-0.2	0.04
7	0	-1.2	1.44
8	2	0.8	0.64
9	1	-0.2	0.04
10	1	-0.2	0.04
Summe	12	0	13.60

Damit ergibt sich die Standardabweichung s zu (SQR steht als Abkürzung für squareroot = Quadratwurzel):

s = SQR(13.6/10) = SQR(1.36) = 1.16619

Damit sind die wichtigsten univariaten Maßzahlen vorgestellt. Der Vollständigkeit halber sei erwähnt, daß es eine große Zahl weiterer univariater statistischer Maßzahlen gibt. Es würde aber zu weit führen, diese alle hier zum Gegenstand der Betrachtung machen zu wollen.

4.3 PROBLEMANALYSEN

Ausgehend von der Variablen "bevorzugte politische Partei" aus dem schon bekannten Beispiel-Datenbestand sollen nun in knapper Form einige problemanalytische Überlegungen vorgestellt werden, die den konkreten Rechner- und FRAMEWORK-Einsatz vorbereiten.

Rechnergestütztes Arbeiten in den Sozialwissenschaften setzt voraus, daß die Anwendungsprobleme zunächst so analysiert werden, daß sie für die Lösung durch den Computer vorbereitet werden. Beim Beispiel der im vorangegangenen Abschnitt angesprochen Methoden der deskriptiven univariaten statistischen Auswertungen bedeutet dies, daß man dem Rechner in einzelnen Schritten mitteilen muß, was er zu tun hat, um aus einem gegebenen Datenbestand ein arithmetisches Mittel auszurechnen, eine Tabelle zu erzeugen oder eine Standardabweichung zu berechnen.

Es muß eine Folge logisch aufeinander aufbauender Arbeitsschritte konzipiert werden, welche dem Rechner mitteilt, was Schritt für Schritt zu tun ist, um eine bestimmte Aufgabe zu erledigen. Dieses Vorstrukturieren eines Problemlösungsweges und seine Aufspaltung in Einzelschritte nennt man Problemanalyse.

Diese Problemanalyse ist aber nicht nur deshalb erforderlich, um dem Rechner den korrekten Problemlösungsweg vorzuzeichnen, sondern hat überdies die Aufgabe und bringt es begleitend mit sich, daß der Rechnernutzer sich völlig darüber klar werden muß, wie ein Problemlösungsweg aussieht. Insoweit also ist die Hilfe des Rechners eher als marginal zu bezeichnen, weil das Entscheidende sich immer noch im Kopf des Benutzers vollziehen muß. Die Problemanalyse ist automatisch mit der Notwendigkeit verbunden, die Struktur eines bestimmten Problems zu erkennen und damit auch die Einzelheiten der verwendeten Methoden zur Lösung dieses Problems. Diese Vermittlung von Transparenz ist der wesentliche Vorteil der problemanalytischen Überlegungen, auf die also allein schon deshalb nicht verzichtet werden sollte.

Die Verwendung fertiger Software zur Problemlösung entlastet den Anwender weitgehend von der Notwendigkeit allzu detaillierter Problemanalysen. Zumindest soweit Standardverfahren angesprochen sind, ist diese problemanalytische Arbeit ja schon von den Verfassern der Software geleistet worden - und hier liegt der entscheidende Vorteil der Softwarenutzung gegenüber dem Versuch, für alle anstehenden Probleme selbst Programme zu entwickeln.

Dieser Vorteil wird mit einem nicht zu übersehenden Nachteil erkauft: Je weiter wir von der Mühe, problemanalytische Überlegungen selbst anstellen zu müssen, befreit werden, desto eher verlieren wir den Überblick über Problemstrukturen einerseits und über Methodendetails andererseits. Dies bedeutet, daß wir in zunehmenden Maße Methoden und Verfahren unkritisch anwenden, ohne über ihre Angemessenheit, über ihre Einsatzbedingungen und Einsatzgrenzen nachzudenken. Es bedeutet darüber hinaus, daß wir die Entlastung von problemanalytischen Überlegungen möglicherweise dazu nutzen, sie ganz zu vergessen. Wir werden auf diese Weise nicht nur in gewissem Maße abhängig von Software-Produzenten, sondern wir könnten auch mehr und mehr den Kontakt zu den inhaltlichen Aspekten der jeweiligen Problemstellung verlieren, so daß auch die inhaltliche Interpretation von Ergebnissen außerordentlich problematisch werden kann.

Zur Demonstration der Vorgehensweise bei problemanalytischen Überlegungen beschränken wir uns auf die folgenden, durchaus als typisch zu bezeichnenden Aufgabenstellungen:

a) Plausibilitätsprüfungen
b) Sortieren von Daten
c) Gruppierungen von Daten
d) Erstellung einer tabellarischen Häufigkeitsverteilung
e) Erzeugung eines Stabdiagramms
f) Berechnung eines arithmetischen Mittels
g) Berechnung einer Standardabweichung

a) Plausibilitätsprüfungen

Betrachten wir zur Illustration dieses Problems den bisher verwendeten Beispieldatenbestand, der ja schon in eine Datenbank mit Hilfe des Programmpakets FRAMEWORK eingegeben wurde, und dort speziell die Variable "bevorzugte politische Partei".

Erlaubte Werte dieser Variablen sind die Codezahlen -9 und 0 bis 4. Sollte also in der entsprechenden Tabellenspalte ein Wert auftauchen, der kleiner als 0 (außer -9) oder größer als 4 ist, so liegt ein Eingabefehler vor, der der Korrektur bedarf. Entsprechende Überlegungen gelten auch für die anderen Variablen. Problemanalytisch gesehen ist also die folgende Vorgehensweise sinnvoll:

Jeder einzelne Wert der Spalte "Partei" in der gegebenen Datenbank ist darauf zu prüfen, ob er größer als 4 oder ob er kleiner als 0 und dabei zugleich ungleich -9 ist. Ist dies der Fall, ist eine Fehlermeldung auszugeben (oder auch eine ins Auge fallende Markierung an der betreffenden Stelle auf dem Bildschirm), so daß dann unter Rückgriff auf die eingegangenen Fragebögen eine Korrektur möglich ist. Sollte die Korrektur nicht möglich sein, zum Beispiel, weil auch in der Urliste schon ein Fehler ist, muß dafür Sorge getragen werden, daß der entsprechende Merkmalsträger bei weiteren statistischen Analysen - soweit diese Variable betroffen ist

- nicht mehr berücksichtigt wird, indem ihm beispielsweise auch der Wert -9 zugewiesen wird.

Nach der Fehlerbeseitigung geht das Kontrollprogramm zum nächsten Wert der betreffenden Variablen über, es sei denn, das Ende der Datenbank wäre schon erreicht.

Wird bei der Kontrolle eines Wertes hingegen kein Fehler festgestellt, kann sofort zum nächsten Wert übergegangen werden, es sei denn, das Ende der Datenbank wäre schon erreicht.

b) Sortieren

Sortierprozesse können im numerischen Bereich so ablaufen, daß, mit dem ersten Wert beginnend und mit dem vorletzten endend, jeder Wert mit jedem folgenden verglichen wird (dies bedeutet, daß Wert Nr. i mit allen Werten Nr. i+1 bis Nr. n verglichen werden muß, wobei n die Gesamtzahl der Werte bezeichnet). Stellt sich bei einem dieser Vergleiche heraus, daß der vordere Wert kleiner ist als der hintere, so kann sofort zum nächsten Vergleich übergegangen werden. Ist dies aber nicht der Fall, so müssen die beiden gerade im Vergleich befindlichen Werte gegeneinander ausgetauscht werden.

Nach Abschluß all dieser Vergleiche liegt der Datenbestand sortiert vor. Die gleiche Vorgehensweise kann übrigens auch bei der alphabetischen Sortierung von Worten, Begriffen, Namen oder Texten verwendet werden, wobei aber nicht einfach auf "kleiner" oder "größer" untersucht wird, sondern die alphabetische Ordnung für eventuelle Tauschentscheidungen zuständig ist.

In der konkreten Anwendung geht es häufig darum, nicht einfach nur die Werte einer Spalte der Datenbank in eine numerische oder alphabetische Ordnung zu bringen, sondern bei der Herstellung dieser Ordnung auch die Feldinhalte der übrigen Spalten "mitzunehmen". Der Leser stelle sich eine Schülerdatei vor, in der nicht nur die Namen der Schüler, sondern auch deren Zensuren in unterschiedlichen Schulfächern erfaßt sind. Wird diese Datei nun nach Schülernamen alphabetisch sortiert, müssen natürlich die einzelnen Fachnoten bei den Schülernamen stehenbleiben, also bei entsprechenden Tauschprozessen mitgetauscht werden.

c) Gruppierungen

Betrachten wir zur problemanalytischen Behandlung des Gruppierungsproblems wieder das Beispiel der Variablen "bevorzugte politische Partei". Die Feststellung, wieviele der Befragten die einzelnen Codeziffern aufweisen, macht die folgenden Schritte erforderlich:

Jeder der Merkmalswerte (beim ersten beginnend und beim letzten endend) ist mit jeder der denkbaren Ausprägungen zu vergleichen. In diesem Beispiel ist jeder Wert, der sich bei der Befragung ergeben hat, mit jedem der Werte -9, 0, 1, 2, 3 und 4 zu vergleichen, hier also mit 6 verschiedenen Werten. Wird zum Beispiel beim Vergleich mit dem ersten Wert (9) Übereinstimmung festgestellt, ist eine erste Zählvariable um 1 zu erhöhen und es kann zum nächsten Befragungswert übergegangen werden. Wird die Übereinstimmung nicht festgestellt, ist mit dem zweiten möglichen Wert (0) zu vergleichen und gegebenenfalls eine zweite Zählvariable um 1 zu erhöhen usw..

Wenn dies mit allen Befragungsergebnissen geschehen ist, weisen die 6 Zählvariablen die absoluten Häufigkeiten auf, für die wir uns interessieren, d.h. die Gruppierung ist abgeschlossen.

Bei einer stetigen Variablen ist im Prinzip genauso zu verfahren, mit dem Unterschied, daß nun nicht mit einzelnen Codeziffern verglichen wird, sondern mit den beiden Grenzen von Merkmalswertklassen. "Ist ein Wert größer oder gleich der Untergrenze der ersten Klasse und zugleich kleiner als deren Obergrenze ?". Diese Frage ist für alle Klassen zu stellen, bis der gerade betrachtete Wert durch Erhöhung einer Zählvariablen um 1 (es gibt so viele Zählvariablen wie es Klassen gibt) einsortiert ist. Dann ist zum nächsten Merkmalswert überzugehen, bis alle Werte einsortiert sind.

d) Tabellarische Häufigkeitsverteilung

Mit der vorangegangenen Problemanalyse ist im Prinzip auch diejenige geleistet, die für die Erstellung einer tabellarischen Häufigkeitsverteilung erforderlich ist. Ist nämlich die Gruppierung oder die Klassifizierung vollzogen, so sind die absoluten Häufigkeiten bekannt, die jetzt nur noch zusammen mit den Codezahlen oder mit den Merkmalswertklassen ausgegeben werden müssen.

Will man zusätzlich auch die relativen Häufigkeiten bestimmen, so müssen alle absoluten Häufigkeiten durch die Anzahl der Beobachtungen n dividiert werden. Diese Quotienten müssen dann noch mit 100 multipliziert werden, wenn man die relativen Häufigkeiten als Prozentangaben und nicht als Dezimalzahlen ausgeben möchte. Will man bei diesen Relativierungen die missing values nicht berücksichtigen, also diejenigen Merkmalsträger, die bei der betreffenden Variablen keine Angabe gemacht haben, ausschließen (ihre Anzahl sei mit mv bezeichnet), so muß anstatt durch n durch n-mv dividiert werden.

e) Stabdiagramm

Auch für die Erzeugung eines Stabdiagramms sind prinzipiell keine weiteren Problemanalysen erforderlich, wenn man einmal davon absieht, daß für den "Selbst-Programmierer" jetzt die Überlegungen beginnen müßten, wie man die einzelnen Häufigkeiten unter geschickter Ausnutzung des auf dem Bildschirm zur Verfügung stehenden Platzes optisch darstellen könnte. In diesem Zusammenhang müßte die Frage geklärt werden, ob dies in hochauflösender oder in normaler Graphik geschieht, ob Farben verwendet werden können und sollen und dergl.. Dies alles braucht jetzt nicht weiter zu interessieren, weil das Softwarepaket FRAMEWORK gute Möglichkeiten bietet.

f) Arithmetisches Mittel

Ein Merkmalswert nach dem anderen ist zu betrachten. Liegt ein missing value vor (-9), ist ein Zähler mv um 1 zu erhöhen und der nächste Wert zu betrachten. Ist der betrachtete Wert kein missing value, so ist ein Summenfeld um diesen Wert zu erhöhen.

Sind nach diesem Muster alle Merkmalswerte behandelt, kann der Wert des Summenfeldes durch n-mv dividiert werden, womit das arithmetische Mittel bestimmt ist.

Nur am Rande sei daran erinnert, daß die Berechnung eines arithmetischen Mittels bei einer Variablen wie zum Beispiel der bevorzugten politischen Partei natürlich sinnlos ist, weil in diesem Fall diese Maßzahl keine inhaltliche Aussage bietet. Für derartige Berechnungen wird mindestens intervallskaliertes Datenmaterial benötigt. Bei schwächer skalierten Daten muß man mit der Bestimmung des Medians oder des Modalwertes zufrieden sein.

g) Standardabweichung

Bei der Berechnung der Standardabweichung sind die gleichen Überlegungen anzustellen wie im Falle des arithmetischen Mittels. Allerdings geht es hier darum, die Summe quadrierter Abweichungen der Merkmalswerte vom arithmetischen Mittel zu bilden. d.h. die Berechnung der Standardabweichung setzt die Berechnung des arithmetischen Mittels voraus.

Die Summe der quadrierten Abweichungen wird dann durch n-mv dividiert und aus diesem Quotienten ist schließlich die Quadratwurzel zu ziehen.

4.4 PROBLEMLÖSUNGEN MIT FRAMEWORK

In diesem Abschnitt wird gezeigt, wie die wichtigsten Methoden statistischer Auswertungen mit FRAMEWORK realisiert werden können. Dabei gehen wir von dem überschaubaren Beispiel-Datenbestand in der Datenbank DAT1 aus. Zu diesem Zweck laden wir zunächst diese Datenbank, wobei bekanntlich wie folgt vorzugehen ist:

1. Starten des Rechners und Erreichen der Betriebssystemebene
2. Starten von FRAMEWORK und Anmelden des Arbeitslaufwerkes
3. Auswahl des Laufwerks mit der Arbeitsdiskette (vertikale Pfeiltasten und Return-Taste)
4. Auswahl der Datei DAT1 (mit NUM+ in den Frame mit dem Disketteninhaltsverzeichnis, Markieren von DAT1 mit den vertikalen Pfeiltasten)
5. Return-Taste zum Öffnen des Frames DAT1 auf dem Bildschirm

Wir erhalten das folgende Bild:

Datenbank DAT1

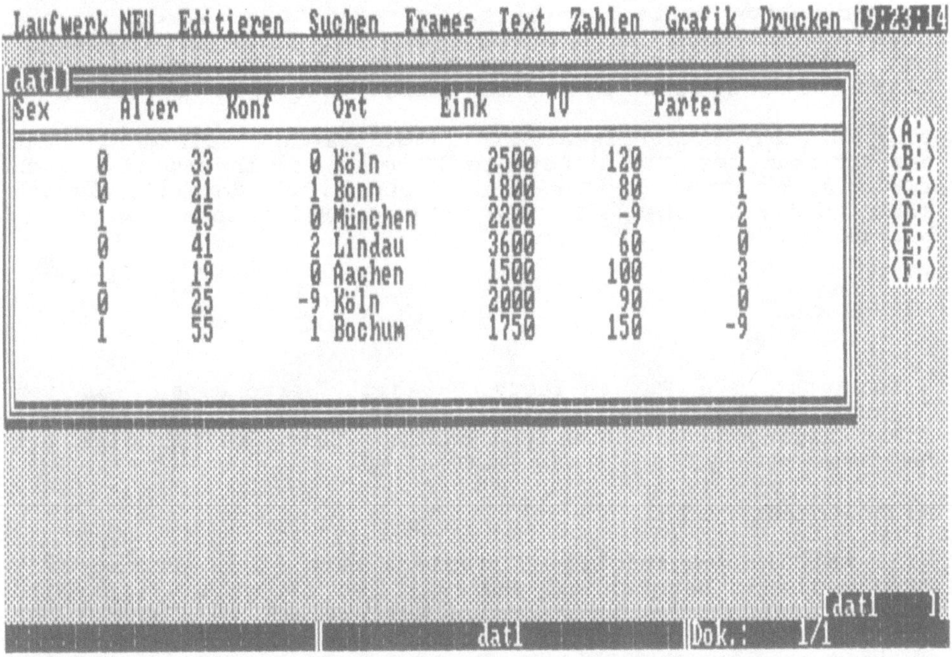

Sex	Alter	Konf	Ort	Eink	TV	Partei
0	33	0	Köln	2500	120	1
0	21	1	Bonn	1800	80	1
1	45	0	München	2200	-9	2
0	41	2	Lindau	3600	60	0
1	19	0	Aachen	1500	100	3
0	25	-9	Köln	2000	90	0
1	55	1	Bochum	1750	150	-9

Mit diesen Spieldaten sollen jetzt unter Nutzung von FRAMEWORK die Verfahren erprobt werden, die in diesem Kapitel Gegenstand der Betrachtung sind. Dabei orientieren wir uns wiederum an der bisher verwendeten Gliederung.

a) Plausibilitätsüberprüfung

Hier geht es um die Identifizierung falscher Werte in der Datenbank. Beispielsweise sind bei der Variablen "bevorzugte politische Parte" nur die Ziffern 0 bis 4 und die Ziffer -9 für den Fall der fehlenden Angabe erlaubt. Alle anderen Werte sind Fehleingaben.

FRAMEWORK erlaubt nun, mit Hilfe geeigneter logischer Bedingungen derartige Fehleingaben zu identifizieren, so daß eine verkürzte Datenbank auf dem Bildschirm ausgegeben wird, die nur noch diejenigen Sätze mit nicht erlaubten Werten (oder bei entsprechender Formulierung der logischen Bedingung mit den erlaubten Werten) enthält. Es versteht sich, daß derartige Verkürzungen der Datenbank auch mit Blick auf die anderen Variablen vorgenommen werden können. Es genügt aber, diese Vorgehensweise mit einer Variablen zu demonstrieren.

Die Vorgabe entsprechender "Filterformeln" erfordert erst das Drücken der Funktionstaste F2 (dieser Hinweis gilt auch für die Eingabe von Berechnungsformeln u. dergl.). Danach kann in die Editierzeile die folgende Filterformel eingegeben werden:

Partei < 0

Wird jetzt die Return-Taste betätigt, erscheinen auf dem Bildschirm nur noch diejenigen Sätze der Datenbank, die diese Bedingung erfüllen (in unserem Beispiel ist dies nur der Satz Nr. 7).

Wichtige Anmerkung:

Will man die ursprüngliche Datenbank nach einer solchen Filterung wieder herstellen, und dies ist sicherlich sinnvoll, um die eventuell erforderlichen Korrekturen vorzunehmen, so ist die Hauptmenüposition "Frames" auszuwählen (Ins-Taste, horizontale Pfeiltasten) und dort wiederum die Position "Öffnen alle" (Aufwärtspfeiltaste und Return-Taste).

In der nun verkürzten Datenbank kann nach erneutem Drücken von F2 eine weitere Filterung vorgenommen werden, indem man eingibt:

PARTEI <> -9

(die Symbolfolge <> bedeutet "ungleich"). Es bleiben nun nur noch diejenigen Sätze der schon verkürzten Datenbank übrig, die auch diese zweite Bedingung erfüllen. In unserem Beispiel bleibt kein derartiger Datensatz übrig (es sei denn, der Leser hatte bei der Übernahme dieses Beispiels statt -9 zum Beispiel den Wert -8 eingegeben), so daß weitere Filterungen entbehrlich werden. Wäre dies nicht der Fall, sind unter Umständen weitere Schritte erforderlich. Diese Folge von Schritten kann man auch zu einem einzigen Filterungsprozeß zusammenfassen, wobei man sich aber sorgfältig darüber klar werden muß, welche Werte erlaubt und welche nicht erlaubt sind.

Im Beispiel der Variablen PARTEI ist von folgender Überlegung auszugehen: Nicht erlaubt sind alle Werte, die größer als 4 oder kleiner als 0 sind, wobei im letzteren Fall aber der Wert -9 auszunehmen ist, weil er zwar kleiner als 0, gleichwohl aber erlaubt ist.

Das Stichwort "oder" wird in der FRAMEWORK-Sprache mit dem Kürzel §OR, das Stichwort "und" mit §AND dargestellt. Es muß dabei darauf geachtet werden, daß die zwei Teilbedingungen, die über §OR oder §AND miteinander verbunden werden, hinter diesen Stichworten, in Klammern eingeschlossen und durch Komma voneinander getrennt, angegeben werden. Dies sieht schematisch so aus:

§OR(erste Teilbedingung,zweite Teilbedingung)

§OR entspricht dem logischen "oder" der Mengenlehre (Bildung einer Vereinigungsmenge), §AND entspricht dem logischen "und" (Schnittmenge). Somit ergibt sich als zusammenfassende Filterformel für die Auswahl von Datensätzen, die fehlerhafte Werte der Variablen PARTEI aufweisen, der folgende Ausdruck, der nach Drücken von F2 in die Editierzeile einzugeben ist:

```
§OR(PARTEI>4,§AND(PARTEI<0,PARTEI<>-9))
```

Diese Formel sieht zugegebenermaßen etwas kompliziert aus (man muß insbesondere auf die korrekte Klammersetzung achten), selektiert aber in der Tat in einem einzigen Filterungsprozeß alle Datensätze, die in der Variablen PARTEI einen Wert aufweisen, der unzulässig ist. Da dies bei korrekter Übernahme der Datenbank DAT1 für keinen einzigen Datensatz zutrifft, ist die entstehende, nun verkürzte Datenbank leer.

Zweite wichtige Anmerkung:

Der Leser sollte nicht den Fehler begehen, eine auf diese Weise verkürzte Datenbank, die immer noch den Namen DAT1 trägt, zu speichern, weil sie dann die ursprüngliche überschreiben würde, was zu unangenehmen Informationsverlusten führen würde.

b) Sortieren

Sortierprozesse mit FRAMEWORK sind außerordentlich einfach, wie am Beispiel des Sortierens unserer Datenbank nach Ortsnamen verdeutlicht werden kann (das numerische Sortieren nach irgendwelchen Zahlenwerten verläuft ganz entsprechend wie das alphabetische Sortieren). Es sind die folgenden Arbeitsschritte zu durchlaufen:

1. Laden der Datenbank DAT1 (schon mehrfach beschrieben)
2. Markieren des Kopfzeilenbegriffs ORT (NUM+, Pfeiltasten)
3. Markieren der Hauptmenüposition "Suchen" (Ins-Taste, Pfeiltasten)
4. Markieren der Position "Vorwärts (aufsteig.) sortieren"
5. Return-Taste

Jetzt werden die kompletten Datensätze (also nicht etwa nur die Ortsnamen) so sortiert, daß die Ortsnamen in alphabetischer Ordnung (aufsteigend, d.h. von A nach Z) erscheinen. Somit ergibt sich das folgende Bild:

Nach der Variablen ORT sortierte Datenbank

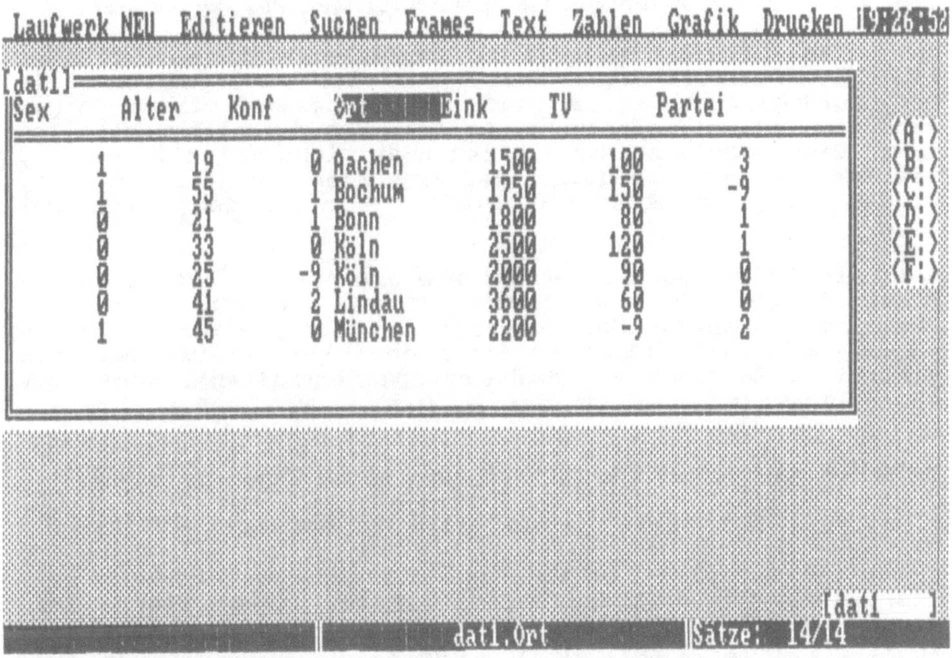

Sex	Alter	Konf	Ort	Eink	TV	Partei
1	19	0	Aachen	1500	100	3
1	55	1	Bochum	1750	150	-9
0	21	1	Bonn	1800	80	1
0	33	0	Köln	2500	120	1
0	25	-9	Köln	2000	90	0
0	41	2	Lindau	3600	60	0
1	45	0	München	2200	-9	2

Suchen: Vorwärts (aufsteig.) sortieren

Wenn man diese Ergebnisse speichern, und nicht nur etwa auf dem Drucker ausgeben möchte (Hauptmenüposition "Drucken"), so muß für die sortierte Datenbank ein neuer Name vergeben werden, es sei denn, man will mit der sortierten die ursprüngliche Datenbank überschreiben. Gespeichert wird über die Hauptmenüposition "Laufwerk" (Ins-Taste, horizontale Pfeiltasten, Markieren der Menüposition "Zwischendurch abspeichern" mit vertikalen Pfeiltasten, Return-Taste).

c) Gruppieren

Das Gruppieren von Daten soll hier am Beispiel der Variablen PARTEI aus der ursprünglichen Datenbank vorgeführt werden. Es ist in FRAMEWORK etwas umständlicher als die bisher besprochenen Prozeduren, insbesondere dann, wenn die gruppierten Ergebnisse ihrerseits der weiteren Auswertung mit Hilfe dieses Programmpakets zur Verfügung gestellt werden sollen.

Zu diesem Zweck muß ein weiterer Frame angelegt werden, in den die Gruppierungsergebnisse eingetragen werden können.

Um den Ablauf nicht zu sehr zu komplizieren, legen wir dabei einen handschriftlichen Zwischenschritt ein, um uns die Gruppierungsergebnisse zu notieren, auch wenn diese Vorgehensweise nicht die eleganteste ist, die man sich vorstellen kann. Dieser Zwischenschritt ist aber nicht allzu aufwendig, weil es nur so viele derartiger Ergebnisse zu notieren gilt, wie es Gruppierungsmerkmale gibt - in der Regel sehr wenige.

Soll also festgestellt werden, wie oft auf die entsprechende Frage die CDU/CSU, wie oft die SPD und wie oft die anderen Parteien genannt wurden (dies ist in der kleinen Beispiel-Datenbank direkt ablesbar, nicht aber bei Datenbanken, die vielleicht Tausende von Beobachtungen enthalten), gehen wir wie folgt vor:

1. Laden der Datenbank DAT1 (sofern nicht schon erledigt)

2. Filtern der Sätze, für die gilt: PARTEI = 0

Dabei ist darauf zu achten, daß die gesamte Datenbank markiert ist, d.h. daß der Cursor auf der linken oberen Ecke steht (wenn nicht, Taste NUM- drücken), dann Drücken der Funktionstaste F2 und Eingabe der Filterformel in die Editierzeile

PARTEI = 0

Die Datenbank wird jetzt verkürzt. Im Abschnitt über Plausibilitätsprüfungen wurde dies ja ausführlich besprochen.

3. Markieren des Kopfzeilenbegriffs PARTEI (Taste NUM+, horizontale Pfeiltasten)

Jetzt erscheint rechts unten im Nachrichtenfeld die Information 2/7, was bedeutet, daß die Datenbank von 7 auf 2 Sätze verkürzt wurde. Damit ist die erste der zu erhebenden Gruppierungshäufigkeiten bekannt und kann notiert werden.

4. Öffnen der ursprünglichen Datenbank (Ins-Taste, Hauptmenüposition "Frames", Position "Öffnen alle", Return-Taste)

5. Erneutes Verkürzen, jetzt aber mit der Filterformel

PARTEI = 1

Nach Drücken der F2-Taste steht noch in der Editierzeile die alte Filterformal PARTEI = 0. Man braucht jetzt nicht die neue Formel komplett zu schreiben, sondern erleichtert sich die Arbeit, indem man jetzt nur die End-Taste drückt, um an das Ende der alten Filterformel zu gelangen. Drückt man dann die Rückstelltaste, wird die Ziffer 0 gelöscht und an ihrer Stelle kann die Ziffer 1 eingegeben werden. Die Return-Taste aktiviert dann diesen zweiten Filterungsprozeß.

Verfährt man auf diese Weise mit allen erlaubten Werten der Variablen PARTEI (0 bis 4 und -9), stehen am Ende alle absoluten Häufigkeiten zur Verfügung, um in einen neuen Frame aufgenommen zu werden. Zu diesem Zweck erzeugen wir jetzt einen neuen Datenbank-Frame, dem wir den Namen PARTEI geben, und den wir mit den Parteinamen, den Codeziffern und den gerade festgestellten absoluten Häufigkeiten (Anzahlen) füllen können. Diese Datenbank muß also mindestens 3 Spalten und 7 Zeilen aufweisen.

Sinnvollerweise ist diese Datenbank aber mit mehr als nur drei Spalten und auch mit mehr als nur 7 Zeilen anzulegen, damit wir später Platz für weitere Berechnungen haben (wir benötigen schon im folgenden Punkt eine weitere Spalte, um uns durch FRAMEWORK auch die relativen Häufigkeiten berechnen und ausgeben zu lassen). Es ist zwar leicht möglich, auch im Nachhinein eine Datenbank zu verbreitern (Hauptmenüposition "NEU", Position "Spalten/Felder (# Einfügen):") oder zu verlängern (Position "Zeilen / Sätze (# Einfügen):") - einfacher ist es aber, für unser Beispiel schlicht von der Voreinstellung auszugehen, die bei Junior FRAMEWORK sowieso 14 Spalten und 14 Zeilen, bei FRAMEWORK II sogar 50 Spalten und 100 Zeilen umfaßt.

Wenn die Informationseingabe in diese neue Datenbank erledigt ist (es darf nicht vergessen werden, auch diesen neuen Frame zu speichern, damit er uns für spätere Auswertungen zur Verfügung steht), erhalten wir auf dem Bildschirm das folgende Bild:

Datenbank-Frame PARTEI

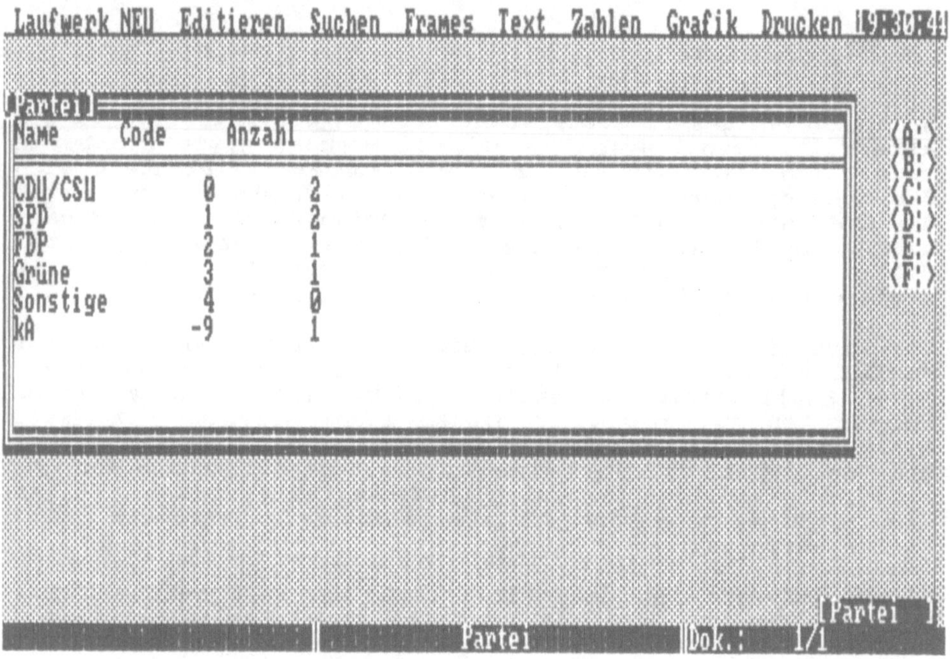

d) Tabellarische Häufigkeitsverteilung

Mit der gerade beschriebenen Vorgehensweise ist eine tabellarische Häufigkeitsverteilung für die Variable PARTEI schon erzeugt worden. Weitere Ausführungen sind an dieser Stelle also entbehrlich, es sei denn man wollte diese Tabelle (siehe die obige Abbildung) noch um relative Häufigkeiten ergänzen. Dabei muß unterschieden werden, in welcher Weise die relativen Häufigkeiten berechnet werden sollen. Wenn nämlich missing values vorliegen (dies ist hier der Fall), können die relativen Häufigkeiten entweder unter Einschluß der missing values oder unter Vernachlässigung derselben berechnet werden. Im zweiten Fall spricht man von "adjustierten relativen Häufigkeiten". Welche Variante man wählt, hängt von inhaltlichen Überlegungen ab und braucht hier nicht entschieden zu werden.

Im folgenden wird zunächst die Vorgehensweise beschrieben, um zu <u>relativen Häufigkeiten</u> (RH) zu gelangen. Danach wird auch gezeigt, wie die adjustierten relativen Häufigkeiten (AH) bestimmt werden können:

1. Laden des Datenbank-Frames PARTEI (wenn nicht schon geschehen)
2. Markieren des vierten, derzeit noch freien Kopfzeilenfeldes
3. Eingabe der Bezeichnung RH
4. Markieren von RH
5. F2 und Eingabe der folgenden Berechnungsformel:

RH:=ANZAHL/7

Man muß dabei auf die korrekte Schreibweise achten: FRAMEWORK verlangt vor dem Gleichheitszeichen einen Doppelpunkt.

6. Return-Taste

Nach der Aktivierung dieser Rechenprozedur durch die Return-Taste wird die vierte Tabellenspalte mit der Überschrift RH mit den relativen Häufigkeiten gefüllt, wobei in den unteren Tabellenzeilen Fehlermeldungen auftreten, weil dort ja keine echten Werte vorlagen. Diese Fehlermeldungen brauchen uns aber jetzt nicht zu interessieren. Somit erhalten wir das folgende Bild:

Häufigkeitsverteilung der Variablen PARTEI mit relativen Häufigkeiten

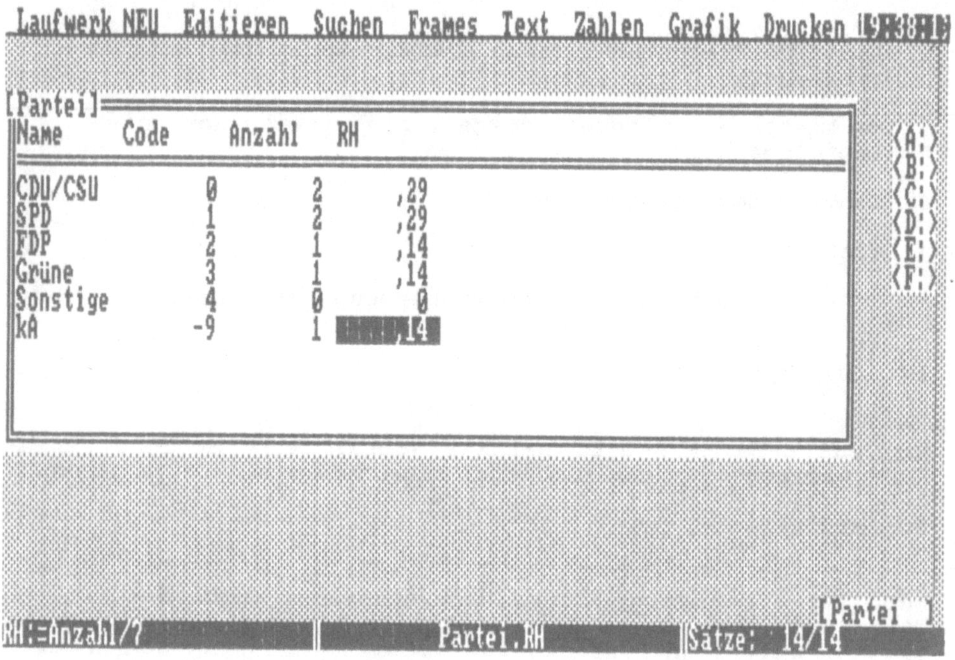

Wenn diese veränderte Datenbank gespeichert werden soll, so gibt man ihr einen neuen Namen (z.B. PARTEI2) und speichert wieder über die Hauptmenüposition "Laufwerk".

Um auch die "adjustierten relativen Häufigkeiten" zu bestimmen, können wir vom Frame PARTEI2 ausgehen, aus dem zunächst der letzte Datensatz ("keine Angabe") entfernt werden muß. Dies geschieht, indem nach Drücken der Funktionstaste F2 eingegeben wird:

```
CODE<>-9
```

Danach richten wir, wie eben schon beschrieben, ein fünftes Kopfzeilenfeld ein und nennen es AH. Nach dem gleichen Muster wie oben, wenden wir dann die Berechnungsformel

AH:=ANZAHL/6

an, und erhalten das folgende Bild:

Häufigkeitsverteilung der Variablen PARTEI mit adjustierten relativen Häufigkeiten

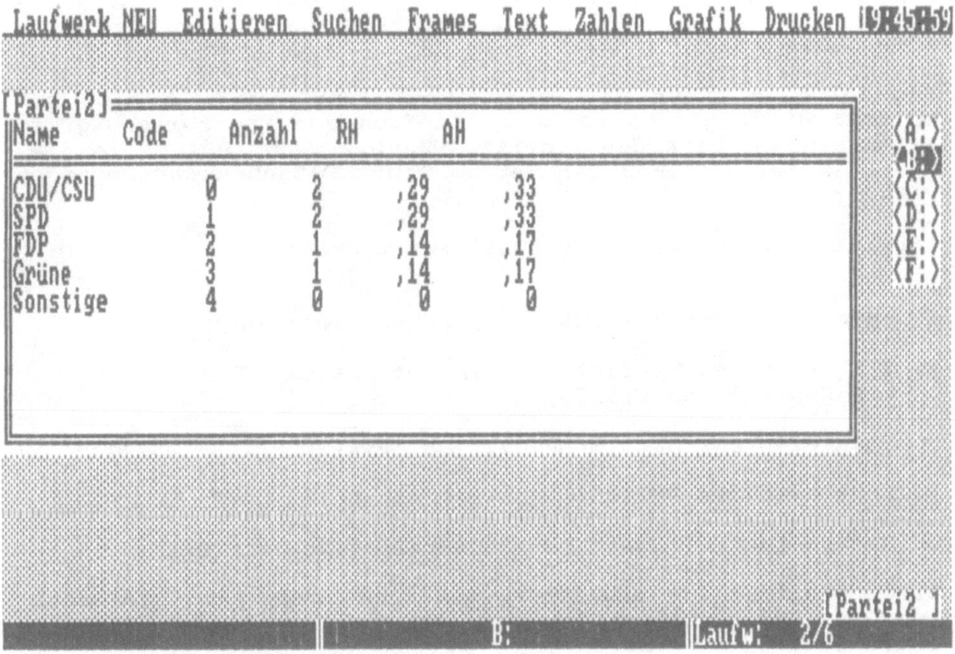

Auch dieser Frame kann, wenn man will, gespeichert werden, wobei dann sinnvollerweise wieder ein neuer Name, zum Beispiel PARTEI3 verwendet wird.

e) Stabdiagramm

Die graphische Darstellung einer gegebenen Häufigkeitsverteilung kann direkt mit dem Graphikteil von FRAMEWORK erfolgen. Zu diesem Zweck muß nach dem Laden des Frames PARTEI (vielleicht ist er aber auch noch auf dem Bildschirm und kann sofort genutzt werden; der Leser erinnert sich sicher daran, wie von Frame zu Frame gewechselt werden kann) der Datenbereich, der in eine Graphik eingehen soll, zunächst markiert werden. Dies betrifft in diesem Beispiel die Häufigkeiten in der Spalte ANZAHL. Diese werden in ihrer Gesamtheit so markiert, daß zunächst das oberste Datenfeld markiert wird. Die dann erforderliche Ausdehnung der Markierung ist möglich, wenn zunächst die Funktionstaste F6 gedrückt wird. Die Ausdehnung selbst erfolgt dann mit der senkrechten Pfeiltaste.

Anmerkung:

Zum Zeichnen einer Häufigkeitsverteilung, wie sie hier gewünscht wird, genügt es auch, einfach den Kopfzeilenbegriff zu markieren (hier den Begriff ANZAHL), wenn - wie in diesem Beispiel - von den Werten einer Datenbank ausgegangen wird.

Im einzelnen ist also wie folgt vorzugehen:

1. Laden des Frames PARTEI (sofern erforderlich)

2. Markieren der Häufigkeiten in der Spalte ANZAHL (oder nur des Kopfzeilenbegriffs)

3. Markieren der Hauptmenüposition "Grafik" (Ins-Taste)

4. Markieren der Position "Balken nebeneinander"

5. Return-Taste (ergibt bei dieser Position ein JA)

Diese Position ist möglicherweise auch schon per Voreinstellung mit JA markiert, so daß die letzten beiden Schritte entfallen.

6. Markieren der Position "Neue Grafik zeichnen"

7. Zweimal nacheinander Return-Taste

Jetzt ensteht in einem neuen Frame die gewünschte Graphik, so daß auf dem Bildschirm folgende Ausgabe erscheint:

Stabdiagramm

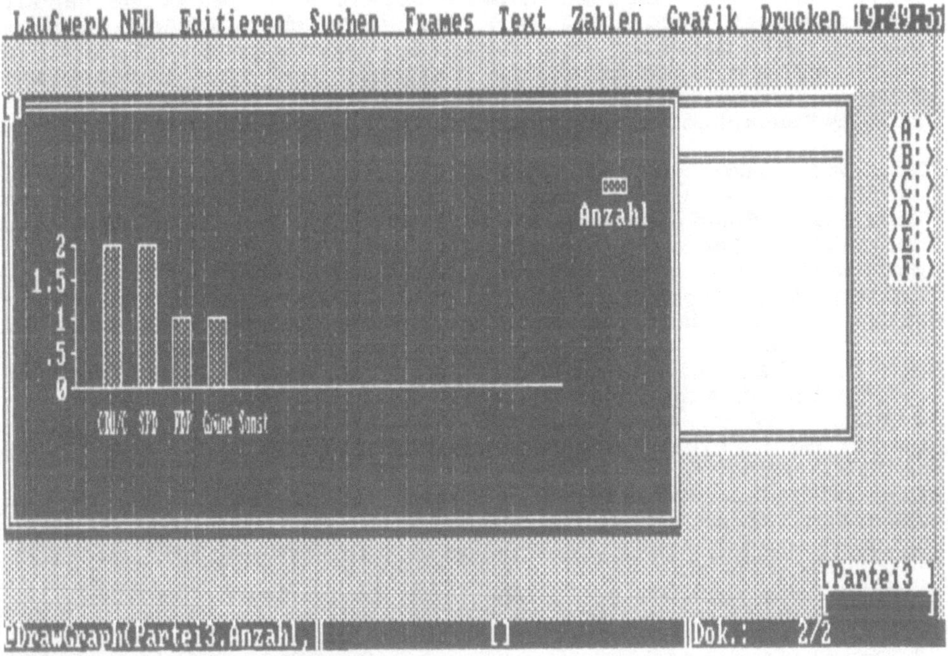

Grafik! Neue Grafik zeichnen

Wenn es gewünscht wird, kann auch dieser Graphik-Frame mit einem Namen versehen (zum Beispiel GPARTEI) und gespeichert werden.

f) Arithmetisches Mittel

Mit FRAMEWORK kann auch sehr gut gerechnet werden. Dies gilt insbesondere für den hier interessierenden Bereich der Statistik, weil dieses Programmsystem eine Reihe sog. Funktionen bereitstellt, die bestimmte statistische Maßzahlen direkt ausrechnen können. Dazu gehört die Funktion §AVG zur Berechnung eines arithmetischen Mittels. Wir brauchen also nicht zuerst die Summe der zu mittelnden Werte bilden, um diese Summe dann durch die Anzahl der Werte zu dividieren, sondern können das gewünschte Ergebnis in einem Schritt erzeugen.

Allerdings muß berücksichtigt werden, daß beim Rechnen mit FRAMEWORK zwei verschiedene Problemstellungen voneinander unterschieden werden müssen: das senkrechte Rechnen einerseits, bei dem sich die jeweilige Rechenprozedur auf die Werte einer Datenbankspalte bezieht, und das horizontale Rechnen andererseits, bei dem die Rechenprozedur sich auf eine Datenbankzeile bezieht.

Wenn wir also, von der Beispieldatenbank ausgehend, etwa das arithmetische Mittel der angegebenen Einkommen (Variable EINK) berechnen wollen, handelt es sich um einen Fall des senkrechten Rechnens. In einem solchen Fall müssen die Daten der interessierenden Datenbankspalte zunächst in einen <u>Tabellenkalkulationsframe</u> übertragen werden. Nur in einem solchen Kalkulationsframe kann senkrecht gerechnet werden. Es ist also keine Neu-Eingabe der Daten erforderlich, weil in der Datenbank nicht vertikal gerechnet werden kann, sondern FRAMEWORK erlaubt das Kopieren interessierender Daten von einem Frame in einen anderen hinein, also hier vom Datenbankframe in einen Tabellenkalkulationsframe.

Eine Kalkulationstabelle ist immer so aufgebaut, wie es die folgende Skizze schematisch zeigt:

```
     A    B    C    D ... usw.
1
2
3
4

usw.
```

Sie besteht also aus Zeilen (durchnumeriert) und Spalten (mit Buchstaben bezeichnet) und jedes einzelne Tabellenfeld kann mit einer Kombination aus einem Buchstaben und einer Zahl identifiziert werden. So ist B3 das Feld in der Spalte B und der dritten Zeile.

Zum Übertragen der Werte der Variablen EINK aus dem Datenbankframe DAT1 in einen Tabellenkalkulationsframe ist wie folgt zu verfahren:

1. Laden von DAT1 (sofern noch nicht geschehen)

2. Erzeugen eines Kalkulationsframes

Diesen Frame erhält man, indem man mit der Ins-Taste ins Hauptmenü geht, dort die Hauptmenüposition NEU markiert (sofern dies nicht schon per Voreinstellung geschieht), und danach die Position "Tabellenkalkulation" markiert (vertikale Pfeiltasten) und mit der Return-Taste aktiviert.

Es erscheint jetzt ein neuer, noch leerer Frame auf dem Bildschirm, der die Datenbank DAT1 überlagert und die oben beschriebene Zeilen- und Spaltenaufteilung aufweist. Er weist soviele Zeilen und Spalten auf, wie es der Voreinstellung des verwendeten Programmsystems entspricht. Hätte man dies verändern wollen, müßte man vor der Markierung der Position "Tabellenkalkulation" erst die Zahl der Zeilen und der Spalten gemäß den eigenen Vorstellungen bestimmen. Da wir hier aber mit den Voreinstellungen sehr gut arbeiten können, kann hier darauf verzichtet werden.

Der Bildschirm sieht jetzt also so aus, wie es die folgende Abbildung zeigt:

Datenbank- und Kalkulationsframe

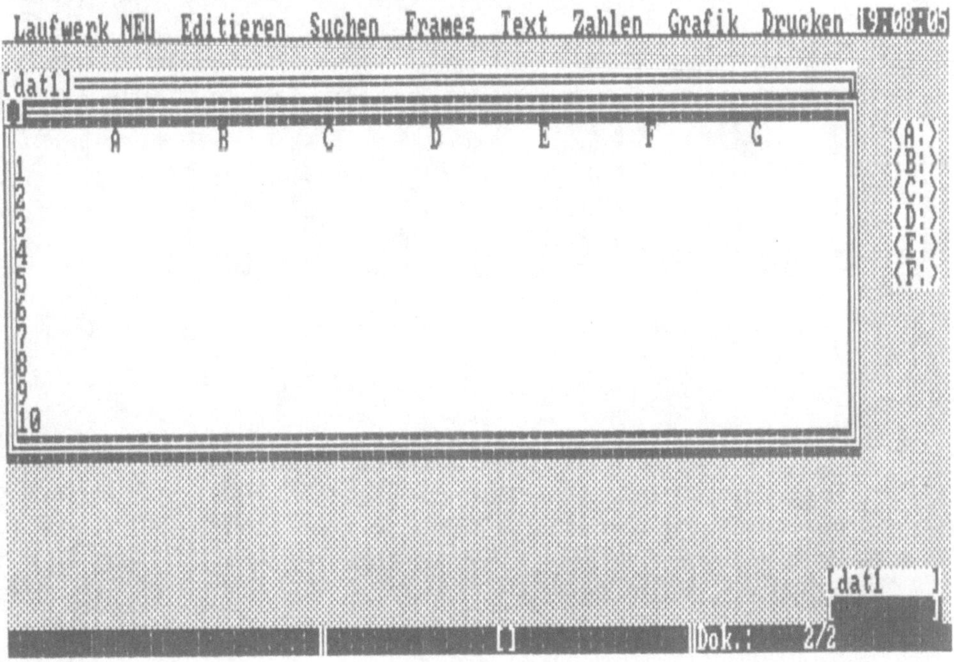

Es empfiehlt sich, diesen neuen Frame, den man KTAB1 nennen könnte, nach unten zu verschieben, damit die ursprünglichen Informationen der Datenbank DAT1, die nun (ganz oder teilweise) kopiert werden sollen, wieder sichtbar werden. Dazu sind die folgenden Schritte anzuschließen:

3. Markieren des Randes des neuen Frames KTAB1 (Taste NUM-)

4. Funktionstaste F3

5. Mehrfaches Drücken der Abwärtspfeiltaste

6. Return-Taste

Der Frame KTAB1 ist nun nach unten verschoben, so daß sich das folgende Bild ergibt:

Datenbankframe und verschobener Kalkulationsframe

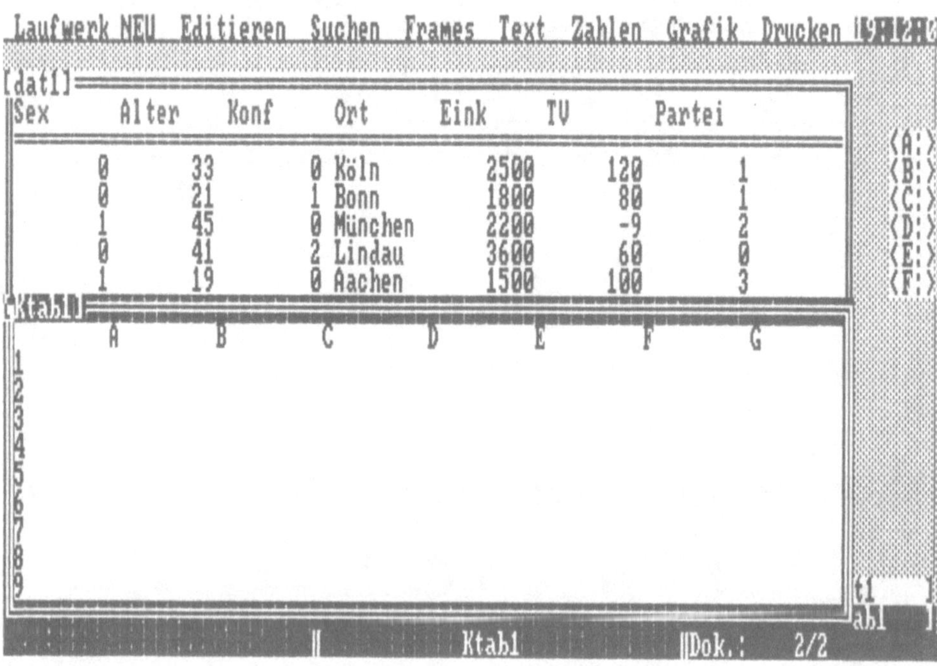

Zum Kopieren sind die folgenden Schritte erforderlich:

7. Wechsel zum Frame DAT1

8. Markieren der Werte der Spalte EINK (Nutzung von F6)

9. Drücken der Funktionstaste F8

10. Ansteuern des Kopierzieles

Das Kopierziel ist hier die Spalte A des Kalkulationsframes KTAB1, d.h. der Cursor ist in das oberste Feld A1 zu steuern. Zu diesem Zweck verläßt man den Frame DAT1 mit der Taste NUM-, erreicht den Rand des neuen Frames KTAB1 mit der Aufwärtspfeiltaste und gelangt in sein Inneres mit der Taste NUM+.

11. Return-Taste

Drückt man jetzt die Return-Taste, werden die vorher markierten Werte aus der Spalte EINK des Datenbankframes DAT1 in die Spalte A des neuen Frames KTAB1 hineinkopiert.

Der Bildschirm sieht jetzt so aus:

Datenbank- und Kalkulationsframe mit kopierten Informationen

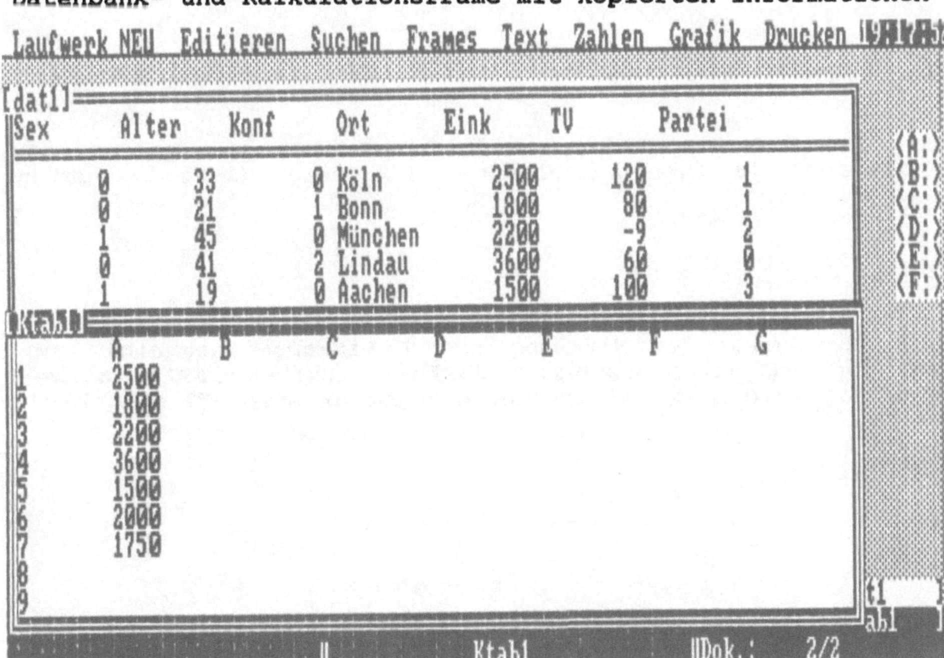

Will man jetzt das arithmetische Mittel der 7 Einkommenangaben, die in den Feldern A1 bis A7 stehen, berechnen, markiert man einfach das Feld A8 (man erkennt, daß der Frame, wenn irgendwelche Berechnungen durchgeführt werden sollen, größer angelegt werden muß, als es der ursprünglichen Dimensionierung entsprach) und gibt nach Drücken von F2 die entsprechende Berechnungsformel ein, also:

12. Markieren des Feldes A8

13. F2 und Eingabe der folgenden Formel:

§AVG(A1:A7)

14. Return-Taste

Im Feld A8 erscheint jetzt das gewünschte arithmetische Mittel. Es muß sich dabei natürlich, wie leicht überprüft werden kann, der Wert 2192,86 ergeben.

Man muß bei derartigen Berechnungen bedenken, daß der Tabellenkalkulationsframe durch entsprechende Filterung zunächst verkürzt werden muß, wenn missing values auftauchen (wie zum Beispiel bei der Variablen TV), denn diese würden das Ergebnis verfälschen.

g) Standardabweichung

Bei der Berechnung der Standardabweichung ist genauso zu verfahren wie oben beschrieben. Die anzuwendende Funktion lautet:

§STD

Zur Berechnung der Streuung der 7 Einkommensangaben, kann man von dem schon erzeugten Kalkulationsframe KTAB1 ausgehen, das Feld A9 markieren und nach Drücken von F2 eingeben:

§STD(A1:A7)

Damit gelangt man nach Drücken der Return-Taste zu folgendem Bild:

Statistische Berechnungen

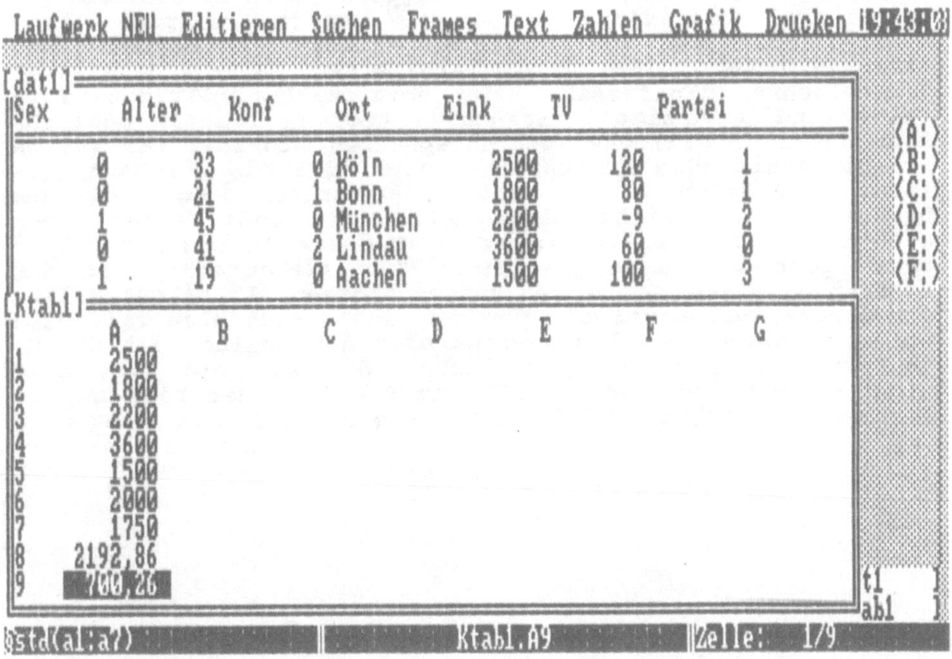

Soll sich die Berechnung der Standardabweichung auf eine andere Variable beziehen, so müßten erst deren Werte nach dem gleichen Muster wie oben beschrieben, aus dem Datenbankframe DAT1 in die Spalte B des Tabellenkalkulationsframes KTAB1 hineinkopiert werden, bevor die Funktion §STD angewandt werden kann.

Auch hier muß natürlich berücksichtigt werden, daß gegebenenfalls vor den entsprechenden Berechnungen die missing values aus der Berechnungsspalte durch geeignete Filterung entfernt werden müssen.

Auf ein generelles Problem muß am Ende dieses Teils, der sich mit den Möglichkeiten univariater statistischer Auswertungen mit FRAMEWORK befaßte, noch einaml aufmerksam gemacht werden:

Berechnungen, wie zum Beispiel die Bestimmung eines arithmetischen Mittels oder der Standardabweichung, sind nur bei solchen Untersuchungsvariablen möglich, die mindestens Intervallskalenqualität aufweisen (in unserem Beispiel-Datenbestand also bei den Variablen "Alter", "Einkommen" und "Fernsehkonsum"). Bei nominalskalierten Daten (Beispiele: "Geschlecht", "Konfession" oder "bevorzugte politische Partei") sind derartige Berechnungen zwar im Prinzip möglich, aber unter inhaltlichen Gesichtspunkten sinnlos: Was sollte beispielsweise das Ergebnis bedeuten, daß die durchschnittliche Konfession 0,67 beträgt ? Natürlich kann auch aus Ortsnamen kein arithmetisches Mittel berechnt werden. Aber auch bei ordinalskalierten Daten, wie sie in unserer Datenbank nicht vorkommen (Beispiel: "Schulzensuren"), ist die Berechnung dieser Maßzahlen ausgeschlossen. In diesen Fällen schwächerer Datenqualität gibt es andere Maßzahlen (als Mittelwerte zum Beispiel den Modus oder den Median, als Streuungsmaß etwa den Semiquartilsabstand), auf die aber hier nicht eingegangen werden soll, um die Zahl der hier zu besprechenden Methoden nicht beliebig groß werden zu lassen.

LITERATURHINWEISE

ATTESLANDER, P. : Methoden der empirischen Sozialforschung, Berlin 1985

BORTZ, J. : Lehrbuch der Statistik für Sozialwissenschaftler, Berlin/Heidelberg 1977

KROMREY, H. : Empirische Sozialforschung, 3. Auflage, Opladen 1986

VOSS, W. : Bausteine der Statistik, Köln 1979

VOSS, W. : FRAMEWORK für Einsteiger, Düsseldorf 1987

KAPITEL 5:

Statistische Zusammenhänge

5.1 METHODEN

5.2 PROBLEMANALYSEN

5.3 PROBLEMLÖSUNGEN MIT FRAMEWORK

5.4 EXKURS : ANSPRUCHSVOLLERE METHODEN

LITERATURHINWEISE

5.1 METHODEN

Der interessantere Teil der rechnergestützten Analysen beginnt dort, wo man sich mit den Zusammenhängen zwischen statistischen Untersuchungsvariablen befaßt. Im einfachsten Fall handelt es sich um bivariate Analysen, bei denen zwei Variablen gemeinsam betrachtet werden, weil man über den eventuellen Zusammenhang zwischen ihnen eine empirisch abgesicherte Aussage machen möchte. Dabei ist zu berücksichtigen, daß die bivariaten Methoden auch Grundbausteine der multivariaten Verfahren und Modelle darstellen. Dies ist der Grund dafür, daß wir uns in diesem Kapitel ausschließlich mit den bivariaten Methoden befassen.

Es geht hier also um die unter inhaltlichen Gesichtspunkten wichtige Frage, ob es Zusammenhänge zwischen zwei Variablen gibt, von welcher Art sie sind und wie die Stärke dieser eventuellen Zusammenhänge bemssen werden kann. Mit der ersten Frage (Art des statistischen Zusammenhangs) befaßt sich die Regressionsrechnung, mit der zweiten Frage (Stärke des Zusammenhangs) die Zusammenhangs- oder Korrelationsrechnung. Ausgangspunkt ist dabei häufig die graphische Darstellung einer bivariaten Häufigkeitsverteilung.

a) Graphische Darstellung

Eine bivariate Häufigkeitsverteilung entsteht aus einer bivariaten Urliste des Datenbestandes, die sich in Form von Wertepaaren für die einzelnen Merkmalsträger darstellt. Die einzelnen Wertepaare der Variablen X und Y werden in einem Achsenkreuz als Punkte repräsentiert, wobei die jeweiligen Merkmalswerte der Variablen X bzw. der Variablen Y als Koordinaten benutzt werden.

Üblicherweise trägt man diejenige der beiden Untersuchungsvariablen auf der Abszisse (X-Achse) ab, von der man, von inhaltlich-theoretischen Überlegungen ausgehend, annimmt, daß sie die andere (Y) beeinflußt. Auf der senkrechten Achse steht also die Abhängige, auf der waagrechten die Unabhängige.

Trägt man die einzelnen Wertepaare als Punkte in dieses Achsenkreuz ein (bei einer großen Zahl von Wertepaaren zeigt sich schon wieder der Nutzen des Rechners, der uns von der mühsamen Zeichenarbeit entlastet und in Sekundenschnelle das gewünschte Bild produzieren kann), erhält man eine "Punktwolke". Aus der Lage und Struktur dieser Punktwolke kann man erste Hinweise über Art und Stärke des Zusammenhangs zwischen den beiden interessierenden Untersuchungsvariablen entnehmen.

b) Regressionsrechnung

Die Regressionsrechnung hat die Aufgabe, die Art des statistischen Zusammenhangs zwischen zwei Untersuchungsvariablen zu beschreiben. Zu diesem Zweck wird in die Punktwolke eine lineare oder nichtlineare Funktion gelegt, die diese Punktwolke möglichst gut repräsentieren soll. Die Entscheidung darüber, welcher Funktionstyp verwendet werden soll, wird auf der Grundlage inhaltlicher Überlegungen getroffen. Dabei werden lineare Funktionen in der Regel bevorzugt und zwar zum einen, weil sie leichter zu berechnen und zu interpretieren sind, und zum anderen, weil auch nichtlineare Verläufe, in Abschnitte zerlegt, durch lineare Teilfunktionen mit hinreichender Güte approximiert werden können. Deshalb werden wir uns im folgenden auf den Fall linearer Regressionsfunktionen beschränken.

Eine lineare Regressionsfunktion hat in allgemeiner Schreibweise das folgende Aussehen:

$$yt = a + b*x$$

Dabei sind

yt = theoretische y-Werte

x = beobachtete x-Werte

a = Ordinatenabschnitt der linearen Funktion

b = Steigung der linearen Funktion

Mit dem Begriff "theoretische y-Werte" sind diejenigen Werte, die auf der linearen Funktion bei gegebenen x-Werten zu erwarten sind, gemeint, oder anders ausgedrückt: Wenn die Hypothese des linearen Zusammenhanges zwischen den Variablen X und Y (Variablen werden üblicherweise mit Großbuchstaben, ihre Ausprägungen mit Kleinbuchstaben bezeichnet) zutreffen sollte, so sind bei beobachteten x-Werten die zugehörigen yt-Werte zu erwarten. Weichen die beobachteten y-Werte von den yt-Werten ab, so kann dies auf Zufallseinflüsse zurückzuführen sein, oder auch darauf, daß die unterstellte Linearitätshypothese nicht zutrifft.

Aufgrund theoretischer Überlegungen, aufgrund des optischen Bildes der Punktwolke oder auch aufgrund des eventuellen Scheiterns der Linearitätshypothese kann auch mit nichtlinearen Regressionsfunktionen gearbeitet werden. Da sich dabei aber - vom zunehmenden mathematischen Aufwand abgesehen - nichts grundsätzlich ändert, erfolgt hier eine Beschränkung auf den linearen Fall.

Im diesem Fall geht es also darum, die Parameter einer Geraden (dies sind der Ordinatenabschnitt a und der Tangens des Steigungswinkels b) so zu bestimmen, daß die dadurch charakterisierte Funktion "optimal" in der Punktwolke liegt. Das Optimalitätskriterium ergibt sich dabei durch die Verwendung der "Methode der kleinsten Quadrate". Diese Methode bestimmt die Parameter der Regressionsgeraden so, daß die Summe der quadrierten Abstände zwischen den beobachteten Werten der Variablen Y und den dazugehörigen (vertikal darunter oder darüber) liegenden Y-Werten auf der Geraden minimiert wird.

Aus dieser Minimierungsvorschrift ergeben sich zwei Bestimmungsgleichungen für b und a, die folgendermaßen aussehen:

$$b = (n*\sum x_i y_i - \sum x_i \sum y_i)/(n*\sum x_i^2 - (\sum x_i)^2)$$

$$a = \sum y_i/n - b * \sum x_i/n$$

In einer vereinfachten Schreibweise können diese beiden Formeln auch wie folgt geschrieben werden:

$$b = \sum(x_i - \bar{x})*(y_i - \bar{y})/\sum(x_i - \bar{x})^2$$

$$a = \bar{y} - b*\bar{x}$$

Dabei sind $\bar{x}$ und $\bar{y}$ die arithmetischen Mittel der x- und der y-Werte. Wenn man den Zähler und den Nenner des Quotienten, aus dem die Steigung b berechnet wird, mit 1/n erweitert, dann steht im Nenner die Varianz der x-Werte (sie ist definiert als das Quadrat der Standardabweichung) und im Zähler die sog. Kovarianz zwischen x- und y-Werten.

Ein einfaches Zahlenbeispiel erläutert den Rechenvorgang auf der Grundlage dieser beiden zuletzt genannten Formeln: Es sei angenommen, fünf Haushalte werden nach der Zahl der Familienmitglieder (X) und der Anzahl der Zimmer in ihrer Wohnung (Y) befragt - von der nicht unplausiblen Hypothese ausgehend, daß tendenziell mehr Zimmer bei höherer Personenzahl zu erwarten sind (natürlich sind 5 Haushalte für eine sozialwissenschaftliche Untersuchung zu wenig; sie reichen aber, um den hier interessierenden Rechengang und damit den problemanalytischen Weg der Problemlösung zu skizzieren, denn was rechnerisch für 5 Haushalte gilt, das gilt auch für 500 oder für 10000 Haushalte).

Es ergeben sich die Werte der Spalten (2) und (3) der folgenden Arbeitstabelle. In den folgenden Tabellenspalten erfolgen dann schon die für die Berechnung von a und b erforderlichen Datenverarbeitungsschritte:

Personenzahl X und Zimmerzahl Y in befragten Haushalten

H.Nr.	x	y	$x-\bar{x}$	$y-\bar{y}$	(4)*(5)	(4)*(4)	(5)*(5)
(1)	(2)	(3)	(4)	(5)	(6)	(7)	(8)
1	3	4	-0.6	0	0	0.36	0
2	5	4	1.4	0	0	1.96	0
3	2	3	-1.6	-1	1.6	2.56	1
4	5	6	1.4	2	2.8	1.96	4
5	3	3	-0.6	-1	0.6	0.36	1
Summe	18	20	0	0	5.0	7.20	6

Man erkennt aus Spalte (2), daß das arithmetische Mittel der x-Werte sich zu 3.6 ergibt und aus Spalte (3) das der y-Werte zu 4. Damit ist es möglich, in den Spalten (4) und (5) die jeweiligen Abweichungen der Merkmalswerte von ihrem arithmetischen Mittel zu bestimmen, in Spalte (6) die Summe, die für die Kovarianz benötigt wird, in Spalte (7) die Summe für die Varianz der x-Werte und in Spalte (8) die Summe für die Varianz der y-Werte. Letztere wird bei der Regressionsrechnung noch nicht benötigt, aber ein bißchen weiter unten wird auch auf diese Größe noch zugegriffen.

Mit diesen Summenangaben können nun mit den obigen Formeln a und b ausgerechnet werden:

b = 5/7.2 = 0.694 a = 4 - 0.694*3.6 = 1.5016

Die mit der Methode der kleinsten Quadrate bestimmte Regressionsgerade lautet also:

yt = 1.5016 + 0.694 * x

Was sagt uns diese Funktion ?

Wenn die Hypothese des linearen Zusammenhangs zwischen X (Personenzahl) und Y (Zimmerzahl) zutrifft, dann kann dieser Zusammenhang durch die obige Funktion angemessen beschrieben werden. Wie schon die Maßzahlen der univariaten Statistik, hat die Regressionsfunktion also eine beschreibende Aufgabe.

Darüber hinaus kann sie aber auch für <u>prognostische Aufgaben</u> verwendet werden - und hier werden nun die empirische Sozialwissenschaft und ihre Methoden viel interessanter, weil nun der Rahmen reiner Deskription überschritten werden kann: Es ist jetzt möglich, Aussagen über y-Werte zu machen für x-Werte, die im empirischen Datenbestand nicht aufgetaucht sind. Beispielsweise kann jetzt die folgende Frage beantwortet werden:

Welche Zimmerzahl ist in einem Haushalt zu erwarten (yt), wenn in diesem Haushalt x=7 Personen leben ?

Die Antwort gibt die Regressionsfunktion, wenn an der Stelle x der Wert 7 eingesetzt wird:

yt = 1.5016 + 0.694 * 7 = 6.36

In diesem Fall sind 6.36 Zimmer zu erwarten (wohlgemerkt: immer Gültigkeit der jetzt spezifizierten linearen Zusammenhangshypothese unterstellt).

Man sieht, daß trotz des sehr kleinen Datenbestandes der Rechenaufwand schon beträchtlich ist. Natürlich steigt dieser an, wenn der Datenbestand größer ist, oder wenn mit einer nichtlinearen Regressionsfunktion gearbeitet werden soll, oder wenn die Zusammenhänge zwischen mehr als zwei Variablen gleichzeitig in einer realistischeren Betrachtungsweise untersucht werden. Ganz ohne Zweifel lohnt sich spätestens dann das rechnergestützte Arbeiten.

c) Zusammenhangsrechnung

Prognostische Aussagen von der Art, wie sie gerade erwähnt wurden, sind im Prinzip unsicher. Dies hat mehrere Gründe: Zum einen kann die unterstellte Hypothese unzutreffend sein (ein anderer Funktionstyp wäre angemessen gewesen); zum anderen kann der Informationshintergrund zu dürftig sein (Aussagen auf der Grundlage von 7 Beobachtungen müssen notwendigerweise unsicherer sein, als solche auf der Grundlage von 1000 Beobachtungen) und schließlich werden derartige Aussagen um so unsicherer sein, je schwächer der Zusammenhang zwischen den beiden Untersuchungsvariablen ist.

Deshalb ist es eine wesentliche Aufgabe der statistischen Methoden, über die Regressionsrechnung hinaus, die Stärke des Zusammenhangs zwischen zwei Variablen zu quantifizieren. Kann ein linearer Zusammenhang unterstellt werden, dann läßt sich die Stärke des Zusammenhangs - wenn bei beiden Variablen mindestens Intervallskalenqualität vorausgesetzt werden kann - mit dem <u>Korrelationskoeffizienten</u> von Bravais/Pearson auf folgende Weise berechnen:

$$r = (n*\sum x_i y_i - \sum x_i \sum y_i) / \sqrt{((n*\sum x_i^2 - (\sum x_i)^2)*(n*\sum y_i^2 - (\sum y_i)^2)}$$

In vereinfachter Schreibweise sieht diese Berechnungsformel so aus:

$$r = \sum(x_i - \bar{x})*(y_i - \bar{y}) / \sqrt{(\sum(x_i - \bar{x})^2 * \sum(y_i - \bar{y})^2)}$$

Diese Maßzahl ist, wie andere Zusammenhangsmaße auch, auf den Wertebereich zwischen -1 und +1 beschränkt und kennzeichnet einen maximalen reziproken Zusammenhang bei r = -1, einen maximalen gleichgerichteten Zusammenhang bei r = +1 und keinen Zusammenhang bei r = 0. Entsprechend können alle Zwischenwerte dieser Maßzahl r interpretiert werden.

In dem obigen Zahlenbeispiel ergibt sich:

$$r = 5 / \sqrt{(7.2*6)} = 5 / \sqrt{(43.2)} = 0.76$$

Es ergibt sich also ein starker gleichgerichteter Zusammenhang.

Wenn Zusammenhänge untersucht werden, wie zum Beispiel der zwischen den Variablen "Geschlecht" und "bevorzugter politischer Partei", müssen andere Zusammenhangsmaße benutzt werden, die der geringeren Skalenqualität dieser Variablen Rechnung tragen. Beispielsweise kann in diesem Fall der Kontingenzkoeffizient C benutzt werden, der sich aus der Gegenüberstellung von beobachteten Häufigkeiten und den bei Unabhängigkeit zwischen beiden Variablen zu erwartenden theoretischen Häufigkeiten ergibt:

Bildet man nämlich die quadrierten Differenzen zwischen beobachteten und theoretischen Häufigkeiten, relativiert diese quadrierten Differenzen durch Division durch die theoretischen Häufigkeiten und bildet die Summe all dieser Größen, so erhält man die Größe Chi^2, die wie folgt in die Berechnung des Kontingenzkoeffizienten eingeht:

$$C = \sqrt{Chi^2/(Chi^2+n)}$$

Auch die bivariate Statistik bietet noch eine große Zahl weiterer statistischer Methoden, die aber hier nicht behandelt werden, weil ja ein kompletter Überblick über zur Verfügung stehende Methoden nicht das Ziel dieses Buches ist.

5.2 PROBLEMANALYSEN

a) Graphische Darstellung

Eine bivariate Häufigkeitsverteilung läßt sich sehr anschaulich in Form einer Punktwolke im zweidimensionalen Achsenkreuz graphisch darstellen. Soll dies rechnergestützt erfolgen, ergeben sich unter problemanalytischen Gesichtspunkten keine besonderen Probleme. Es sind lediglich die X- und die Y-Werte der in der Datenmatrix vorhandenen Wertepaare in Zeilen- und Spaltenkoordinaten umzusetzen, wobei darauf geachtet werden muß, daß der auf dem Bildschirm zur Verfügung stehende Platz nicht überschritten wird. Bei FRAMEWORK wird dafür automatisch Sorge getragen.

b) Lineare Regressionsfunktion

Die Lage einer linearen Regressionsfunktion im Achsenkreuz wird durch die beiden Parameter den Ordinatenabschnitt a und die Steigung b bestimmt. Für diese beiden Parameter wurden weiter oben alternative Berechnungsformeln vorgestellt. Den zuerst angegebenen Formeln ist zu entnehmen, daß in einem entsprechenden Berechnungsprogramm vier Summen gebildet werden müssen, nämlich die Summe der Produkte aus X- und Y-Werten, die Summe der X-Werte, die Summe der Y-Werte und die Summe der quadrierten X-Werte.

Jede dieser vier Summen kann im Prinzip genauso bestimmt werden, wie die Summe der X-Werte, was schon bei der Problemanalyse zur Berechnung des arithmetischen Mittels skizziert wurde. In entsprechender Weise wie dort, müssen auch hier die eventuellen missing values berücksichtigt werden.

Diese vier Summen sind dann lediglich in eine entsprechende Berechnungsformel einzusetzen, um die Steigung b zu berechnen, bzw. die Summe der x- und die Summe der y-Werte werden verwendet, um den Ordinatenabschnitt a zu berechnen.

c) Korrelationskoeffizient

Auch die Berechnung des Korrelationskoeffizienten r bietet unter problemanalytischen Gesichtspunkten nichts Neues. Zusätzlich ist hier noch eine fünfte Summe zu berechnen, die für die Formel für r erforderlich ist, nämlich die Summe der quadrierten Y-Werte.

d) Kontingenzkoeffizient

Bei der Berechnung des Kontingenzkoeffizienten C, dessen Berechnungsformel auch schon vorgestellt wurde, geht man sinnvollerweise nicht von einer bivariaten Urliste aus, sondern von einer bivariaten Häufigkeitsverteilung, die sich folgendermaßen darstellen könnte:

Bivariate Häufigkeitsverteilung

	Geschlecht	m	w	Summe
Bevorzugte pol.Partei	CDU/CSU	45	50	95
	SPD	55	40	95
	FDP	12	15	27
	Die Grünen	10	10	20
	Sonstige	8	5	13
	Summe	130	120	250

Den beobachteten Häufigkeiten, die in den einzelnen Tabellenfeldern stehen, sind nun diejenigen theoretischen Häufigkeiten gegenüberzustellen, die zu erwarten wären, wenn zwischen den beiden Variablen Unabhängigkeit bestünde. Beispielsweise berechnet sich die Zahl theoretisch zu erwartender männlicher CDU/CSU-Wähler, wenn zwischen Geschlecht und bevorzugter politischer Partei kein Zusammenhang besteht, zu

$$95 * 130 / 250 = 49{,}4$$

Entsprechend lassen sich auch die anderen theoretischen Häufigkeiten bestimmen, die wir in der folgenden Tabelle unter den jeweiligen beobachteten Häufigkeiten, in Klammern eingeschlossen, notiert haben.

Beobachtete und theoretische Häufigkeiten

	Geschlecht	m	w	Summe
Bevorzugte pol.Partei	CDU/CSU	45 (49,4)	50 (45,6)	95 (95)
	SPD	55 (49,4)	40 (45,6)	95 (95)
	FDP	12 (14)	15 (13)	27 (27)
	Die Grünen	10 (10,4)	10 (9,6)	20 (20)
	Sonstige	8 (6,8)	5 (6,2)	13 (13)
	Summe	130 (130)	120 (120)	250 (250)

Die problemanalytischen Überlegungen gehen also zunächst davon aus, die Randsummen der bivariaten Verteilung zu bilden. Diese werden dann benutzt, um die theoretischen Häufigkeiten zu berechnen. Im nächsten Schritt werden die Abweichungen zwischen beobachteten und theoretischen Häufigkeiten bestimmt; diese werden quadriert, durch die jeweiligen theoretischen Häufigkeiten dividiert und aufaddiert. Die entstehende Summe geht dann in die Berechnungsformel für C ein.

5.3 PROBLEMLÖSUNGEN MIT FRAMEWORK

Im Rahmen der bivariaten Statistik interessiert man sich beispielsweise für den Zusammenhang zwischen den Untersuchungsvariablen "Alter" (ALTER in der Datenbank DAT1) und dem "Fernsehkonsum" (TV in DAT1).

Betrachtet man zwei Variablen gleichzeitig, so muß bei der Verwendung von FRAMEWORK darauf geachtet werden, daß sich die Werte der beiden Variablen in benachbarten Spalten der Datenbank oder der Kalkulationstabelle befinden. Wenn dies ursprünglich nicht der Fall sein sollte, kann dies durch entsprechende Steuerung der Kopiervorgänge erreicht werden.

Wenn man also zum Beispiel die Werte der Variablen ALTER (3. Spalte im Frame DAT1) in die Spalte A eines neuen Tabellenkalkulationsframes KTAB2 hineinkopiert und die Werte der Variablen TV (7. Spalte in DAT1) in die Spalte B von KTAB2, so ist diese Bedingung erfüllt.

Um den Zusammenhang zwischen "Alter" und "Fernsehkonsum" zu untersuchen, müssen zunächst die folgenden Vorbereitungen getroffen werden (die Details von Verlagerungs- und Kopiervorgängen wurden an anderer Stelle schon beschrieben):

1. Laden von DAT1 (sofern erforderlich)
2. Erzeugen eines Kalkulationsframes KTAB2
3. Verschieben des Frames KTAB2 nach unten (F3)
4. Markieren der Werte der Variablen ALTER in DAT1
5. Kopieren dieser Werte in die Spalte A von KTAB2
6. Markieren der Werte der Variablen TV in DAT1
7. Kopieren dieser Werte in die Spalte B von KTAB2

Der Bildschirm zeigt jetzt das folgende Bild:

Vorbereitung der Zusammenhangsrechnung

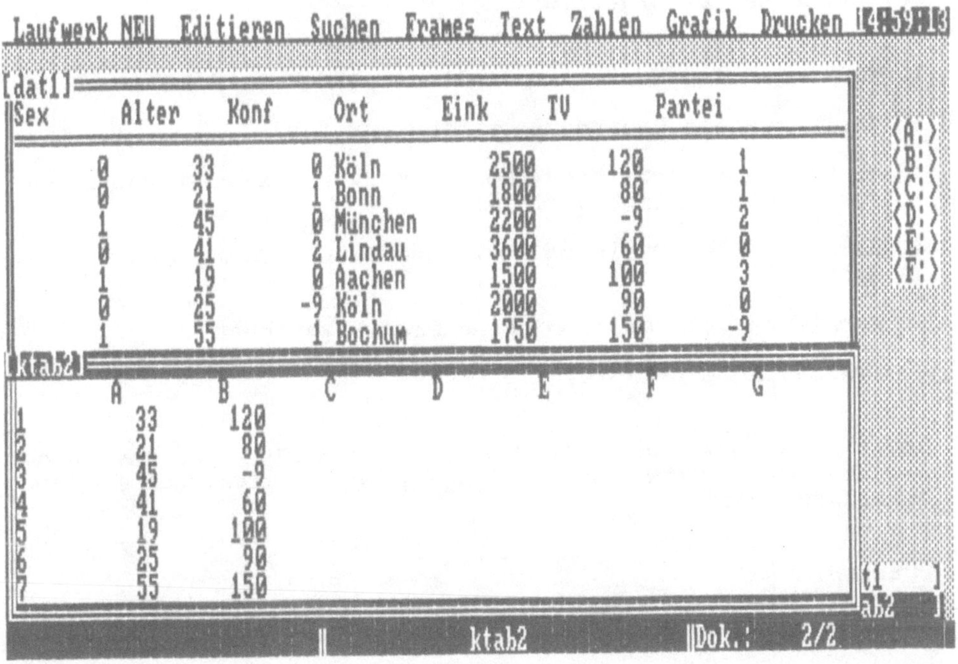

Es empfiehlt sich, den Frame KTAB2 jetzt zu speichern.

Mit dem Datenbestand des Frames KTAB2 können nun die in den folgenden Punkten beschriebenen statistischen Prozeduren durchgeführt werden.

a) Graphische Darstellung

Es geht hier darum, zu einem ersten Gesamteindruck vom Zusammenhang zwischen den beiden interessierenden Untersuchungsvariablen dadurch zu gelangen, daß die gemeinsame Verteilung dieser beiden Variablen als Punktwolke in einem zweidimensionalen Achsenkreuz dargestellt wird. Dies ist mit FRAMEWORK leicht möglich. Allerdings ist es vorher wieder notwendig, die Tabelle um diejenigen Zeilen zu verkürzen, die bei der einen oder bei der anderen (oder bei beiden Variablen) missing values aufweisen. Dies ist ja durch geeignete Filterung möglich. Danach sind die folgenden Arbeitsschritte erforderlich:

1. Markieren der Werte der Spalten A und B in KTAB2
2. Markieren der Hauptmenüposition "Grafik"
3. Markieren der Position "Spalte markiert X-Achse" und Return-Taste (ergibt dort JA)
4. Markieren der Position "X-Y" und Return-Taste (ergibt dort JA)
5. Markieren der Position "Neue Grafik zeichnen"
6. Zweimal Return-Taste

Jetzt wird in einem neuen Frame, der "WOLKE1" genannt werden könnte, die Punktwolke gezeichnet, wobei sich die folgende Abbildung ergibt:

Punktwolke

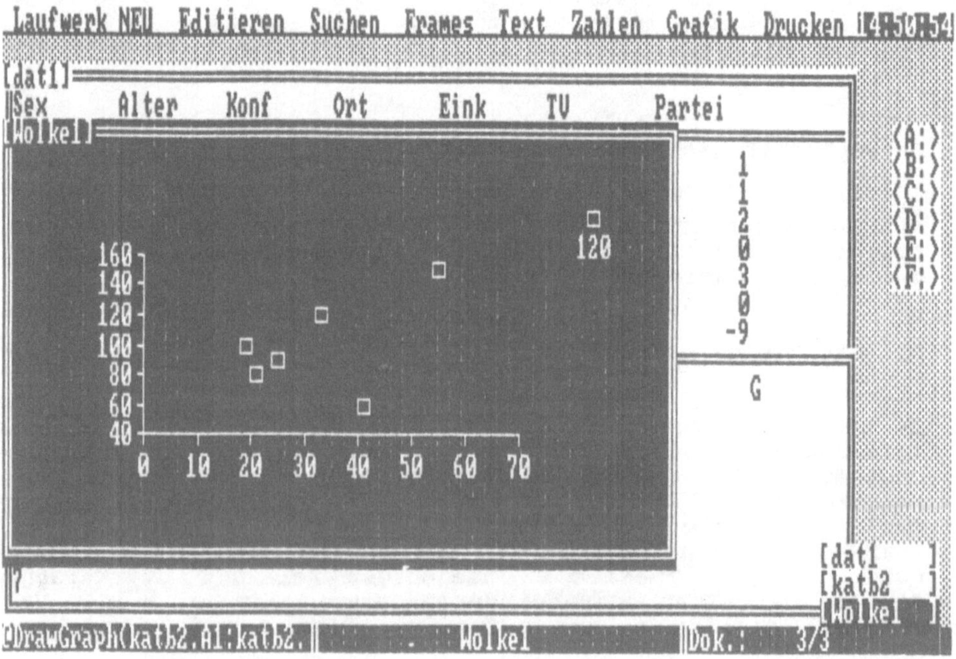

Es muß bei der inhaltlichen Interpretation einer solchen Graphik (siehe dazu die einführende Literatur in die Regressionsrechnung), berücksichtigt werden, daß natürlich auf der Grundlage eines Datenbestandes von nur 6 Wertepaaren (eines mußte ja aus der Betrachtung wegen einer fehlenden Angabe ausgeschlossen werden) kaum irgendwelche abgesicherten Aussagen möglich sind.

b) Regressionsrechnung

Die Regressionsrechnung versucht, in die bivariate Häufigkeitsverteilung eine lineare Funktion hineinzulegen, um diese Punktwolke zusammenfassend zu beschreiben und um die Möglichkeit prognostischer Aussagen zu bieten. Dazu werden der Ordinatenabschnitt und die Steigung dieser Funktion gemäß der weiter oben schon vorgestellten Formeln ausgerechnet.

In den Berechnungsformeln werden die folgenden vier Summen benötigt:

1. Die Summe der Produkte aus X- und Y-Werten

2. Die Summe der X-Werte

3. Die Summe der Y-Werte

4. Die Summe der quadrierten X-Werte

Wenn wir von dem Beispiel des Zusammenhangs zwischen "Alter" (ALTER in der Datenbank DAT1, bzw. in Spalte A des Kalkulationsframes KTAB2) und "Fernsehkonsum" (TV in DAT1; in Spalte B von KTAB2) ausgehen - dabei wurde der Kalkulationsframe schon um den Fall verkürzt, der in der Variablen TV den Wert -9 aufwies, kann man in Spalte C die Produkte der jeweiligen Wertepaare aus den Spalten A und B aufnehmen und in Spalte D die Quadrate der X-Werte aus Spalte A. In Zeile 7 können dann die vier erforderlichen Summen und in Zeile 8 die Parameterwerte b (Steigung) und a (Ordinatenabschnitt) berechnet werden.

Es kann bei sich wiederholenden Berechnungen erfreuerlicherweise die Kopiereigenschaft von FRAMEWORK benutzt werden, die auch bei Berechnungsformeln verwendet werden kann. Dies soll zunächst am Beispiel der Produktberechnungen in Spalte C demonstriert werden.

1. Markieren des Feldes C1

2. F2, Eingabe der Formel: A1*B1 und Return-Taste

Jetzt erscheint im Feld C1 das erste Produkt, also der Wert 3960 (33 * 120).

3. F8 (Kopiertaste), Abwärtspfeil (zum Feld C2) und Return-Taste

Jetzt wird die gleiche Berechnungsformel verwendet, aber in die zweite Zeile kopiert, so daß jetzt im Feld C2 der Wert 1680 erscheint (21 * 80).

Nach dem Muster des dritten Schrittes (F8 ... usw.) können jetzt auch die anderen Felder der Spalte C mit den Werten 2460, 1900, 2250 und 8250 gefüllt werden.

Eine entsprechende Prozedurfolge kann dann verwendet werden, um in der Spalte D die Quadrate der X-Werte, also die Quadrate der Werte aus Spalte A, erscheinen zu lassen. Die erste Berechnungsformel lautet dann natürlich A1*A1.

Jetzt umfaßt der Tabellenkalkulationsframe 4 gefüllte Spalten, für die in der Zeile 7 (Felder A7, B7, C7 und D7) die Summen mit folgender Vorgehensweise gebildet werden:

1. Markieren von A7

2. F2, Formel: §SUM(A1:A6) und Return-Taste

Jetzt erscheint in Feld A7 die Summe der X-Werte, also die Zahl 194. Bei der Berechnung der drei anderen Summen können wir erneut die Kopiereigenschaft verwenden, also

3. F8, Rechtspfeiltaste, Return-Taste (ergibt die zweite Summe)

4. F8, Rechtspfeiltaste, Return-Taste (ergibt die dritte Summe)

5. F8, Rechtspfeiltaste, Return-Taste (ergibt die vierte Summe)

Schließlich können nun die Berechnungsformeln für b und a angewandt werden. Der Einfachheit halber plazieren wir die Ergebnisse in den Feldern A8 und B8 und gehen zunächst zur Berechnung der Steigung b wie folgt vor:

6. Markieren von A8

7. F2 und Eingabe der folgenden Formel:

(6*C7-A7*B7)/(6*D7-A7*A7)

Nach dem Drücken der Return-Taste erscheint im Feld A8 die Steigung der Regressionsgeraden, nämlich der Wert 1,16.

Zur Berechnung des Ordinatenabschnitts a gehen wir entsprechend wie folgt vor:

8. Markieren von B8

9. F2 und folgende Formel:

B7/6-A8*A7/6

Nach Drücken der Return-Taste erscheint im Feld B8 der Ordinatenabschnitt der Regressionsgeraden, nämlich der Wert 62,54.

Nach diesen Berechnungen sieht die Kalkulationstabelle KTAB2 so aus:

Ergebnisse der Regressionsrechnung

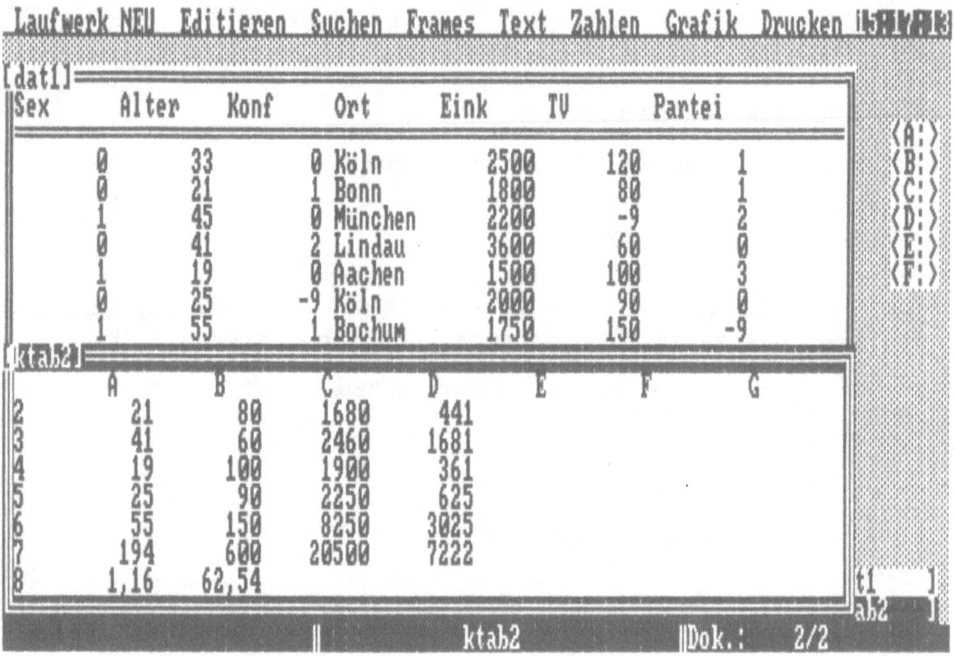
Laufwerk NEU Editieren Suchen Frames Text Zahlen Grafik Drucken

[dat1]

Sex	Alter	Konf	Ort	Eink	TV	Partei
0	33	0	Köln	2500	120	1
0	21	1	Bonn	1800	80	1
1	45	0	München	2200	-9	2
0	41	2	Lindau	3600	60	0
1	19	0	Aachen	1500	100	3
0	25	-9	Köln	2000	90	0
1	55	1	Bochum	1750	150	-9

[ktab2]

	A	B	C	D	E	F	G
2	21	80	1680	441			
3	41	60	2460	1681			
4	19	100	1900	361			
5	25	90	2250	625			
6	55	150	8250	3025			
7	194	600	20500	7222			
8	1,16	62,54					

<A:> <B:> <C:> <D:> <E:> <F:>

ktab2 Dok.: 2/2

Damit sind mit Hilfe von FRAMRWORK die Parameter einer linearen Regressionsfunktion berechnet. Es fällt dabei auf, daß nun die Grenzen der Leistungsfähigkeit auch eines derart komfortablen Programmpakets erreicht sind: Während das arithmetische Mittel berechnet werden konnte, ohne daß der Benutzer irgendetwas über diese statistische Maßzahl zu wissen brauchte (wenn er nur die FRAMEWORK-Funktion §AVG kannte), muß er wissen, welche Formeln in der Regressionsrechnung benötigt werden und wie diese durch eine schrittweise Abfolge der Berechnung einzelner "Bausteine" gefüllt werden können. Wer also nicht weiß, wie man die Parameter einer linearen Regressionsfunktion berechnet, dem nützt auch FRAMEWORK nichts.

c) Korrelationsrechnung

Hier geht es um die Berechnung des Korrelationskoeffizienten r von Bravais/Pearson. Man benötigt hier die gleichen Summen wie in der Berechnung der Steigung der Regressionsgeraden, zusätzlich aber noch eine fünfte Summe, nämlich die der quadrierten Y-Werte.

Nach dem oben dargestellten Muster können diese quadrierten Werte in der Spalte E der Kalkulationstabelle bereitgestellt werden, und auch die Summe dieser Quadrate wird so bestimmt, wie schon beschrieben. Der so veränderte Kalkulationsframe weist eine weitere Spalte auf (Spalte E) mit den Werten 14400, 6400, 3600, 10000, 8100 und 22500. Darunter erscheint als Summenwert die Zahl 65000.

Zur Berechnung des Korrelationskoeffizienten, der im Feld C8 bereitgestellt werden kann, ist nach Drücken von F2 die folgende Formel einzugeben:

```
(6*C7-A7*B7)/§SQRT((6*D7-A7*A7)*(6*E7-B7*B7))
```

Die Funktion §SQRT dient dazu, die Quadratwurzel aus dem nachfolgenden Klammerausdruck zu ziehen.

Nach Anwendung dieser Formel ergibt sich im Feld C8 als Zahlenwert für den Korrelationskoeffizienten zwischen den Variablen "Alter" und "Fernsehkonsum" der Wert 0,5, welcher einen gleichgerichteten Zusammenhang mittlerer Stärke repräsentiert.

Auch im Zusammenhang mit den hier durchgeführten Regressions- und Korrelationsrechnungen gilt: Bei geringerer Skalenqualität ist die Regressionsrechnung nicht sinnvoll und die Stärke des Zusammenhangs zwischen zwei Variablen (also etwa zwischen "Geschlecht" und "bevorzugter politischer Partei") wird mit anderen, für schwächere Datenqualitäten geeigneten statistischen Maßzahlen berechnet, beispielsweise mit dem Kontingenzkoeffizienten von Pearson.

d) Kontingenzkoeffizient

Es wurde bereits ein Beispiel vorgestellt, in welchem, wegen der geringen Skalenqualität der beiden statistischen Untersuchungsvariablen die Berechnung des interessierenden statistischen Zusammenhangs mit dem Kontingenzkoeffizienten C vorgenommen wird. Gerade im sozialwissenschaftlichen Bereich hat man häufig mit Daten geringerer Skalenqualität zu tun, so daß diesem Koeffizienten besondere Bedeutung zukommt, denn natürlich interessieren auch bei Daten geringerer Qualität Aussagen über die Stärke des Zusammenhangs. Deshalb

soll auch für diesen Fall eine Problemlösung mit FRAMEWORK vorgestellt werden, wobei wir von den folgenden schon bekannten Daten ausgehen:

	Geschlecht	m	w	Summe
Bevorzugte pol.Partei	CDU/CSU	45	50	95
	SPD	55	40	95
	FDP	12	15	27
	Die Grünen	10	10	20
	Sonstige	8	5	13
	Summe	130	120	250

Um den Kontingenzkoeffizienten mit FRAMEWORK berechnen zu können, tragen wir diese Daten in einen Tabellenframe (er sei KTAB3 genannt) in die Spalten A, C und E ein, so daß die Spalten B und D für die Berechnung der benötigten theoretischen Häufigkeiten frei bleiben. Somit erhalten wir den folgenden Tabellenframe:

Ausgangsdaten für die Berechnung von C

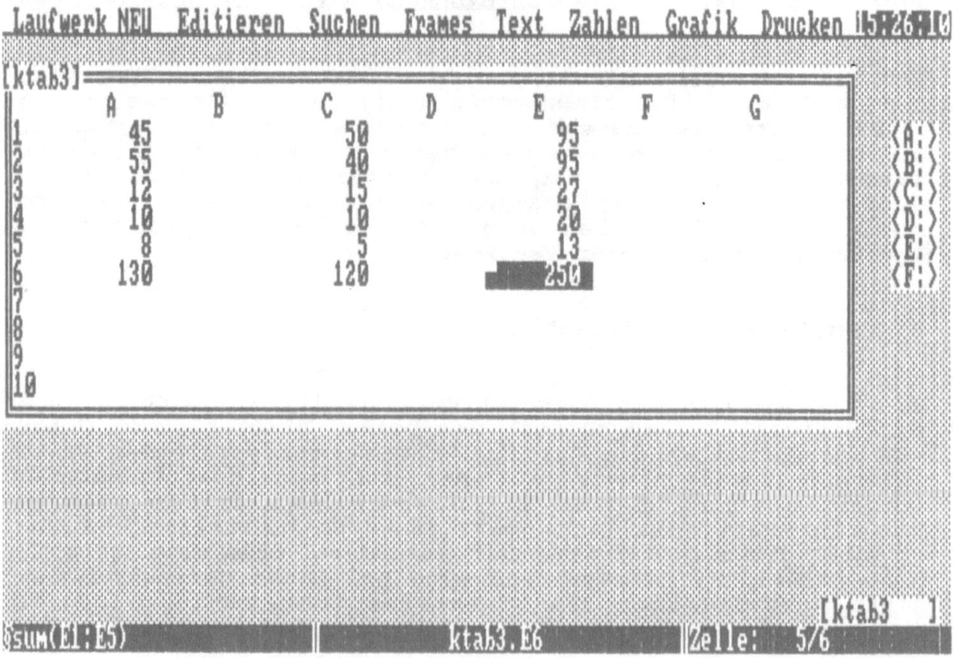

Laufwerk NEU Editieren Suchen Frames Text Zahlen Grafik Drucken

[ktab3]

	A	B	C	D	E	F	G
1	45		50		95		
2	55		40		95		
3	12		15		27		
4	10		10		20		
5	8		5		13		
6	130		120		250		
7							
8							
9							
10							

<A:> <B:> <C:> <D:> <E:> <F:>

[ktab3]

@sum(E1:E5) ktab3.E6 Zelle: 5/6

In diesem Frame KTAB3 kann man nun, nach Markieren des Feldes B1, die theoretisch bei Unabhängigkeit der beiden Untersuchungsvariablen voneinander zu erwartenden Häufigkeiten bestimmen, indem man nach Drücken von F2 die Berechnungsformel

E1*130/250

eingibt. Nach Drücken der Return-Taste erscheint im Feld B1 der Wert 49,40. Nach Drücken der Kopiertaste F8, der Abwärtspfeiltaste, um Feld B2 zu erreichen, und der Return-Taste, erscheint im Feld B2 der zweite theoretische Wert, nämlich erneut 49,40. Auf diese Weise kann man die gesamte Spalte B füllen.

Ist dies erledigt, füllt man in entsprechender Weise die Spalte D, wobei jetzt die Berechnungsformel lautet:

E1*120/250

Wenn die 10 theoretischen Häufigkeiten in den Feldern B1 bis B5 und D1 bis D5 berechnet sind, kann die Größe Chi^2 berechnet werden, die in den Kontingenzkoeffizienten eingeht. Es handelt sich dabei um die Summe der durch die theoretischen Häufigkeiten relativierten quadrierten Abweichungen zwischen den beobachteten und den theoretischen Häufigkeiten. Diese Summe besteht in diesem Beispiel aus 10 Summanden, nämlich je zwei in einer Tabellenzeile. Fassen wir die zwei in einer Zeile sich ergebenden Summanden zu einem zusammen, so verkürzt sich die erforderliche Summenbildung auf 5 Summanden, die man in der Spalte F darstellen kann. Den ersten dieser 5 Summanden erhält man nach Markieren des Feldes F1 und Drükken der Funktionstaste F2 mit folgender Formel:

(A1-B1)^2/B1+(C1-D1)^2/D1

Es ergibt sich der Wert 0,82. Die übrigen vier Summanden erhält man wieder unter Nutzung der Kopiertaste F8. Schließlich berechnet man die erforderliche Summe der relativierten quadrierten Abweichungen, indem man nach Markierung des Feldes F6 die Formel eingibt:

§SUM(F1:F5)

Es ergibt sich der Wert 3,26 und der Kalkulationsframe sieht jetzt so aus:

Zwischensummen für die Berechnung von C

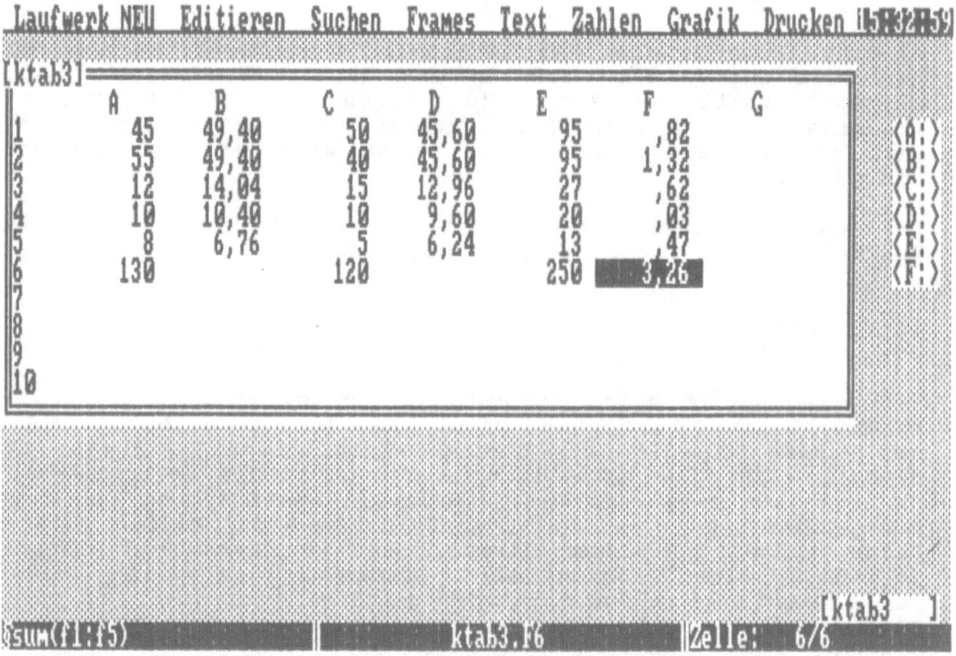

	A	B	C	D	E	F	G
1	45	49,40	50	45,60	95	,82	
2	55	49,40	40	45,60	95	1,32	
3	12	14,04	15	12,96	27	,62	
4	10	10,40	10	9,60	20	,03	
5	8	6,76	5	6,24	13	,47	
6	130		120		250	3,26	
7							
8							
9							
10							

Bei größeren Kalkulationstabellen zeigen sich hier sehr deutlich die Vorzüge der Nutzung eines Software-Programms.

Ausgehend von dem gerade berechneten Chi^2-Wert kann jetzt der Kontingenzkoeffizient C berechnet werden, den man in das Feld F7 nach Markieren desselben eintragen kann. Dazu ist die folgende Formel erforderlich:

§SQRT(3.26/(3.26+250))

Dies ergibt den ziemlich kleinen Wert 0,11, d.h. wir stellen einen recht schwachen Zusammenhang zwischen den Variablen

"Geschlecht" und "bevorzugter politischer Partei" fest. Diese Berechnung haben wir in dem obigen Kalkulationsframe noch nicht durchgeführt.

5.4 EXKURS : ANSPRUCHSVOLLERE METHODEN

a) Multivariate Methoden

In der Praxis sozialwissenschaftlicher empirischer Untersuchungen ist es in der Regel erforderlich, den Bereich der einfachen bivariaten Betrachtungen spätestens dann zu verlassen, wenn man unterstellen muß, daß der Zusammenhang zwischen zwei interessierenden Untersuchungsvariablen X und Y durch eine dritte Variable Z (oder durch weitere Variablen) beeinflußt oder gestört wird. Man versucht auf diese Weise, sich in hypothetischer Betrachtungsweise der interessierenden Realität besser anzunähern, von der man weiß, daß in ihr in aller Regel mehr als zwei Variablen zusammenwirken.

Man gelangt dann zu den sog. multivariaten Verfahren. Wir beschränken uns auf eine kurze verbale Skizzierung ihrer wichtigsten Aufgaben:

a.1) Multiple Regressionsrechnung

Die multiple Regressionsrechnung hat die Aufgabe, den Zusammenhang zwischen mehr als zwei Variablen zu beschreiben und damit zu prognostischen Aussagen für eine als abhängig angesehene Variable Y zu gelangen, von der unterstellt wird, daß sie nicht nur von X, sondern auch von Z (und eventuell von weiteren Variablen) abhängt.

a.2) Multiple Korrelationsrechnung

Die multiple Korrelationsrechnung hat die Aufgabe, die Stärke des gemeinsamen Zusammenhangs zwischen mehr als zwei Variablen zu bestimmen.

a.3) Partielle Regressionsrechnung

Die partielle Regressionsrechnung hat die Aufgabe, den Zusammenhang zwischen zwei interessierenden Variablen X und Y um den eventuellen Einfluß einer dritten Variablen Z (oder weiterer Variablen) zu "bereinigen". Wenn beispielsweise X hoch mit Y korreliert, aber sowohl X als auch Y ihrerseits mit Z korrelieren, dann braucht die hohe Korrelation zwischen X und Y nicht zu verwundern - sie ist gewissermaßen eine mathematisch notwendige Folge des gemeinsamen Einflusses von Z. Das "Heraus-Partialisieren" von Z zeigt dann den Zusammenhang zwischen X und Y, der übrig bleibt, wenn der gemeinsame Einfluß von Z eliminiert wird.

a.4) Faktorenanalyse

Wenn es Zusammenhänge zwischen mehreren, unter Umständen sehr vielen Untersuchungsvariablen gibt (in einer realen sozialwissenschaftlichen Fragebogenaktion werden ja nicht nur zwei oder drei Variablen erhoben, sondern vielleicht 20 oder 85, die möglicherweise alle irgendwie miteinander zusammenhängen), versucht die Faktorenanalyse, die hohe Dimensionalität des Untersuchungsraumes (was soll man mit einem 20- oder 85-dimensionalen Achsenkreuz anfangen ?) zu reduzieren.

Sie beantwortet damit die Frage, ob es eine deutlich geringere Anzahl von Faktoren gibt (vielleicht 4 oder 5), die die Zusammenhänge zwischen allen Untersuchungsvariablen weitgehend zu erklären in der Lage sind. Das "Isolieren" derartiger Faktoren macht Rechenprozeduren erforderlich, die per Hand nicht mehr sinnvoll durchführbar sind.

a.5) Cluster-Analyse

Wenn es Zusammenhänge zwischen einer größeren Zahl von Untersuchungsvariablen gibt (es seien zum Beispiel 20 Untersuchungsvariablen unterstellt, zwischen denen man Zusammenhänge vermutet), dann werden sich die Merkmalsträger in einem 20-dimensionalen Achsenkreuz in bestimmter Weise "klumpen" (auch wenn man sich dieses hochdimensionale Achsenkreuz nicht vorstellen kann, so existiert es doch). Diese "Klumpen" (engl. Cluster) zu isolieren und auf der Grundlage der eventuellen Isolationserfolge dann zu inhaltlichen Interpretationen der beobachteten Zusammenhänge zu gelangen, ist Aufgabe der Cluster-Analyse. Auch hier sind die Rechenzeiten so hoch, daß per Hand nicht mehr sinnvoll gearbeitet werden kann.

b) Inferenzielle Methoden

Rechnergestützte Methoden in den Sozialwissenschaften sind nicht nur darauf beschränkt, empirisch erfaßbare Phänomene zu beschreiben oder prognostische Aussagen zu wagen, sondern es geht um mehr: Wenn ein Modell, also zum Beispiel eine lineare Regressionsfunktion, zur Abbildung realer Zusammenhänge entwickelt wird, dann muß es sich in der Realität bewähren - d.h. es wird überprüft, ob es sich mit hinreichender Güte realen Daten anpaßt.

Im Grunde geht es dabei immer um die Frage, inwieweit ein empirischer Befund in der Lage ist, eine vorher formulierte Hypothese zu bestätigen oder sie zu verwerfen. Um diese Grundfrage zu verdeutlichen, soll die folgende einfache sozialwissenschaftliche Untersuchungshypothese formuliert werden:

"Der Anteil von Arbeiterkindern an den Universitäten der Bundesrepublik Deutschland beträgt derzeit 25 %."

Wie kann eine derartige Hypothese überprüft werden ?

Es kann so vorgegangen werden, daß in einer Zufallsstichprobe (vielleicht vom Umfang n = 400) der entsprechende Anteilswert untersucht wird, wobei sich - so sei angenommen - der Wert p = 23 % ergibt. Widerspricht dieser Wert der obigen Hypothese (man spricht von der sog. <u>Nullhypothese</u>) oder kann der beobachtete Unterschied zwischen hypothetischer Aussage einerseits und empirischem Befund andererseits als noch zufällig angesehen werden, so daß die Nullhypothese damit nicht widerlegt ist ?

<u>Grundsätzlich steht man vor der folgenden Situation:</u>

Ist die Hypothese in Wirklichkeit zutreffend, also die entsprechende Aussage <u>wahr</u> (was niemand weiß, bevor nicht die Ergebnisse einer fehlerfreien Totalerhebung vorliegen) und wird aufgrund der Stichprobenbefunde die Hypothese als bestätigt angesehen, so ist eine korrekte Entscheidung getroffen worden.

Ist die Aussage <u>falsch</u>, und wird die Hypothese aufgrund der empirischen Befunde auch verworfen, so ist ebenfalls korrekt entschieden worden.

Ist die Aussage wahr, wird sie aber verworfen, was bei entsprechenden empirischen Befunden tatsächlich passieren kann, so begeht man einen Entscheidungsfehler (Fehler vom Typ I).

Ist die Aussage falsch, wird aber die Hypothese gleichwohl als bestätigt angesehen, liegt ebenfalls ein Entscheidungsfehler vor (Fehler vom Typ II).

Die entsprechende Entscheidung kommt mit Hilfe der <u>Inferenzstatistik</u> zustande. Sie geht von wahrscheinlichkeitsstatistischen Überlegungen aus: Wenn - Gültigkeit der Nullhypothese vorausgesetzt - die Wahrscheinlichkeit für einen vom Nullhypothesenwert abweichenden Stichprobenbefund sehr gering ist, dieser Befund dann aber tatsächlich realisiert wird, dann nimmt man dieses "unwahrscheinliche" Ereignis zum Anlaß, die Nullhypothese zu verwerfen.

Tritt hingegen ein Stichprobenbefund auf (es muß sich dabei um eine Zufallsstichprobe handeln), der bei Gültigkeit der Nullhypothese eine hohe Realisationswahrscheinlichkeit hat, wird dies zum Anlaß genommen, die Nullhypothese als bestätigt anzusehen.

Wohlgemerkt: Diese Entscheidung gibt keinen Aufschluß darüber, ob die Aussage einer Nullhypothese wahr ist oder falsch, sondern ob sie als bestätigt angesehen werden kann, oder ob sie zu verwerfen ist. Die Leistung der Wahrscheinlichkeitsstatistik besteht dabei darin, daß die Fehlerrisiken bei diesen Entscheidungen quantifiziert werden können - nicht mehr, aber auch nicht weniger.

Im Fall des obigen Beispiels muß also die Frage beantwortet werden: Wie groß ist die Wahrscheinlichkeit, daß in einer Zufallsstichprobe vom Umfang n = 400 ein Anteilswert von 23 % (oder kleiner) realisiert wird, wenn der Nullhypothesenwert (25 %) tatsächlich zutreffen sollte ?

Um diese Wahrscheinlichkeit berechnen zu können, benötigt man die zuständige Wahrscheinlichkeitsverteilung (es handelt sich in diesem Fall um die <u>Gauß'sche Normalverteilung</u>), die bei diesem Beispiel zu folgendem Ergebnis führt (zu Details siehe TIEDE,M./VOSS,W. im Literaturanhang zu diesem Kapitel):

Die Wahrscheinlichkeit dafür, in einer 400er Stichprobe einen Anteilswert von 23% oder einen noch kleineren Anteilswert zu finden, beträgt 17.75 %. Dies ist ein noch relativ hoher Wert, der zu der Testentscheidung führt, die Nullhypothese ist beizubehalten.

Nach dem gleichen Muster kann auch über andere Hypothesen entschieden werden, etwa über die folgenden:

Es besteht ein starker Zusammenhang zwischen dem monatlichen Nettoeinkommen von Haushalten und ihren monatlichen Konsumausgaben.

Der Zusammenhang zwischen der Bevölkerungswachstumsrate in einer Gesellschaft im Zeitablauf und der Bevölkerungsanzahl selbst kann durch eine lineare Funktion von spezifiziertem Typus mit hinreichender Güte beschrieben werden.

Die Funktionalbeziehungen in einem spezifizierten Modell zur Abschätzung der Auswirkungen von Tempolimits auf Ökologie und Wirtschaft entsprechen mit hinreichender Güte den empirisch feststellbaren Befunden.

Unter dem Gesichtspunkt der Themenstellung dieses Buches bietet es sich an, die Wahrscheinlichkeitsberechnungen, die vor den Entscheidungen über Untersuchungshypothesen erforderlich sind, rechnergestützt vorzunehmen - entsprechende Programme liegen vor und können ohne Schwierigkeiten genutzt werden.

LITERATURHINWEISE

ALLERBECK, K. : Datenverarbeitung in der empirischen Sozialforschung, Stuttgart 1972

ATTESLANDER, P. : Methoden der empirischen Sozialforschung, Berlin 1974

BARTEL, H. : Statistik I, Stuttgart/New York 1978

BORTZ, J. : Lehrbuch der Statistik für Sozialwissenschaftler, Berlin u.a. 1985

CLAUSS, G./EBNER, H. : Grundlagen der Statistik, Zürich und Frankfurt, 1975

FERSCHL, F. : Deskriptive Statistik, Würzburg 1978

KRIZ, J. : Statistik in den Sozialwissenschaften, Reinbek 1973

OPP, K.-D./SCHMIDT, P. : Einführung in die Mehrvariablenanalyse, Reinbek 1976

SCHLOSSER, O. : Einführung in die sozialwissenschaftliche Zusammenhangsanalyse, Reinbek 1976

TIEDE,M./VOSS,W. : Induktive Statistik, 2 Bände, 2. Auflage, Bochum 1982

URBAN, D. : Regressionstheorie und Regressionstechnik, Stuttgart 1982

VOSS, W. : Bausteine der Statistik, Köln 1979

VOSS, W. : FRAMEWORK für Einsteiger, Düsseldorf 1987

KAPITEL 6:

Analyse von Zeitreihen

6.1 AUFGABENSTELLUNG

6.2 METHODEN

6.3 PROBLEMANALYSEN

6.4 PROBLEMLÖSUNGEN MIT FRAMEWORK

LITERATURHINWEISE

6.1 AUFGABENSTELLUNG

In den Anwendungsbereichen der empirischen Sozialwissenschaften hat man es häufig nicht mit Querschnittsdaten zu tun, wie in den vorangegangenen beiden Kapiteln. Von Querschnittsdaten spricht man, wenn die durchgeführte und auszuwertende empirische Untersuchung sich auf einen bestimmten Zeitpunkt bezieht. Häufig liegen Daten zu zeitlichen Entwicklungen vor. In diesem Fall liegen andere Untersuchungshypothesen vor, nämlich solche, die sich auf zeitliche Veränderungen beziehen - etwa nach folgendem Muster:

- die Kriminalitätsrate in der Bundesrepublik Deutschland nimmt ständig zu;
- die Bevölkerungswachstumsrate in unserem Land ist rückläufig;
- die Verschuldung der Entwicklungsländer nimmt zu;
- die konjunkturelle Entwicklung in den Industrieländern ist zyklischen Schwankungen unterworfen;
- der Anteil der Bundesbürger, der bereit ist, die F.D.P. zu wählen, steigt seit einiger Zeit wieder an;

Um derartige Hypothesen überprüfen zu können, benötigt man statistische Daten, die zeitliche Entwicklungsverläufe illustrieren und nachzeichnen. Insoweit gehört auch die Zeitreihenstatistik in den großen Bereich der deskriptiven statistischen Methoden, wie etwa die Berechnung univariater Maßzahlen, wie die Regressions- oder die Korrelationsrechnung. Darüber hinaus aber ist es möglich, auf der Grundlage solcher Beschreibungen zu prognostischen Aussagen zu gelangen, die um so treffsicherer sind, je größer die Informationsmengen sind, die zur Verfügung stehen, und je anspruchsvoller die verwendeten Prognosemethoden sind.

Diese Überlegung verweist wieder auf den Nutzen des rechnergestützten Arbeitens in diesem Bereich der empirischen Sozialforschung: Die Bewältigung großer Datenmengen und/oder der Einsatz anspruchsvollerer und komplexerer Analysemethoden wird wesentlich durch den Rechner- und Softwareeinsatz erleichtert. Dies soll an einem kleinen Beispiel demonstriert werden. Auch der Komplexitätsgrad der verwendeten zeitreihenanalytischen Methoden bewegt sich innerhalb enger Grenzen, um dem Leser den Nachvollzug des Softwareeinsatzes zu erleichtern.

Unser Ausgangsbeispiel betrifft die Entwicklung der Bevölkerungswachstumsrate (Zuwachs der Bevölkerung in den Grenzen der Bundesrepublik Deutschland von Jahr zu Jahr in Prozent). Die hierfür zur Verfügung stehenden Daten sind die folgenden:

Bevölkerungswachstumsrate in der Bundesrepublik Deutschland in % (gerundete Werte)

Jahr	Rate	Jahr	Rate	Jahr	Rate
1970	0,5	1976	-0,5	1982	-0,4
1971	1,0	1977	-0,2	1983	-0,4
1972	0,6	1978	-0,2	1984	-0,4
1973	0,5	1979	0	1985	-0,3
1974	0,2	1980	0,3	1986	0,2
1975	-0,5	1981	0,2	1987	0

Quelle : Statistisches Jahrbuch für die Bundesrepublik Deutschland, Statistisches Bundesamt Wiesbaden, versch. Jahre.

Eine solche Zeitreihe nun durch einen zusammenfassenden mathematischen Ausdruck zu beschreiben, ihre wesentlichen Charakteristika herauszuarbeiten und Methoden zur Prognose der weiteren Entwicklung herzuleiten und anzuwenden, ist Aufgabe der Zeitreihenstatistik und der Zeitreihenanalyse.

6.2 METHODEN

a) Datenpräsentation

Die statistische Auswertung einer gegebenen Zeitreihe beginnt mit ihrer Präsentation, wobei wieder zwischen tabellarischer und graphischer Darstellung unterschieden werden kann.

Bei der tabellarischen Darstellung wird die Zeitreihe in einer zweispaltigen Tabelle präsentiert, bei der die Zeitpunkte (oder Zeiträume) in der ersten Spalte und die zuzuordnenden Merkmalswerte in der zweiten Spalte stehen.

Bei der graphischen Darstellung bedient man sich eines Achsenkreuzes, bei dem auf der waagrechten Achse (Abszisse) die Zeitpunkte oder Zeiträume, auf der senkrechten die zuzuordnenden Merkmalswerte abgetragen werden. Auf diese Weise entsteht im Achsenkreuz eine Folge von Punkten, die man dann durch gerade Linienstücke miteinander verbinden kann. So erhält man ein sehr anschauliches und informatives Bild einer zeitlichen Entwicklung, welches mehrere Aspekte verdeutlicht, die als Fragen wie folgt formuliert werden können:

- Entwickelt sich die Zeitreihe aufwärts oder abwärts ?

- Weist sie Schwankungen auf, und wenn ja, sind diese regelmäßig (zyklisch) oder unregelmäßig ?

- Überlagern sich unter Umständen mehrere Schwankungen ?

- Wie ist die langfristige Entwicklungstendenz der Zeitreihe ?

usw..

Bei einer derartigen graphischen Präsentation sind einige Besonderheiten zu beachten:

Sind die Abstände zwischen den einzelnen Zeitpunkten unterschiedlich groß, was bei dem obigen Beispiel nicht der Fall war, oder sind die Bezugszeiträume unterschiedlich lang, muß dies in angemessener Weise auf der waagrechten Achse berücksichtigt werden, wenn Verzerrungen des graphischen Bildes vermieden werden sollen.

Hat man eine Zeitreihe, die sich in bestimmten Größenordnungen bewegt, wie zum Beispiel die Entwicklung der Bevölkerungszahl in der Bundesrepublik Deutschland in den letzten 10 Jahren (diese Werte liegen ungefähr zwischen 59 und 62 Millionen), dann ist es nicht sinnvoll, den Nullwert in den Ursprung des Achsenkreuzes zu legen, weil dann die Zeitreihe am oberen Rand des Achsenkreuzes entlanglaufen wird und die Veränderungen der darzustellenden Daten kaum ins Auge fallen. Besser ist es in einem solchen Fall, die senkrechte Achse zu unterbrechen und ziemlich weit unten im Achsenkreuz den Wert 59 Millionen anzusiedeln, so daß für die zeitliche Entwicklung der interessierenden Daten praktisch der gesamte Platz des Achsenkreuzes zur Verfügung steht. Man gelangt dann zu einem sehr viel informativeren Bild, wie leicht einsichtig ist.

Häufig ist es auch sinnvoll, zwei oder mehrere Zeitreihen gleichzeitig in einem Achsenkreuz darzustellen, um dem graphischen Bild zeitliche Gemeinsamkeiten oder Unterschiede sofort entnehmen zu können. Allerdings müssen sich dann die gemeinsam betrachteten Zeitreihen in ungefähr gleichen Größenordnungen bewegen. Ist dies nicht der Fall und soll auf die gemeinsame Darstellung gleichwohl nicht verzichtet werden, muß das Achsenkreuz mit mehreren parallel laufenden senkrechten Achsen mit unterschiedlicher Skalierung versehen werden. Es empfiehlt sich dann, mit unterschiedlichen Farben, Schraffuren oder Strichstärken zu arbeiten, um die erforderliche Übersichtlichkeit zu gewährleisten.

b) Trendberechnungen

Eine der wesentlichen Aufgaben der Zeitreihenstatistik besteht darin, Trendberechnungen durchzuführen. Als <u>Trend</u> bezeichnet man die langfristige Entwicklungstendenz einer Zeitreihe, d.h. man möchte durch die Trendberechnung zu einem die gegebene Zeitreihe zusammenfassend beschreibenden Ausdruck gelangen, der von kurzfristigen regelmäßigen oder auch unregelmäßigen Schwankungen dieser Reihe abstrahiert. Die "generelle" Entwicklungsrichtung einer gegebenen Zeitreihe soll festgestellt werden - und dies natürlich unter anderem auch mit Blick darauf, auf der Grundlage des generellen Trends zu prognostischen, also zukunftsbezogenen Aussagen zu gelangen.

Ähnlich wie bei der Regressionsrechnung wird man bei der Betrachtung etwa des graphischen Bildes einer Zeitreihe unterschiedliche Trendfunktionstypen als naheliegend erkennen können. Werden solche optischen Eindrücke durch inhaltlich-theoretische Überlegungen gestützt, so kommt man dazu, die trendmäßige Entwicklung der Bevölkerungszahl eines Landes mit einer <u>Wachstumsfunktion</u> (Exponentialfunktion) zu beschreiben, andere Entwicklungen (zum Beispiel im wirtschaftlichen Bereich) mit logarithmischen Funktionen, in anderen Fällen wiederum Parabeln oder Hyperbeln zu verwenden.

Sicherlich wird es in vielen Fällen auch naheliegend sein, mit dem einfachsten uns zur Verfügung stehenden Funktionstyp, nämlich mit der <u>linearen Funktion</u>, zu arbeiten. Dies vor allem auch deshalb, weil auch nichtlineare Funktionsverläufe in Teilbereichen durch lineare Teilfunktionen approximiert werden können. Es liegt deshalb nahe, zunächst nur den Typus der linearen Trendfunktion hier zum Gegenstand der Betrachtung zu machen.

Auch dann gibt es verschiedene Möglichkeiten, den Trend einer Zeitreihe zu bestimmen. Wir beschränken uns auf die gebräuchlichste Methode, nämlich auf die Trendberechnung mit der Methode der kleinsten Quadrate.

Es geht dabei darum, die Parameter der linearen Trendfunktion so zu bestimmen, daß diese Funktion optimal die empirische Zeitreihenentwicklung nachzeichnet. Dies bedeutet, daß wieder der Ordinatenabschnitt a und die Steigung b der Trendgeraden so bestimmt werden, daß die Summe der quadrierten Abweichungen zwischen den beobachteten Werten der Untersuchungsvariablen einerseits und den auf der Trendlinie zu erwartenden theoretischen Werten andererseits minimiert wird.

Dieser Ansatz führt zu den gleichen Berechnungsformeln für b und a, wie bei der Regressionsrechnung mit dem Unterschied, daß nun an allen Positionen, an denen dort x-Werte zu finden waren, jetzt Zeitwerte (t) und überall, wo y-Werte auftauchten, jetzt die Werte der Zeitreihenvariablen stehen. Zur Berechnung der beiden Parameterwerte sind dann die gleichen Arbeitsschritte zu durchlaufen, wie wir sie schon kennengelernt haben.

Trotz dieser methodischen Identitäten darf aber nicht übersehen werden, daß die Aufgabenstellung der Trendberechnung sich grundsätzlich von der der Regressionsrechnung unterscheidet. Während bei der Regressionsrechnung der Zusammenhang zwischen zwei "echten" statistischen Untersuchungsvariablen zur Debatte stand, liegt bei der Trendberechnung nur eine Variable vor (aufgetragen auf der senkrechten Achse eines Achsenkreuzes bei der graphischen Präsentation). Die "Variable" auf der waagrechten Achse ist in diesem Fall keine statistische Untersuchungsvariable, sondern einfach nur die Zeit, die als Ausprägungen Zeitpunkte oder Zeiträume aufweist.

c) Prognosen

Die zweite wichtige Aufgabe der Trendberechnung besteht darin, auf der Grundlage der Trendfunktion - sei sie nun linear oder nichtlinear - Prognosen durchzuführen. Es geht dabei um die Aufgabe, zukünftig zu erwartende Werte der interessierenden Untersuchungsvariablen zu bestimmen, wobei von der Hypothese ausgegangen wird, daß die Faktoren weiter gültig sind, die die bisher zu beobachtende Gestalt der Zeitreihe, und damit letztlich auch die der berechneten Trendfunktion verursacht haben.

Die Frage, die durch den prognostischen Ansatz beantwortet wird, lautet also: Welcher Zeitreihenwert ist zu einem zukünftigen Zeitpunkt zu erwarten, wenn man unterstellt, daß die berechnete Trendfunktion die bisherige langfristige Entwicklungsrichtung zutreffend beschreibt ? Dies ist gleichbedeutend mit der Formulierung: Welcher Zukunftswert ist zu erwarten, wenn man unterstellen kann, daß die bisherigen Einflußfaktoren auch zukünftig in der gleichen Art wie bisher zusammenwirken werden ? Bei dieser Formulierung ist es übrigens völlig gleichgültig, welches diese in der Vergangenheit und Zukunft wirkenden Einflußfaktoren sind, in welcher Weise sie zusammenwirken, wie groß ihr Einfluß ist usw.. Alle diese Details sind zwar empirisch durchaus interessant, aber für die so formulierte Fragestellung irrelevant.

Solange es kein empirisch gesichertes Argument gibt, welches gegen die Fortdauer der Gültigkeit dieser Einflußfaktoren spricht, ist es sinnvoll, die gewünschte Prognose mit Hilfe der berechneten Trendfunktion durchzuführen. Im linearen Fall lautet diese

$$y(t) = a + b*t$$

Die Prognose wird nun einfach in der Weise durchgeführt, daß an der Stelle t der Zeitpunkt eingesetzt wird, für den der Prognosewert ermittelt werden soll - die Funktionalbeziehung erlaubt dann die Berechnung des trendmäßig zukünftig zu erwartenden Wertes. Man erkennt übrigens, daß nicht nur zukunftsbezogene Prognosen auf diese Art durchgeführt werden können, sondern daß genausogut an der Stelle t ein Vergangenheitswert eingesetzt werden kann. Dann wird genau genommen die Frage beantwortet, welcher Zeitreihenwert zu dem und dem Zeitpunkt der Vergangenheit zu erwarten gewesen wäre, wenn die Trendfunktion die langfristige Entwicklungstendenz befriedigend beschreiben kann.

Dieser letzte Hinweis verdeutlicht darüber hinaus, wie es ermöglicht werden kann, die <u>Güte</u> einer Trendfunktion, d.h. die Qualität der Anpassung einer Trendfunktion an die beobachteten Zeitreihenwerte, und damit auch die Qualität prognostischer Aussagen (ihre "Treffsicherheit" gewissermaßen) zu beurteilen:

Ausgangspunkt derartiger Beurteilungen sind offenkundig die Abstände zwischen beobachteten Zeitreihenwerten und den auf der Trendfunktion gegebenen, bei den einzelnen Zeitpunkten zu erwartenden theoretischen Zeitreihenwerten. Sind diese Abstände sehr groß, ist die Trendfunktion nicht sonderlich geeignet und ihre Aussagen sind unsicher; sind sie gering, ist das Gegenteil der Fall. Bei zyklischen Schwankungen kann eine Trendfunktion allerdings auch bei großen Abweichungen zu recht treffsicheren Trendprognosen führen.

Nur am Rande sei darauf hingewiesen, daß die Trendprognose, wie sie gerade vorgestellt wurde, zu den einfachsten Prognosemethoden überhaupt gehört. Es richten sich einige schwerwiegende Einwände gegen dieses Verfahren - auch wenn einiges dafür spricht - die insbesondere auf der Feststellung aufbauen, daß nichts dafür spricht, daß die Einflußfaktoren in Zukunft genauso wirken, wie sie in der Vergangenheit gewirkt haben. Da dies aber die zentrale Voraussetzungen für jegliche Art der Trendprognose überhaupt ist, müssen alternative Methoden bereitgestellt werden, wenn man die Gültigkeit dieser Voraussetzung nicht akzeptieren will.

Andere Prognosemethoden, die diese Konstanz der Gültigkeit der Einflußfaktoren nicht benötigen, gehen von folgender Überlegung aus: Im Mittelpunkt steht die Vorstellung, daß es gerade diese Einflußfaktoren sind, die die zukünftige Entwicklung der interessierenden Variablen bestimmen (insoweit ist noch kein prinzipieller Unterschied zur einfachen Trendprognose zu erkennen), so daß es erforderlich ist

a) deren Entwicklung zu kennen und

b) zu wissen, in welcher Weise sie mit der Prognosevariablen zusammenhängen.

Man spricht in diesem Zusammenhang von Modellprognosen und versteht unter dem Begriff "Modell" den Versuch, die interessierenden realen Zusammenhänge zwischen Einflußfaktoren und Prognosevariablen (und auch zwischen den Einflußfaktoren untereinander) statistisch zu erfassen und zu belegen, die zukünftige Entwicklung der Einflußfaktoren abzuschätzen und auf dieser Grundlage die zukünftige Entwicklung der interessierenden Variablen zu berechnen.

Über Modelle und ihre Nutzung in den Sozialwissenschaften wird im folgenden Kapitel noch ausführlicher gesprochen. Allerdings ist schon an dieser Stelle zu sehen, daß spätestens bei der Abschätzung der zukünftigen Entwicklung von Einflußfaktoren, zumindest derjenigen, die ihrerseits nicht von anderen abhängen, sondern am "Rande" des die Realität abbildenden Beziehungsgeflechtes angesiedelt sind, Trendprognosen wieder eine Rolle spielen könnten. Allein schon deshalb ist es durchaus gerechtfertigt, dieser recht einfachen Gruppe von Analysemethoden hier besondere Aufmerksamkeit zu widmen.

d) Trendbereinigung

Eine letzte Gruppe von Verfahren, die in diesem Kapitel angesprochen wird, hat unter dem Namen "Trendbereinigung" in die zeitreihenstatistischen Lehrbücher Eingang gefunden. Diese Verfahren hängen sehr eng mit den Trendberechnungsverfahren zusammen. Dabei wird aus einer gegebenen Zeitreihe den Trend "herausgerechnet", um festzustellen, welche Veränderungen die Zeitreihe losgelöst von der langfristigen Entwicklungstendenz erfährt.

Implizit ist mit diesem Analyseansatz die Vorstellung verbunden, daß sich der Zeitreihenwert, der zu einem bestimmten Zeitpunkt beobachtet wird, aus unterschiedlichen Komponenten zusammensetzt, die Schritt für Schritt isoliert werden können. Das Herausrechnen der Trendkomponente wäre ein erster solcher Schritt, der es erlaubt, zyklische Bewegungen, wenn sie überhaupt in einer empirischen Zeitreihe auftreten, besser zutage treten zu lassen.

Solche zyklischen Komponenten finden wir in vielen ökonomischen Zeitreihen. Ein typisches Beispiel ist die Entwicklung der Wachstumsraten des Bruttosozialprodukts in der Bundesrepublik Deutschland. Betrachtet man die entsprechenden Daten im Zeitraum von 1950 bis 1988, stellt man sehr regelmäßige zyklische Schwankungen fest, die eine Periodenlänge von ca. fünf bis sechs Jahren aufweisen.

Der Trend dieser Zeitreihe ist tendenziell abwärts gerichtet und könnte möglicherweise sogar durch eine lineare Trendfunktion recht gut beschrieben werden (besser ist vielleicht eine hyperbelähnliche Funktion). Rechnet man dann diesen Trend aus der gegebenen Zeitreihe heraus, bleiben zyklische Bewegungen, die in den Wirtschaftswissenschaften als "konjunkturelle Komponente" bezeichnet werden.

Auch diese zyklische zeitliche Entwicklung könnte durch einen zusammenfassenden mathematischen Ausdruck erfaßt werden. Es wäre dabei die Aufgabe zu bewältigen, in die Zeitreihen-Restwerte beispielsweise eine Sinus-Funktion hineinzulegen, bei der drei Parameterwerte berechnet werden müßten, nämlich die Amplitude der Schwingung, die Periodizität und die Phasenverschiebung (also den "Startpunkt" der Schwingung). Auch diese Aufgabe könnte mit der Methode der kleinsten Quadrate in Angriff genommen werden.

Hätte man die zeitliche Entwicklung dieser Wachstumsrate sogar in Monatsdaten vorliegen (entsprechende Unterlagen findet man in den Monatsberichten der Deutschen Bundesbank), dann würde man eine zweite zyklische Bewegung mit einer Periodizität von 12 Monaten feststellen können, die man ebenfalls wieder, nun aus den Rest-Restwerten, herausrechnen könnte.

Man geht bei solchen Überlegungen von der Vorstellung aus, daß sich die beobachteten Zeitreihenwerte additiv aus einzelnen Komponenten zusammensetzen, also zum Beispiel:

$$y(t) = T(t) + K(t) + S(t) + R(t)$$

wobei

$T(t)$ = Trendkomponentenwert zum Zeitpunkt t

$K(t)$ = Wert der Konjunkturkomponente zum Zeitpunkt t

$S(t)$ = Wert der saisonalen Komponente zum Zeitpunkt t

$R(t)$ = Rest des Zeitreihenwertes zum Zeitpunkt t

Der Sinn dieser schrittweisen Isolation einzelner Komponenten liegt in der Verbesserung der einfachen Trendprognose. Wenn wir, von den oben dargestellten Angaben zur Entwicklung der Wachstumsrate des Bruttosozialprodukts ausgehend, eine Prognose für das Jahr 1990 durchführen wollen, dann ergibt die Trendfunktion für diesen Zeitpunkt irgendeinen Wert, der so zu berechnen ist, wie es in dem vorangegangenen Punkt beschrieben wurde. Wenn wir aber auf der Grundlage der Berechnungen der konjunkturellen Komponente wissen, daß das Jahr 1990 das vierte Jahr eines dieser Zyklen ist, und wenn die bisherige Zeitreihe zeigt, daß im vierten Jahr der einzelnen Konjunkturzyklen die interessierende Wachstumsrate im Schnitt 0,8 Prozentpunkte unter dem jeweiligen Trend liegt, dann kann diese Information natürlich zur korrigierenden Verbesserung der einfachen Trendprognose verwendet werden. Die gleiche Überlegung gilt in entsprechender Weise für die saisonale Komponente, wenn es um eine Prognose für einen bestimmten Monat des Jahres 1990 geht.

6.3 PROBLEMANALYSEN

In diesem Abschnitt gehen wir wieder vom Beispiel der Entwicklung der Bevölkerungswachstumsraten in der Bundesrepublik Deutschland aus, dessen Daten schon vorgestellt wurden.

a) Zeitreihenpräsentation

Die Problemanalyse zur tabellarischen Darstellung einer Zeitreihe ist sehr einfach. Wir können direkt einen durch FRAMEWORK erzeugten Kalkulationsframe benutzen, um in zwei Spalten dieses Frames die interessierende Zeitreihe darzustellen. In der ersten Spalte (Spalte A) bringt man die Zeitangaben, in der zweiten (Spalte B) die Werte der interessierenden Untersuchungsvariablen unter.

Mit der Einrichtung eines solchen Kalkulationsframes hat man gleichzeitig die Voraussetzung geschaffen, die weiteren Methoden, die hier zur Debatte stehen, durch das Programmpaket FRAMEWORK ausführen zu lassen. Dazu gehört in einem ersten Schritt die graphische Darstellung der gegebenen Zeitreihe.

Im Vergleich zu den problemanalytischen Überlegungen, die bei der graphischen Darstellung einer bivariaten Häufigkeitsverteilung ("Punktwolke") erforderlich waren, ergibt sich hier nichts Neues. Allerdings sei noch einmal daran erinnert, daß eine Zeitreihe nichts mit einer bivariaten Häufigkeitsverteilung zu tun hat - nur die Methoden der statistischen Behandlung entsprechen sich weitgehend, so auch die der graphischen Veranschaulichung.

b) Trendberechnungen

Auch bei der Berechnung eines linearen Trends mit der Methode der kleinsten Quadrate ergeben sich große Gemeinsamkeiten zur Vorgehensweise bei der Berechnung der Parameter einer linearen Regressionsfunktion. Da die Berechnungsformeln im Prinzip die gleichen sind, müssen also auch hier wieder zur Berechnung der Steigung der linearen Trendfunktion vier Summen gebildet werden:

1. Die Summe der paarweisen Produkte aus Merkmals- und aus Zeitwerten;

2. die Summe der Zeitwerte;

3. die Summe der Merkmalswerte;

4. die Summe der quadrierten Zeitwerte.

Mit diesen vier Summen kann dann die Steigung b bestimmt werden und diese wiederum wird verwendet, um auch den Ordinatenabschnitt a der linearen Trendfunktion zu berechnen.

Es muß dabei allerdings folgendes beachtet werden: Wenn man als Zeitwerte zum Beispiel die Jahre 1970, 1971, 1972 usw. eingibt, dann wird der Ordinatenabschnitt für den Zeitpunkt 0 berechnet (die senkrechte Achse, auf der der Ordinatenabschnitt abzutragen ist, befindet sich ja im Koordinatenursprung), d.h. für das Jahr der Geburt Christi. Dies kann zu Verwirrungen und zu umständlichen Berechnungen führen, wenn etwa die Trendfunktion in die gegebene Zeitreihe eingezeichnet werden muß, denn das Koordinatensystem wird ja bei Zeitreihendarstellungen in der Regel nicht im Jahr 0 begonnen, sondern - so bei unserem Beispiel - im Jahr 1970, also dort, wo der erste beobachtete Zeitreihenwert vorliegt.

Um derartige Verwirrungen zu vermeiden, ist es sinnvoll, als Zeitwerte bei unserem Beispiel nicht die einzelnen Jahre vorzugeben, sondern mit dem Wert 0 dort zu beginnen, wo der erste Wert vorliegt. In unserem Beispiel wäre also folgende Transformation angebracht:

1970 = 0 1971 = 1 1972 = 2 usw.

Wenn man in dieser Weise transformiert, dann kann der berechnete Ordinatenabschnitt direkt in der im Zeitpunkt 1970 = 0 errichteten senkrechten Achse des Koordinatensystems abgetragen werden.

Bei einer solchen Transformation muß weiterhin berücksichtigt werden, daß bei unterschiedlichen Abständen zwischen zwei Zeitpunkten entsprechend reagiert wird. Liegen also zum Beispiel Daten vor für die Jahre 1970, 1975, 1980, 1981, 1982 usw., so muß die Transformation die Werte 0, 5, 10, 11, 12 usw. ergeben. In entsprechender Weise muß bei Trendprognosen berücksichtigt werden, daß zum Beispiel das Jahr 1990 dann den transformierten Wert 21 aufweist - und dieser ist bei der Durchführung der Prognose in die Trendfunktionsgleichung (sofern diese auf der Grundlage transformierter Zeitwerte berechnet wurde) einzusetzen, um ein korrektes Prognoseergebnis zu erhalten.

c) Trendprognosen

Auch hier ist die Problemanalyse sehr einfach und mit den bisherigen Ausführungen zu diesem Punkt im Grunde schon geleistet. Soll eine Trendprognose für das Jahr 1990 durchgeführt werden, so ist in die Trendfunktionsgleichung, deren Parameter nach Maßgabe von Punkt b) berechnet wurden, an der Stelle t der Wert 21 einzusetzen, bzw. der Wert 1990, wenn nicht transformiert wurde.

Die Verwendung eines Softwarepaketes legt es nahe, nicht nur für einen Zeitpunkt eine solche Prognose durchzuführen, sondern gleich für alle innerhalb eines interessierenden Zeitraums, wobei auch gleichzeitig die Ex-Post-Prognosen erstellt werden, also die Bestimmung der theoretisch zu erwartenden Werte für die Zeitpunkte der Vergangenheit, für die beobachtete Werte vorliegen. Dadurch erhalten wir die Möglichkeit, ausgehend von den Abweichungen zwischen beobachteten und auf der Trendfunktion liegenden theoretischen Werten etwas über die Anpassungsgüte der Trendfunktion auszusagen.

In diesem Zusammenhang sollte angemerkt werden, daß die einfache Trendprognose um so unsicherer wird, je weiter der Prognosezeitpunkt in die Zukunft rückt. Ausgehend von der gegebenen Zeitreihe ist eine einfache Trendprognose, man spricht auch von Trendextrapolation, für das Jahr 1990 sicherlich mit weniger Risiken behaftet und deshalb treffsicherer, als eine Prognose für das Jahr 2000 oder für das Jahr 2100.

d) Trendbereinigungen

Schließlich ist unter problemanalytischen Gesichtspunkten auch über die Trendbereinigung zu sprechen. Wenn man von einem einfachen additiven Modell ausgeht, von der gedanklichen Vorstellung also, daß die einzelnen Zeitreihenkomponenten, über die oben gesprochen wurde, sich additiv zusammensetzen, so beschränkt sich die Problemanalyse auf die Feststellung, daß von jedem Zeitreihenwert der theoretische Wert, wie er nach Maßgabe von Punkt c) berechnet wird, abgezogen werden muß. Damit ist die Trendbereinigung vollzogen und die entstehende Reihe von Restwerten ist der weiteren Analyse zugänglich. Jetzt kann zum Beispiel die konjunkturelle oder die saisonale Komponente bestimmt werden.

6.4 PROBLEMLÖSUNGEN MIT FRAMEWORK

a) Zeitreihendarstellung

Wie schon beschrieben, erzeugen wir zur tabellarische Darstellung der gegebenen Zeitreihe zur Entwicklung der Bevölkerungswachstumsrate in der Bundesrepublik Deutschland einen Kalkulationsframe und geben in diesen die Ausgangsdaten ein. Wir könnten dabei auch von einem Datenbankframe ausgehen. Weil aber unter anderem Berechnungen durchgeführt werden müssen, die sich auf Tabellenspalten beziehen (vertikales Rechnen), ist der Kalkulationsframe geeigneter, weil er diese Rechenmöglichkeit ohne Umstände erlaubt. Würde man hingegen von einem Datenbankframe ausgehen, müßten zum Zwecke des vertikalen Rechnens die entsprechenden Daten erst in einen Kalkulationsframe hineinkopiert werden.

Der anzulegende Kalkulationsframe sollte mindestens 25 Zeilen umfassen, damit auch über die gegebene Zeit hinaus, also in die Zukunft gerichtet, im gleichen Frame Daten untergebracht werden können.

Zur Einrichtung dieses Kalkulationsframes ist also Schritt für Schritt wie folgt zu verfahren:

1. Laden von FRAMEWORK und Anmelden des Arbeitslaufwerks

2. Eröffnen eines Tabellenkalkulationsframes

Dieser Frame kommt mit der voreingestellten Zahl von Spalten aus, aber nicht mit der voreingestellten Zahl von Zeilen, wenn mit Junior FRAMEWORK gearbeitet wird. Deshalb ist diese Voreinstellung zunächst vor der Frame-Eröffnung im Menü "NEU", Position "Länge (# Zeilen / Sätze):", zu ändern: Die Vorgabe sollte auf 25 Sätze erhöht werden.

3. Der neue Frame erhält den Namen BEVRATE

4. Eingabe der Daten

In Spalte A sollten untereinander die Jahre 1970 ff. eingegeben werden (die Transformation der Werte, über die oben gesprochen wurde und die sich vor weiteren Berechnungen empfiehlt, nehmen wir weiter unten vor), in Spalte B die gegebenen Bevölkerungswachstumsraten.

Der Leser sollte, wenn die Dateneingabe beendet ist, diese Daten auf Richtigkeit überprüfen, gegebenenfalls Korrekturen vornehmen, den Frame verlassen und ihn dann speichern.

Damit ist die tabellarische Darstellung der gegebenen Zeitreihe mit Hilfe von FRAMEWORK schon geleistet. Bevor wir das Ergebnis vorstellen, soll noch die Transformation der Jahreszahlen 1970, 1971, usw. in die Zahlenwerte 0, 1, usw. vorgenommen werden, die wir in der Spalte C des Frames BEVRATE unterbringen können.

Diese Transformation wird gemäß der folgenden Arbeitsschritte durch eine einfache Rechenprozedur bewerkstelligt:

1. Markieren des Feldes C1
2. F2 und Formel: A1-1970
3. F8, Abwärtspfeil und Return-Taste

Dieser letzte Schritt ergibt im Feld C2 den nächsten transformierten Wert (1). Er ist so oft zu wiederholen, bis die Zeitreihe abgearbeitet ist.

Somit gelangen wir zu dem folgenden Bild:

Zeitreihe

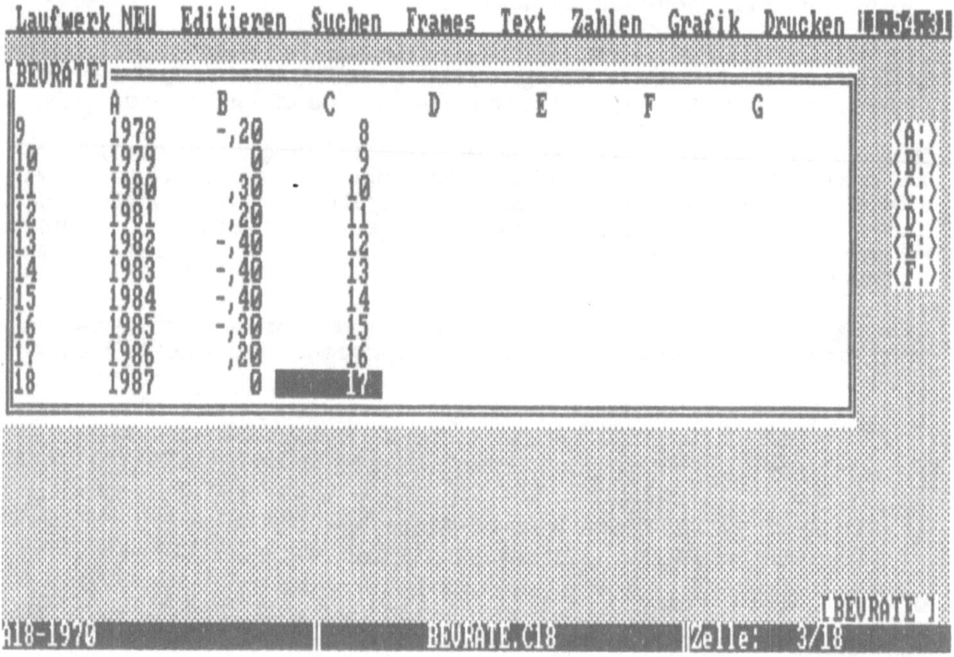

	A	B	C	D	E	F	G
9	1978	-,20	8				
10	1979	0	9				
11	1980	,30	10				
12	1981	,20	11				
13	1982	-,40	12				
14	1983	-,40	13				
15	1984	-,40	14				
16	1985	-,30	15				
17	1986	,20	16				
18	1987	0	17				

Soll nun diese Zeitreihe auch graphisch mit Hilfe von FRAMEWORK dargestellt werden, markieren wir alle Werte in Spalte B (Markieren des Feldes B1, Taste F6 und Abwärtspfeiltasten zur Markierung der übrigen Felder). Diese Markierung muß beim letzten echten Wert abgebrochen werden, weil andernfalls, wenn also alle 25 Felder der Spalte B markiert würden, in die Graphik auch die Nullwerte derjenigen Jahre mit übernommen würden, für die keine Beobachtungen vorliegen.

Es sei daran erinnert, daß vor der Anfertigung einer Graphik bzw. vor Berechnungen in dieser Zeitreihe eventuell existierende missing values durch verkürzende Filterung der Tabelle ausgeschaltet werden müssen. Sie würden sonst Graphik und Berechnungen empfindlich stören. In unserem Beispiel liegen derartige missing values nicht vor.

Hätte man derartige missing values, könnte anstelle einer verkürzenden Filterung auch eine <u>lineare Interpolation</u> vorgenommen werden, wie es im folgenden schematisch gezeigt wird: Man nehme an, für das Jahr 1973 läge kein Wert vor. Der Kalkulationsframe sieht dann ausschnittsweise so aus:

	A	B
3	1972	0,6
4	1973	-9
5	1974	0,2

Eine erste Annäherung an den unbekannten Wert des Jahres 1973 ergibt die lineare Interpolation, d.h. die arithmetische Mittelung der beiden benachbarten Werte. Diese Mittelung kommt rechnergestützt so zustande, daß Feld B4 markiert und nach Drücken der Funktionstaste F2 die folgende Formel eingegeben wird:

(B3+B5)/2

Auf diese Weise erhalten wir als Schätzwert für das Jahr 1973 den Wert 0,4, wie leicht im Kopf nachgerechnet werden kann.

Die graphische Darstellung der gegebenen Zeitreihe erzeugen wir nach schon bekanntem Muster mit der Hauptmenüposition "Grafik". Dort muß allerdings zunächst die Position "Linie" markiert werden (ergibt nach Drücken der Return-Taste dort ein JA). Im einzelnen ist wie folgt vorzugehen:

1. Markieren des ersten Zeitreihenwertes

2. Ausdehnung der Markierung auf alle Werte

3. Hauptmenüposition "Grafik"

4. Position "Linie"

5. Position "Neue Grafik zeichnen"

6. Zweimal Return-Taste

Jetzt wird in einem neuen Frame, dem wir den Namen GBEVRATE geben können, die Zeitreihe gezeichnet, was zu dem folgenden Bild führt:

Entwicklung der Bevölkerungswachstumsrate

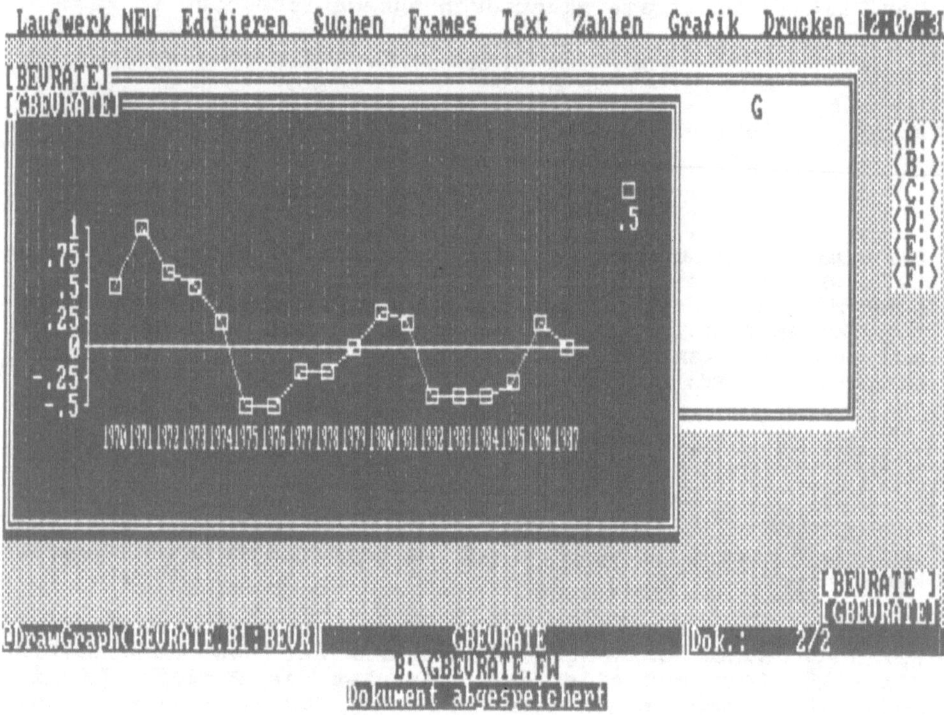

Auch dieser Frame kann, wenn dies für sinnvoll gehalten wird, gespeichert werden.

b) Trendberechnung

Wenden wir uns jetzt der Berechnung eines linearen Trends zu. Hier müssen der Ordinatenabschnitt a und die Steigung b der Trendgeraden berechnet werden.

Die Produkte für die erste und die Quadrate für die vierte Summe müssen noch berechnet werden, wofür wir die Spalten D und E der Kalkulationstabelle reservieren. Nach dem Laden des Frames BEVRATE können die Produkte für Spalte D wie folgt berechnet werden:

1. Markieren des Feldes D1

2. F2, Formel: B1*C1 und Return-Taste

Jetzt erscheint das erste Produkt im Feld D1. Die Besetzung der anderen Felder dieser Spalte erzeugen wir wieder unter Nutzung der Möglichkeit des Kopierens von Formeln wie folgt:

3. F8, Abwärtspfeil, Return-Taste

Der zweite Wert erscheint jetzt in Spalte D. Die übrigen erhalten wir, indem wir den letzten Schritt so lange wiederholen, bis das Ende der Daten erreicht ist. In entsprechender Weise bilden wir auch die Quadrate der Werte aus Spalte C in Spalte E.

Die vier benötigten Summen, die wir in den Feldern B19, C19, D19 und E19 unterbringen können, erhalten wir wie folgt:

1. Markieren von B19

2. F2, Formel: §SUM(B1:B18) und Return-Taste

3. F8, Rechtspfeiltaste, Return-Taste

Der letzte Schritt ist dann noch dreimal zu wiederholen. Dann sieht der Frame BEVRATE so aus, wie es die folgende Abbildung zeigt:

Arbeitstabelle zur Berechnung einer linearen Trendfunktion

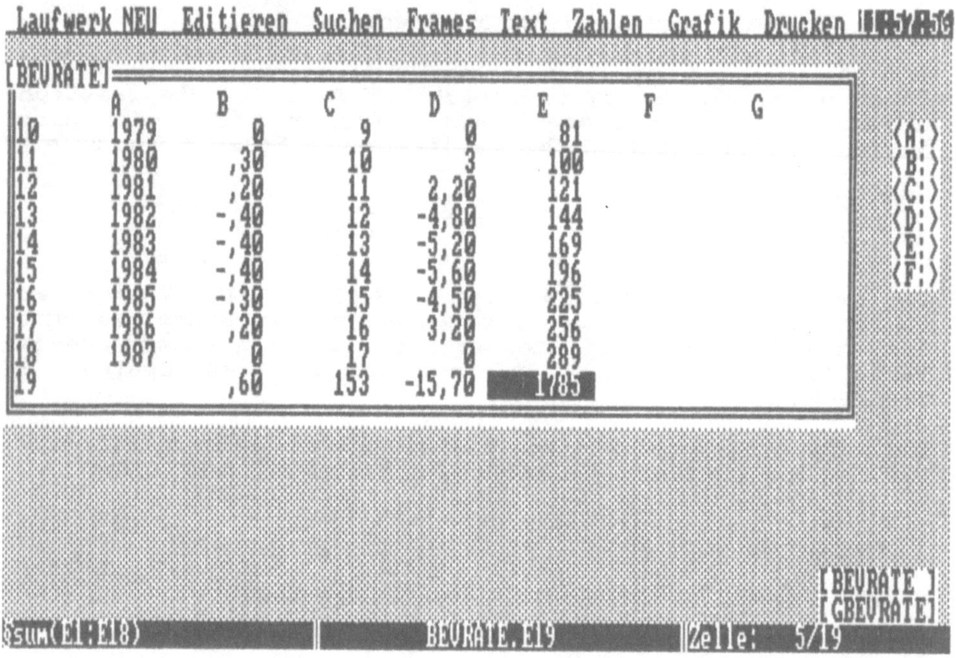

Laufwerk NEU Editieren Suchen Frames Text Zahlen Grafik Drucken

[BEVRATE]

	A	B	C	D	E	F	G
10	1979	0	9	0	81		
11	1980	,30	10	3	100		
12	1981	,20	11	2,20	121		
13	1982	-,40	12	-4,80	144		
14	1983	-,40	13	-5,20	169		
15	1984	-,40	14	-5,60	196		
16	1985	-,30	15	-4,50	225		
17	1986	,20	16	3,20	256		
18	1987	0	17	0	289		
19		,60	153	-15,70	1785		

<A:> <B:> <C:> <D:> <E:> <F:>

[BEVRATE] [GBEVRATE]

§sum(E1:E18) BEVRATE.E19 Zelle: 5/19

Die Steigung der Regressionsgeraden kann nun so berechnet werden: Nach Markieren des Feldes B20 und Drücken der Taste F2 wird die folgende Berechnungsformel eingegeben:

(18*D19-B19*C19)/(18*E19-C19*C19)

Entsprechend erhalten wir den Ordinatenabschnitt a, wenn nach Markieren des Feldes C20 und Drücken von F2 die folgende Formel eingegeben wird:

B19/18-B20*C19/18

Es ergeben sich dabei die folgenden Werte (gerundet):

b = -0.04

a = 0.4

Die lineare Trendfunktion hat also die folgende Funktionalgleichung:

y(t) = 0.4 - 0.04 * t

Mit dieser Gleichung können jetzt Prognosen durchgeführt werden.

c) Trendprognose

Bei der Prognose mit der linearen Trendfunktion, deren Parameter gerade berechnet wurden, sind zwei Fälle zu unterscheiden:

Entweder man berechnet den Prognosewert für einen einzigen Zeitpunkt (z.B. für das Jahr 1990, was dem transformierten Zeitwert 21 entspricht) oder man berechnet alle Prognosewerte für alle Jahre der Tabelle, d.h. also für die 18 vergangenen Jahre und für die 7 zukünftigen Jahre (unsere Tabelle hatte ja Platz für insgesamt 25 Jahre in ihren 25 Zeilen).

Im ersten Fall markieren wir einfach ein noch freies Feld (zum Beispiel das Feld B21, welches in der gleichen Tabellenzeile wie die Jahresangabe 1990 steht), drücken F2 und geben dann die folgende Berechnungsformel in die Editierzeile ein:

0.4 - 0.04 * 21

Daraufhin erscheint nach Drücken der Return-Taste der Prognoswert -0.44 in Feld B21.

Für das Jahr 1990 ist also mit einer Bevölkerungswachstumsrate von - 0.44% zu rechnen, vorausgesetzt, die Hypothese, daß der oben berechnete lineare Trend die bisherige und zukünftige zeitliche Entwicklung der Bevölkerungswachstumsrate in der Bundesrepublik Deutschland in langfristiger Sicht angemessen beschreibt, trifft zu.

Im zweiten Fall geht es darum, für alle Jahre von 1970 bis 1994 theoretische Werte (Prognosewerte) zu berechnen. Dafür reservieren wir einfach Spalte F unserer Kalkulationstabelle, markieren das erste Feld F1 und geben nach Drücken der Funktionstaste F2 die folgende Formel ein:

0.4 - 0.04 * C1

Damit erhalten wir nach Drücken der Return-Taste im Feld F1 den theoretisch zu erwartenden Wert für das Jahr 1970. Drükken wir nun F8, die Abwärtspfeiltaste und die Return-Taste, ergibt sich der zweite Wert. Wiederholungen dieser Schrittfolge ergeben dann die folgenden Werte.

Allerdings muß diese Prozedur im Jahr 1987 abgebrochen werden, weil für die folgenden Jahre noch keine Werte in Spalte C, die ja in der obigen Berechnungsformel benötigt werden, vorliegen. Deshalb muß vor der Fortsetzung zunächst die Spalte C mit den Werten 19, 20, usw. bis 24 gefüllt werden. Erst danach können nach dem gleichen Muster, wie es eben beschrieben wurde, die übrigen theoretischen Werte (die "echten" Prognosewerte) berechnet werden.

Sind diese Arbeitsschritte abgeschlossen erhalten wir den folgenden Tabellenframe:

Prognose der Bevölkerungswachstumsrate

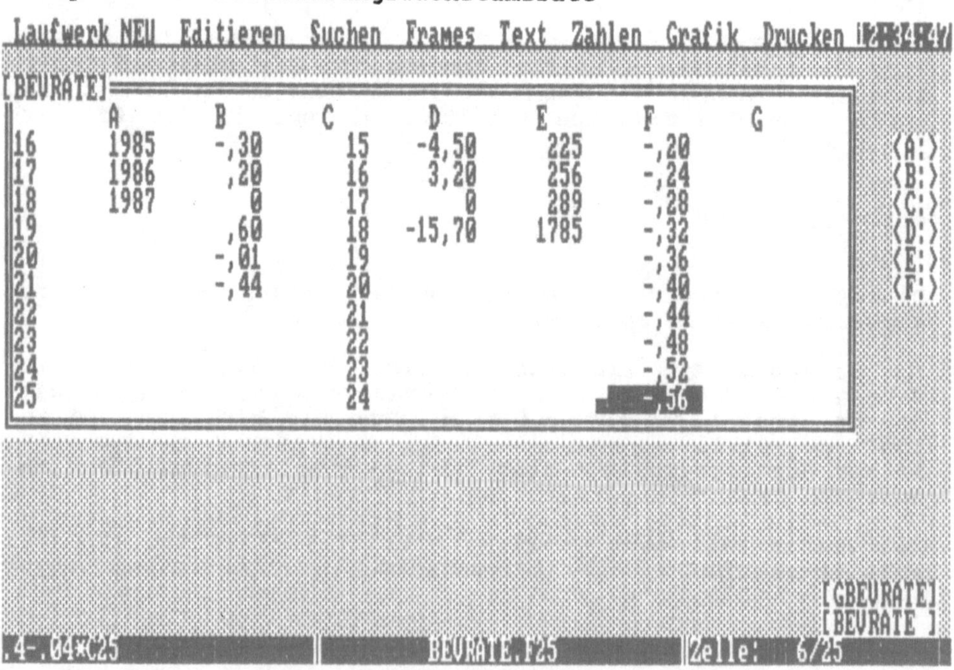
Laufwerk NEU Editieren Suchen Frames Text Zahlen Grafik Drucken

[BEVRATE]

	A	B	C	D	E	F	G
16	1985	-,30	15	-4,50	225	-,20	
17	1986	,20	16	3,20	256	-,24	
18	1987	0	17	0	289	-,28	
19		,60	18	-15,70	1785	-,32	
20		-,01	19			-,36	
21		-,44	20			-,40	
22			21			-,44	
23			22			-,48	
24			23			-,52	
25			24			-,56	

<A:> <B:> <C:> <D:> <E:> <F:>

[GBEVRATE]
[BEVRATE]

.4-.04*C25 BEVRATE.F25 Zelle: 6/25

d) Trendbereinigung

Die Trendbereinigung beschränkt sich einfach darauf, von den beobachteten Werten der Jahre 1970 bis 1987 (sie stehen in den Tabellenfeldern B1 bis B18) die theoretischen Werte für die gleichen Jahre abzuziehen. Diese Berechnung können wir in Spalte G durchführen, wobei wie folgt zu verfahren ist:

1. Markieren des Feldes G1
2. Funktionstaste F2, Formel: B1-F1, Return-Taste
3. Funktionstaste F8, Abwärtspfeiltaste, Return-Taste

Der dritte Schritt ist wieder solange zu wiederholen, bis alle Werte berücksichtigt sind, also bis zu den Werten des Jahres 1987 einschließlich. Damit gelangen wir schließlich zu dem folgenden Bild:

Trendbereinigung

Laufwerk NEU Editieren Suchen Frames Text Zahlen Grafik Drucken

[BEVRATE]

	A	B	C	D	E	F	G
9	1978	-,20	8	-1,60	64	,08	-,28
10	1979	0	9	0	81	,04	-,04
11	1980	,30	10	3	100	0	,30
12	1981	,20	11	2,20	121	-,04	,24
13	1982	-,40	12	-4,80	144	-,08	-,32
14	1983	-,40	13	-5,20	169	-,12	-,28
15	1984	-,40	14	-5,60	196	-,16	-,24
16	1985	-,30	15	-4,50	225	-,20	-,10
17	1986	,20	16	3,20	256	-,24	,44
18	1987	0	17	0	289	-,28	,28

<A:> <B:> <C:> <D:> <E:> <F:>

[GBEVRATE]
[BEVRATE]

B18-F18 BEVRATE.G18 Zelle: 7/18

Man erkennt in dieser Tabelle sehr deutlich an den wechselnden Vorzeichen der Restwerte, daß die Ursprungsdaten, also die Bevölkerungswachstumsraten, von denen ausgegangen wurde, um den Trend herum schwanken. Eine zyklische Periodizität ist dabei kaum zu erkennen, woraus geschlossen werden kann, daß der lineare Trendfunktionstyp vielleicht in diesem Fall nicht besonders gut geeignet war.

Bei allen Prozeduren sollte sich der Leser überlegen, ob er den jeweils erweiterten Frame speichern möchte. Bei wirklichen Arbeiten der empirischen Sozialforschung ist dies empfehlenswert, wobei allerdings den einzelnen Frames immer neue Namen gegeben werden sollten, um Informationsverluste durch Überschreiben schon existierender Frames zu vermeiden.

LITERATURHINWEISE

SCHLITTGEN, R./STREITBERG, H.J. : Zeitreihenanalyse, München 1984

TIEDE, M. : Statistik - Regressions- und Korrelationsanalyse, München 1987

VOSS, W. : FRAMEWORK für Einsteiger, Düsseldorf 1987

VOSS, W. : Minimierungsaufgaben in der Statistik, Köln 1975

KAPITEL 7:

Modellprognosen

7.1 AUFGABENSTELLUNG

7.2 MODELLTYPEN

7.3 EIN BEISPIEL : EINFACHES BEVÖLKERUNGSMODELL

7.4 PROBLEMANALYSE

7.5 BASIC-PROGRAMM

LITERATURHINWEISE

7.1 AUFGABENSTELLUNG

Ein Modell ist im methodologischen Sinne nichts anderes als ein abstrahierendes Abbild der Realität bzw. eines Ausschnitts der Realität. Diese Abstraktion bei der Abbildung ist erforderlich, weil der Komplexitätsgrad der Realität in der Regel so hoch ist, daß erst durch verkürzende Betrachtungsweisen, also durch grobe Skizzierungen der Zugang zu realitätsbezogenen wissenschaftlichen Erkenntnissen möglich wird.

Dabei besteht das Hauptproblem darin, die Abbildung der Realität nach Regeln verlaufen zu lassen, die Gewähr dafür bieten, zu einer strukturgetreuen Abbildung zu gelangen: Das Modell soll ein verkleinertes, aber korrektes Spiegelbild der Realität sein, damit damit gearbeitet werden kann. Die Überprüfung eines Modells darauf, ob diese Bedingung der Strukturtreue erfüllt ist, ist eine der schwierigsten Aufgaben in der empirischen Sozialwissenschaft.

Genau genommen sind wir in den vorangegangenen Kapiteln solchen Modellen schon begegnet. Wenn wir unterstellt haben, der Zusammenhang zwischen der Bevölkerungswachstumsrate in der Bundesrepublik Deutschland und der Zeit könnte durch eine lineare Beziehung mit hinreichender Güte approximiert und dadurch dargestellt werden, dann haben wir ein - wenn auch sehr einfaches - Modell benutzt: Zuerst in der gedanklichen Vorbereitung dieser Trendberechnung wie auch dann in ihrer konkreten Durchführung und insbesondere bei der Verwendung der berechneten Trendgeraden zur Gewinnung von Prognosewerten.

Wenn an anderer Stelle davon ausgegangen wurde, daß der Zusammenhang zwischen dem Alter befragter Personen und ihrem tagesdurchschnittlichen Fernsehkonsum durch eine lineare Funktion dargestellt werden kann, dann haben wir erneut ein einfaches Modell benutzt.

Diese und ähnliche Beispiele verdeutlichen, daß mit einem Modell versucht wird, in der Realität vermutete Zusammenhänge zwischen Variablen zu erfassen und für weitere Aussagen, etwa prognostischer Art, zu verwerten. Dabei wird unterstellt, daß die interessierenden Zusammenhänge vielgestaltig sind, d.h. daß nur mit einer sehr großen Zahl von Variablen und einer noch größeren Zahl von Beziehungen, Abhängigkeiten und Beeinflussungen zwischen diesen Variablen die Realität angemessen beschrieben und ihrer Komplexität hinreichend Rechnung getragen werden kann.

Läßt man sich aber von dieser Überlegung leiten, die sich in der trivialen Feststellung zusammenfassen läßt, daß alles mit allem irgendwie zusammenhängt, werden auch die größten Rechner nicht in der Lage sein, die entstehenden, viel zu umfangreichen und komplexen Modelle zu bearbeiten. Deshalb sind Verkürzungen und Abstraktionen erforderlich, die im Extremfall so weit führen, daß - wie an den oben genannten Beispielen demonstriert - nur noch zwei Variablen und die Beziehung zwischen diesen beiden zum Gegenstand der Untersuchung gemacht werden.

Der kritische Leser kann einwenden, daß derart weitgehende Verkürzungen unzulässig sind, weil damit der Komplexität der Realität - gerade der sozialwissenschaftlich interessierenden Realität - in gar keiner Weise mehr Rechnung getragen werden kann. Dem ist zu entgegnen, daß es gerade die Abstraktion ist, die zu Erkenntnisgewinnen führen kann, wie ich an folgendem überschaubaren Beispiel illustrieren möchte:

Nehmen wir einmal an, es wird der Versuch unternommen, eine Erklärung dafür zu finden, warum auf bestimmten Feldern eines Bauern höhere Ernteerträge erwirtschaftet werden (Weizen in kg pro Quadratmeter) als auf anderen - vielleicht auch mit dem Ziel, zu prognostischen Aussagen zu gelangen (wie wird der Ernteertrag auf dem Feld X sein ?).

Jedermann weiß, daß der Ernteertrag auf einem Feld von vielen unterschiedlichen Größen abhängt: Qualität des Saatgutes, Zeitpunkt des Einsäens, Regemnenge, -dauer und -zeitpunkt, Düngereinsatz, Schädlingsbekämpfung, Lufttemperaturen, Bodenqualität usw..

Wollte man alle diese und die noch nicht genannten Faktoren in einem Modell erfassen, welches nicht nur diese Faktoren, sondern auch Ausmaß, Richtung und Stärke der Zusammenhänge zwischen ihnen und dem interessierenden Ernteertrag und darüber hinaus auch noch die vielfältigen Zusammenhänge zwischen den Faktoren selbst erfassen müßte, würde ein sehr umfangreiches und kompliziertes Modell entstehen, dessen empirische Belegung einerseits und dessen konkrete Verwendung andererseits sehr zeit- und rechenaufwendig wäre.

Deshalb bietet es sich an, die einzelnen Einflußfaktoren isoliert voneinander zu betrachten, um auf diese Weise beispielsweise die folgende Frage zu klären: Welchen Zusammenhang gibt es zwischen Ernteertrag und Düngemitteleinsatz ?

Dabei wird zunächst gedanklich, also modellhaft, Konstanz aller übrigen Faktoren vorausgesetzt. Obwohl dieses Teilmodell also auf einer sehr hohen Abstraktionsstufe angesiedelt ist (die Realität ist eben nicht so, daß die Konstanz aller übrigen Faktoren gegeben wäre), sind seine Ergebnisse keineswegs trivial. Festzustellen, was mit der interessierenden Untersuchungsvariablen (dem Ernteertrag) passiert, wenn der Düngemitteleinsatz erhöht wird, sonst aber sich nichts verändert, kann erste wichtige Ergebnisse erbringen, die der Bauer verwenden kann, wenn er sich überlegt, ob auf ein und demselben Feld im nächsten Jahr ein höherer Düngemitteleinsatz erfolgen soll als in diesem Jahr.

Auch bei diesem einfachen gedanklichen Beispiel kann nicht ohne weiteres von der Konstanz aller übrigen Faktoren ausgegangen werden: Von einem Jahr zum anderen können sich die klimatischen Bedingungen verändern und zudem wird der veränderte Düngemitteleinsatz nicht nur den Ernteertrag, sondern auch möglicherweise einige der anderen Faktoren beeinflussen. Gleichwohl kann diese Abstraktion, auch wenn sie nicht exakt die realen Verhältnisse widerspiegelt, sondern nur einen ersten Versuch darstellt, sich diesen zu nähern, zu praktisch verwertbaren Ergebnissen führen.

Immer dann also, wenn in einem gewissem Sinne "experimentiert" werden kann - und es lassen sich sehr wohl sozialwissenschaftlich relevante Beispiele finden, wo dies der Fall sein dürfte - können auch sehr einfach strukturierte Modelle zu Ergebnissen führen, die als Erkenntnisfortschritte bezeichnet werden können. Allerdings lassen sich gerade auch in sozialwissenschaftlichen Anwendungsbereichen Beispiele formulieren, wo die Beschränkung auf nur zwei Variablen notwendigerweise in die Irre führen muß: Das in den Lehrbüchern oft zitierte Beispiel von den Zusammenhängen zwischen der Geburtenhäufigkeit in verschiedenen Ländern und der Zahl der Störche pro Quadratkilometer in diesen Ländern ist ein überzeugender Beleg dafür.

Es kommt also darauf an, auf der Grundlage theoretisch-inhaltlicher Überlegungen den Untersuchungsbereich so einzugrenzen, daß ein brauchbares Abbild der Realität bei größtmöglicher Einfachheit der Modellstruktur produziert werden kann.

7.2 MODELLTYPEN

Bei sozialwissenschaftlichen Modellen (auch in anderen Wissenschaftsbereichen wird in zunehmendem Maße modelltheoretisch gearbeitet) sind verschiedene Typen, je nach der Zielsetzung, die mit dem jeweiligen Modell angestrebt wird, voneinander zu unterscheiden. In der Literatur, die sich mit der Modellbildung in den Sozialwissenschaften befaßt, werden verschiedene Unterteilungskriterien benutzt, die z.T. beträchtlich voneinander abweichen.

Hier soll vielmehr eine Untergliederung verwendet werden, die sich an den Anwendungsbereichen der Modelle orientiert und somit den Vorzug der leichten Einsichtigkeit aufweist. Allerdings ist sie gleichzeitig mit dem Nachteil behaftet, daß sich die Modelltypen, die sich nach diesem Anwendungskriterium ergeben, nicht völlig gegenseitig ausschließen.

Orientiert man sich an den Verwendungsmöglichkeiten von Modellen, so können - zumindest gilt dies für den hier interessierenden sozialwissenschaftlichen Bereich - folgende Modell-Kategorien gebildet werden:

1. Prognosemodelle

Hier geht es darum, die einfache Trendextrapolation dadurch zu verbessern, also prognostische Aussagen höherer Qualität und Treffsicherheit zu produzieren, daß mehrere Variablen gleichzeitig in die Betrachtung aufgenommen werden. Selbstverständlich erfolgt die Auswahl zusätzlicher Variablen auf der Basis der Frage, welchen Beitrag sie zur Erklärung der zeitlichen Entwicklung interessierender Untersuchungsvariablen leisten können.

Will man also die Bevölkerungsentwicklung in der Bundesrepublik Deutschland prognostizieren, so kann man eine Trendprognose dadurch verbessern, daß man sich überlegt, welche sozio-ökonomischen Variablen bisher und zukünftig die Bevölkerungsentwicklung beeinflussen und in welcher Weise diese Beeinflussung sich vollzieht. Vielleicht wird man dann Variablen wie zum Beispiel solche zur Kennzeichnung der wirtschaftlichen Entwicklung, zum Heiratsverhalten, zur Altersstruktur usw. heranziehen. Zusätzlich muß dann aber auch quantitativ festgelegt werden, in welcher Weise diese Variablen die Bevölkerungsentwicklung beeinflussen.

Wenn es gelungen ist, die Variablen zu benennen, die in ein Modell aufgenommen werden sollen, die Beziehungen zwischen ihnen und der zu prognostizierenden Variablen zu formulieren, Daten für alle diese Variablen bereitzustellen, um auf dieser Grundlage dann auch die Beziehungen zu quantifizieren, damit das Modell überhaupt arbeitsfähig wird, dann kann das Prognosemodell erstellt und überprüft werden. Gegebenenfalls sind dann Modellmodifikationen erforderlich und nach diesen vorbereitenden Arbeiten kann das Modell für prognostische Zwecke eingesetzt werden.

Ein einfaches Beispiel für ein derartiges Prognosemodell wird in diesem Kapitel vorgestellt.

2. Simulationsmodelle

Die Aufgabe von Simulationsmodellen ist weniger die Prognose sozio-ökonomisch relevanter Variablen als vielmehr der Versuch, zu einer strukturbeschreibenden Abbildung (die Betonung liegt hier auf dem Stichwort "beschreibend") zu gelangen.

Natürlich hat auch ein Prognosemodell beschreibende Qualitäten, hier aber steht dieser Aspekt im Vordergrund und wird durch einen weiteren, sehr wichtigen Aspekt ergänzt, der ganz allgemein folgendermaßen umschrieben werden kann:

Simulationsmodelle werden "weich" formuliert. Dies bedeutet, daß die Struktur des Modells - was die einzelnen Beziehungen zwischen den Variablen betrifft - nicht im Detail so festgelegt wird, wie dies bei einem Prognosemodell der Fall ist. Während letzteres, wenn es rechnergestützt "in Gang gesetzt" wird, ein und nur ein ganz bestimmtes Ergebnis produziert, also einen Entwicklungspfad für die interessierende Variable vorzeichnet, kann ein Simulationsmodell unterschiedliche Pfade realisieren.

Der Grund für diese Variationsmöglichkeit in den Ergebnissen des Modells liegt darin, daß eine Beziehung (oder mehrere) nicht deterministisch vorgegeben wird, sondern daß der Modellbenutzer die Möglichkeit hat, einzelne <u>Modellparameter</u> von Modell-Lauf zu Modell-Lauf zu variieren. Diese Variationsmöglichkeit kann sich auf einzelne Funktionalparameter innerhalb von Modellgleichungen beziehen (zum Beispiel die Steigung der Regressionsfunktion, die die Beziehung zwischen den Variablen "monatliches Nettoeinkommen" und "monatliche Ausgaben für Konsumgüter" zum Ausdruck bringt) oder auch auf die gesamte Gleichung selbst (alternative Verwendung eines nichtlinearen Funktionstyps anstelle einer linearen Funktion). Schließlich sind auch Alternativen denkbar in der Entscheidung, welche Variablen als von anderen abhängig angesehen werden und welche nicht (letztere nennt man "exogene Variablen") oder darauf, welche zeitlichen Verzögerungen in einzelnen Modellbeziehungen wirksam werden sollen (hängt die Variable Y von den Werten der Variablen X der gleichen Periode oder von den X-Werten der Vorperiode ab ?).

Wenn man diejenigen Modellgrößen offen läßt, die die modellgemäßen Abbilder solcher und ähnlicher Fragen sind, dann kann der Modellbenutzer von Modell-Lauf zu Modell-Lauf entscheiden, welche Varianten er "durchspielen" möchte, d.h. das Modell erlaubt ihm, Alternativen zu simulieren.

3. Planungsmodelle

Planungsmodelle sind ähnlich strukturiert wie Simulationsmodelle, wobei nun aber der Entscheidungsaspekt noch stärker in den Vordergrund des Interesses gerückt wird. Mit ihrer Hilfe wird beispielsweise auf der betriebswirtschaftlichen Ebene, aber auch in gesamtwirtschaftlichen Modellen oder in Modellen, die soziologische Strukturen abbilden, insbesondere aber auch in politikwissenschaftlich ausgerichteten Modellen, die Frage beantwortet "Welches sind die Konsequenzen, wenn ... ?"

Der Leser stelle sich zum Beispiel ein gesamtwirtschaftliches Modell vor, in welchem eine Abbildung makroökonomischer Prozesse versucht wird, wobei die Zielvariablen etwa sein könnten:

- stetiges Wirtschaftswachstum
- Vollbeschäftigung
- Preisstabilität
- außenwirtschaftliches Gleichgewicht
- gerechte Einkommensverteilung
- Schutz der Umwelt und der natürlichen Ressourcen

Mit diesem Modell versucht man nun herauszufinden, inwieweit bestimmte Änderungen in der Realität, als entsprechende Modellvariationen in das Modell eingefügt, Änderungen im Ausmaß der Realisierung der oben genannten gesellschaftlichen Ziele zur Folge haben. Beispielsweise kann in einem solchen Modell versucht werden, herauszufinden, welche Konsequenzen mit einer Anhebung des Diskontsatzes der Deutschen Bundesbank verbunden sind, welche Konsequenzen zu erwarten sind, wenn eine weitere Abnahme der deutschen Bevölkerungswachstumsrate unterstellt wird, was zu erwarten ist, wenn eine grundlegende Steuerreform durchgeführt wird, oder was ein Wahlsieg der SPD in der nächsten Bundestagswahl bedeuten könnte.

Natürlich kann ein Planungsmodell dieser Art derartige Konsequenzen nur dann darstellen, wenn bei der Modellkonstruktion die entsprechenden Beziehungen aufgenommen wurden, und wenn der Modellbenutzer die Möglichkeit hat, an entsprechenden Positionen des Modells steuernd bzw. Daten setzend einzugreifen.

Bei allen Aufgabenstellungen, die planerische Problemlösungskompetenz erfordern, dienen solche Modelle zur Abschätzung zu erwartender Konsequenzen, wobei diese Abschätzungen mit dem wesentlichen Vorteil verbunden sind, daß nicht in der Realität experimentiert werden muß (oft dürfte sich das schlicht verbieten), um zu erfahren, was erwartet werden kann, wenn dies oder jenes getan wird. An einem Beispiel aus einem ganz anderen Bereich läßt sich dieser Vorteil leicht veranschaulichen:

Der Leser kann sich sicherlich vorstellen, daß bei der Ausbildung eines Piloten bestimmte Flugzustände und/oder bestimmte äußere Bedingungen erprobt werden müssen, um eine Trainingsmöglichkeit zu bieten. Diese sind auf Planungsaufgaben zugeschnitten, die sich wie folgt mit Fragen umschreiben läßt: "Was geschieht mit dem Flugzeug, wenn ...?, bzw.: "Was ist sinnvollerweise zu tun, wenn ... ?". Derartige Trainingsmöglichkeiten werden heute durch computergesteuerte Flug-"Simulatoren" bereitgestellt. Genau genommen handelt es sich hier um Planungsmodelle, weil sie auf Eingaben des Benutzers - des Flugschülers - reagieren, um ihm zu zeigen, welches die Konsequenzen seines Handelns sind (besser gesagt, welches die Konsequenzen in der Realität wären - Stabilisierung des Flugzeuges oder Crash).

Ein zweiter Bereich, der wieder etwas näher am sozialwissenschaftlichen Anwendungsfeld liegt, soll diese Aufgabenstellungen nochmals illustrieren: Man kann sich vorstellen, daß viele kluge Strategen sich an einem Tisch zusammensetzen, um in tage- und nächtelanger Diskussion herauszufinden, wie in angemessener Weise, also zielgerichtet reagiert werden sollte, wenn es zu einem militärischen Angriff käme. Sicherlich liegt es in der Verantwortlichkeit von Politikern und Militärs, auf derartige Situationen vorbereitet zu sein.

Geht man aber davon aus, daß es ganz unterschiedliche Formen militärischer Aggressionen geben kann, daß je nach Reaktion auf derartige Aggressionen wiederum eine Vielzahl unterschiedlicher Antwortmöglichkeiten zur Verfügung stehen, und daß alle diese Aktionen und Reaktionen von politischen und ökonomischen Rahmenbedingungen begleitet und beeinflußt werden, dann leuchtet es ein, daß alle möglichen Varianten vermutlich nicht durchdacht werden können - wenigstens nicht in angemessener Zeit - und insbesondere ist es nicht möglich, die verschiedenen Varianten sicherheitshalber einmal zu erproben, um zu empirisch gesicherten Informationen über die Konsequenzen alternativer Strategien zu gelangen. Es bietet sich deshalb an, solche Aufgabenstellungen mit Planungsmodellen in Angriff zu nehmen.

Es gibt viele ähnlich gelagerte Beispiele - von der Lösung innenpolitischer sozialer Konflikte und der planerischen Bewältigung von Kernkraftwerksunfällen bis hin zu strategischen Spielen, wie zum Beispiel dem Schachspiel, für das es immer leistungsfähigere Programme gibt.

Bei derartigen Modellen fällt auf, daß es unter Umständen mehrere Akteure gibt. Nicht nur der Modellbenutzer verändert Planparameter, um die Konsequenzen seiner Entscheidungen aus den Modellergebnissen ablesen zu können, es gibt möglicherweise auch "Gegenspieler", die reagieren oder auch agieren. Derartige Gegenspieler können weitere Benutzer des gleichen Programms sein. Planspiel-Programme, wie sie im betriebswirtschaftlichen Bereich Verwendung finden, beruhen auf dieser Grundlage: Fünf Spieler agieren so, als seien sie Manager von fünf Firmen und planen ihren Gewinn zu maximieren - möglichst unter Ausschaltung oder zu Lasten der anderen Spieler. "Gegenspieler" kann aber auch das Programm selbst sein, wie am Beispiel der Computer-Schachprogramme deutlich wird.

Wir können diese exemplarischen Betrachtungen über Prognose, Simulations- und Planungsmodelle mit der ohne Schwierigkeiten einleuchtenden Feststellung abschließen, daß derartige Modelle sehr umfangreich und kompliziert sein müssen, wenn sie die Realität möglichst zutreffend beschreiben sollen. Dies bedeutet, daß hier der Rechnereinsatz wieder gefordert oder empfehlenswert ist, und zwar unter mehreren Gesichtspunkten:

1. Es sind große Informationsmengen zu verwalten (je umfangreicher der Informationshintergrund ist, desto treffsicherer sind die Modellaussagen).

2. Es muß möglichst fehlerfrei gerechnet werden (bei der Berechnung "per Hand" von Dutzenden oder Hunderten von Beziehungen und der Wechselwirkungen sind Rechenfehler praktisch nicht zu vermeiden).

3. Es müssen komplizierte und umfangreiche Beziehungsgeflechte berücksichtigt werden (man erinnere sich an die sog. Weltmodelle der 70er Jahre: Dort wurden tausende von Variablen mit unendlich vielen Beziehungen zwischen ihnen auf Großrechenanlagen implementiert).

4. Alternative Modellergebnisse bei Simulations- und Planungsmodellen müssen in kurzer Zeit auf den Ausgabegeräten erscheinen (was nutzen alternative Programmläufe, wenn sie - zum Beispiel bei Rechnung per Hand - erst dann ihre Ergebnisse zu erkennen geben, wenn diese durch die Realität schon überholt sind?).

Hier also rechnergestützt zu arbeiten, ist ein schlichtes Gebot der Vernunft.

Bevor nun in diesem Kapitel ein erstes Beispiel, ein einfaches Prognosemodell betrachtet wird, muß allerdings auf einen speziellen Umstand aufmerksam gemacht werden: Die Modelle, von denen hier die Rede ist, sind im Prinzip zeitabhängige Modelle. Dies bedeutet, daß die Entwicklung interessierender Untersuchungsvariablen im Zeitablauf studiert wird - entweder unter prognostischen Gesichtspunkten, als Simulationsergebnisse oder als im Zeitablauf auf planerische Entscheidungen folgende Konsequenzen.

Die computergestützte Modellentwicklung und die computergestützte Erzeugung von Modellergebnissen hat es deshalb sehr häufig mit sog. Programmschleifen zu tun, also mit Folgen von Arbeitsschritten innerhalb eines Programmes, die mehrfach zu durchlaufen sind. Dieser Tatbestand wird deutlicher, wenn man sich vor Augen führt, daß ein einfaches Modell, welches darstellt, was in der zweiten Periode passieren wird, wenn die Bedingungen der ersten Periode so oder so sind, dafür den gleichen Programmalgorithmus benötigt wie wenn es darzustellen hat, was in der dritten Periode auf der Grundlage der Ergebnisse der zweiten Periode passieren wird. Von Periode zu Periode wird also mit dem gleichen Algorithmus gearbeitet, unbeschadet der Tatsache, daß einzelne Parameter bei Simulations- oder bei Planungsmodellen von einer Periode zur anderen neu besetzt werden können.

Da solche Modelle in der Regel über eine größere Zahl von Perioden laufen - oder dafür die Möglichkeit bieten sollten - empfiehlt es sich, den entsprechenden Programmteil nicht mehrfach bereitzustellen, sondern nur einmal, um dann diesen Programmteil mehrfach zu durchlaufen.

Dieses Grundmuster einer mehrfach zu durchlaufenden Anweisungsfolge taucht in sehr vielen Aufgabenstellungen auf, die rechnergestützt erledigt werden. Gerade hier erweist sich der große Vorteil des Rechnereinsatzes, weil das periodenweise Produzieren von Ergebnissen per Rechner natürlich außerordentlich schnell geht.

Dafür aber eignet sich das bisher verwendete Softwarepaket FRAMEWORK nicht. Dieses Softwarepaket bietet zwar eine sehr große Zahl von ausführbaren Aktivitäten an (über diejenigen hinaus, die in den vorangegangenen Kapiteln benutzt wurden, lernen wir noch einige weitere in den späteren Kapiteln kennen), sich wiederholende Prozeduren sind aber nur sehr umständlich zu realisieren.

Deshalb werden wir in den Anwendungsbereichen rechnergestützten Arbeitens in den Sozialwissenschaften, die mit Modellen zu tun haben, auf die Programmiersprache BASIC zurückgreifen, von der man nur rund ein Dutzend Schlüsselworte kennen muß, um einfache Modelle auf dem PC zum Laufen zu bringen, wobei auch auf graphische Ausgabe der Modellergebnisse nicht verzichtet werden soll. Deshalb haben wir die Grundelemente dieser Sprache im zweiten Kapitel kennengelernt.

7.3 EIN BEISPIEL : EINFACHES BEVÖLKERUNGSMODELL

Unter Rückgriff auf die Grundelemente der Programmiersprache BASIC sind wir nun in der Lage, an einem Beispiel zu erproben, wie die Modellentwicklung und die Umsetzung des Modells in ein lauffähiges Programm aussieht. Zu diesem Zweck wählen wir ein einfaches und überschaubares Beispiel, nämlich ein Modell zur Prognose der Bevölkerungsentwicklung in der Bundesrepublik Deutschland. Bei einem solchen Modell handelt es sich um ein dynamisches Modell, weil zeitliche Entwicklungsprozesse dargestellt werden sollen.

In einer ersten gedanklichen Skizze kann man zu der Vorstellung gelangen, daß die Bevölkerungszahl zum Zeitpunkt t, also B(t), abhängt von der Bevölkerungszahl der Vorperiode, also von B(t-1) und von der Wachstumsrate zum Zeitpunkt t, die mit r(t) bezeichnet werden soll, also:

(1) $B(t) = f(B(t-1), r(t))$

Mit einer Funktion in der allgemeinen Schreibweise $y=f(x)$ kann man konkret noch nichts anfangen. Soll sie verwendet werden, also y-Werte auf der Grundlage eingegebener x-Werte produzieren, muß sie zunächst spezifiziert werden.

Im Bereich der empirischen Sozialwissenschaften gibt es prinzipiell zwei Wege der Spezifizierung derartiger Funktionen: Entweder die Funktionalbeziehung, die uns interessiert, ist mathematisch spezifiziert (der Frauenanteil in einer Population ist notwendigerweise immer 1 - Männeranteil), oder sie kann auf der Grundlage statistischer Daten geschätzt werden.

Unsere erste Modellfunktion kann ohne weiteren Schätzaufwand wie folgt spezifiziert werden:

(1) B(t) = B(t-1) + r(t)*B(t-1)

Dabei stellt sich nun die Frage, wovon die Bevölkerungswachstumsrate r(t) ihrerseits beeinflußt wird bzw. abhängt. Um allen komplizierten inhaltlich-theoretischen Erörterungen auszuweichen, gehen wir der Einfachheit halber davon aus, daß diese Wachstumsrate ihrerseits von der schon erreichten Bevölkerungszahl abhängt: Je größer die Bevölkerungszahl schon ist, desto kleiner wird die Wachstumsrate:

(2) r(t) = f(B(t-1))

Es wird übrigens schon bei diesem kleinen und sicherlich noch recht unrealistischen Beispiel deutlich, daß die Formulierung der analytischen Form einer Modellbeziehung, d.h. die Herleitung ihrer mathematischen Form, nichts anderes ist als die Formulierung einer empirischen Hypothese - und je nachdem, wie gut oder wie schlecht das fertige Modell in der Lage sein wird, die reale Entwicklung, die ja für die Vergangenheit bekannt ist, nachzuzeichnen, bestätigt sich diese Hypothese oder sie wird verworfen. Im letzteren Fall kann ein erneuter Versuch mit alternativen Modellbeziehungen gestartet werden.

Die Herleitung der analytischen Form der Beziehung (2) erfordert eine statistische Untersuchung, in der empirische Größen zur Entwicklung der Bevölkerungswachstumsraten und der Bevölkerungszahl in der Bundesrepublik Deutschland einander gegenübergestellt werden.

Im einfachsten Fall könnte eine lineare Funktion verwendet werden, so daß deren Achsenabschnitt und ihre Steigung aus dem statistischen Material mit den Methoden der Regressionsrechnung geschätzt werden können. Auf die spezifischen zeitreihenstatistischen Probleme, die mit der Anwendung der Regressionsrechnung auf Zeitreihendaten verbunden sind, soll an dieser Stelle nicht eingegangen werden (siehe dazu TIEDE, M., 1987). Sie könnten leicht umgangen werden, wenn die interessierende Funktionalbeziehung nicht auf der Grundlage von Zeitreihendaten, sondern ausgehend von Querschnittsdaten (Wachstumsraten und Bevölkerungszahlen verschiedener Länder) hergeleitet würde.

Benutzt man für die Schätzung die Daten der Bundesrpublik Deutschland wie sie im Kapitel über die zeitreihenstatistischen Methoden vorgestellt wurden, so ergibt sich:

(2) r(t) = 0.051 - 0.0008 * B(t-1)

Unser einfaches Prognosemodell sieht jetzt also folgendermaßen aus:

(1) B(t) = B(t-1) + r(t) * B(t-1)

(2) r(t) = 0.051 - 0.0008 * B(t-1)

Graphisch stellt sich dieses Modell wie folgt dar:

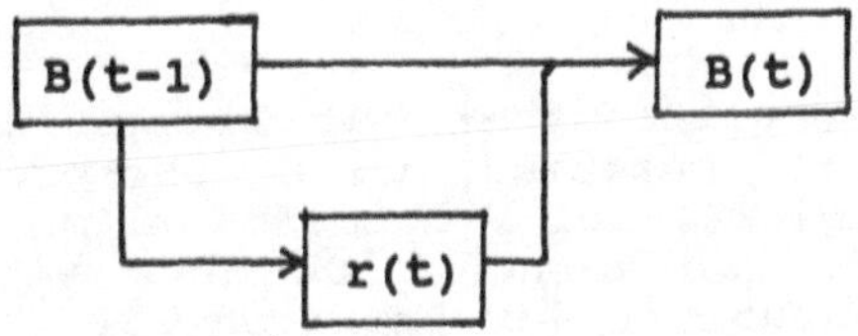

Es dient uns dazu, die Komponenten eines derartigen Modells näher zu erläutern.

1. Modellvariablen

Als Modellvariablen werden diejenigen Größen bezeichnet, die als abhängig (bzw. beeinflußt) von anderen Variablen oder Konstanten angesehen werden.

In dem obigen Modell handelt es sich um die Größen B(t) und r(t).

2. Modellkonstanten

Dies sind diejenigen Größen, die als konstante Werte in einem Modell benutzt werden. Die wichtigsten dieser Größen sind bei zeitabhängigen Modellen die Startwerte der Variablen - diejenigen Größen also, die von einer gegebenen Startsituation ausgehend, das spezifizierte Modell "zum Laufen" bringen.

In unserem einfachen Beispiel wäre dies die "erste" Bevölkerungszahl B(t-1), die vorgegeben werden muß (zum Beispiel die Bevölkerungszahl der Bundesrepublik Deutschland im Jahre 1950), damit die folgenden Werte B(t) (Bevölkerungszahl 1951, 1952, usw.) dann mit Hilfe des Modells "produziert" werden können.

3. Exogene Variablen

Es handelt sich um die Modellvariablen, die nicht von anderen Variablen des Modells beeinflußt werden, sondern "von außen" vorgegeben werden.

4. Modellparameter

Diese Größen kann der Modellbenutzer bei Simulations- oder Planungsmodellen alternativ besetzen, um zu überprüfen, wie daraufhin das Modell reagiert. Bei Prognosemodellen wie hier spielt dies keine Rolle. Man könnte sich aber vorstellen, daß beispielsweise die Parameter der Funktion (2) (Achsenabschnitt und Steigung der linearen Beziehung oder eine generelle Änderung dieses Funktionaltyps überhaupt) in Frage kommen könnten.

5. Modellbeziehungen

Hier handelt es sich um die modellfunktionalen Abhängigkeiten zwischen den Modellvariablen.

In unserem Beispiel wären dies also die Beziehungen (1) und (2). In der graphischen Präsentation von Modellen werden diese Beziehungen als Pfeile dargestellt, die auch die Richtung der jeweiligen Abhängigkeit angeben (siehe obige Skizze).

7.4 PROBLEMANALYSE

Die problemanalytischen Überlegungen, um das einfache Prognosemodell zur Bevölkerungsentwicklung in der Bundesrepublik Deutschland computergestützt, d.h. unter Nutzung eines BASIC-Programms verwenden zu können, sind sehr einfach. Sie lassen sich in folgende Fragen unterteilen, von denen einige schon aufgrund der Ausführungen der früheren Abschnitte und Kapitel beantwortet sind:

1. Welche Variablen sollen in das Modell aufgenommen werden?

Diese Frage wurde schon damit beantwortet, daß wir die denkbar einfachste Modellstruktur gewählt haben, indem nur die Bevölkerungszahl und die Bevölkerungswachstumsrate als Variablen verwendet werden. Natürlich darf dabei nicht übersehen werden, daß auch andere Variablen die Bevölkerungsentwicklung beeinflussen, so zum Beispiel sozio-ökonomische, politische und demographische Variablen, vielleicht auch klimatische Bedingungen usw..

2. Welches sind die Modellbeziehungen ?

Für die Frage, zwischen welchen Variablen Beziehungen modellmäßig hergestellt werden sollen (bzw. in der Realität exisistieren) gilt im Prinzip die gleiche Argumentation, wie beim vorhergehenden Punkt.

Die Beziehungen, für die wir uns im einfachen Bevölkerungsmodell entschieden haben, werden durch die Pfeile in der Modellskizze des vorangegangenen Abschnitts verdeutlicht.

3. Von welchem Typ sind diese Beziehungen ?

Auch diese Frage ist aufgrund theoretischer Überlegungen zu entscheiden und hat in dem hier verwendeten Beispiel zu der Feststellung geführt, daß die erste Beziehung schlicht eine mathematische Identität sein muß, während die zweite aus statistischen Daten geschätzt wird.

Unter problemanalytischen Gesichtspunkten (jetzt bezogen auf das zu entwerfende BASIC-Programm) sind weiterhin die folgenden Fragen relevant:

4. Wie umfangreich wird das Programm ?

Hier ist die Frage zu entscheiden, ob beispielsweise die Schätzungen der Parameter der Funktionen Teil des Programms

sein sollen, oder ob es sich nur auf das "fertige" Modell selbst bezieht.

5. Welches ist der Prognosehorizont ?

Hier ist festzulegen, über wieviele Perioden das Prognosemodell, das Programm also, "laufen" soll.

6. Welche Ausgabenpräsentation ist gewünscht ?

Es ist zu entscheiden, ob eine tabellarische Ausgabe oder graphische Präsentationen oder ob beides gewünscht wird.

Diese Fragen bereiten keine besonderen Schwierigkeiten. Die problemanalytischen Überlegungen, die ihre Beantwortung erfordern, sind in den bisher behandelten Beispielen, sei es nun bei der Anwendung des Programmsystems FRAMEWORK oder bei den ersten einfachen BASIC-Programmen, schon angesprochen worden.

7.5 BASIC-PROGRAMM

In diesem Abschnitt wird ein BASIC-Programm vorgstellt, welches das einfache Bevölkerungsprognosemodell, das oben entwickelt worden ist, rechnergestützt verwirklicht.

```
10 REM Bevoelkerungsprognose fuer die BRD
30 CLS
40 PRINT"Dieses Programm prognostiziert die Entwicklung"
50 PRINT"der Bevoelkerungszahl der Bundesrepublik"
60 PRINT"beginnend mit dem Jahr 1950." : PRINT : PRINT
70 INPUT "Welches soll das letzte Jahr sein ";T : T = T-1950
80 DIM R(T),B(T)
85 B(0) = 50.81 : REM Startwert, Bev.in Millionen, 1950
90 CLS : PRINT"Jahr","Rate (%)","Bevoelkerung" : PRINT
100 FOR I = 1 TO T : J = 1950+I
110 R(I) = .051-.0008*B(I-1)
120 B(I) = B(I-1)+R(I)*B(I-1)
125 R(I)=INT(R(I)*10000+.5)/100
130 PRINT J,R(I),B(I)
140 IF I/15 = INT(I/15) THEN GOSUB 1000 : REM Warten
150 NEXT I
160 GOSUB 1000 : REM Warten
200 REM Graphische Ausgabe
```

```
210 CLS : SCREEN 2
220 LINE (1,1)-(1,160) : LINE (1,100)-(400,100)
230 D=INT(400/T)
240 FOR I=2 TO T
250 S1 = (I-1)*D : S2 = S1+D
260 B1 = 100-B(I-1) : B2 = 100-B(I)
270 R1 = 100-R(I-1)*40 : R2 = 100-R(I)*40
280 LINE (S1,B1)-(S2,B2)
290 LINE (S1,R1)-(S2,R2)
300 NEXT I
302 LOCATE 3,55 : PRINT"B"
304 LOCATE 7,55 : PRINT"R"
310 GOSUB 1000 : REM Warten
320 SCREEN 0 : WIDTH 80 : CLS
330 PRINT"Ende des Programms" : END
1000 REM Unterprogramm Warten
1010 LOCATE 22,20
1020 INPUT "Weiter mit der Return-Taste";A$
1030 CLS : RETURN
```

Bevor die Ergebnisse dieses Programms vorgestellt werden, wollen wir zunächst die Variablen erläutern, die benutzt wurden und eine knappe Programmbeschreibung anfügen.

Variablenliste

A$	**=**	**Stringfeld zur Antwortaufnahme des Benutzers**
B( )	**=**	**Bevölkerungszahl (in Millionen)**
B1	**=**	**Zeilenwert für den jeweils ersten Bevölkerungswert**
B2	**=**	**Zeilenwert für den jeweils zweiten Bevölkerungswert**
D	**=**	**Schrittweite von Spalte zu Spalte in der Graphik**
I	**=**	**Laufindex in Programmschleifen**
J	**=**	**Periodenzähler (Jahr)**
R( )	**=**	**Bevölkerungswachstumsrate (in Prozent)**
R1	**=**	**Zeilenwert für die jeweils erste Wachstumsrate**
R2	**=**	**Zeilenwert für die jeweils zweite Wachstumsrate**
S1	**=**	**Erster Spaltenwert**
S2	**=**	**Zweiter Spaltenwert**
T	**=**	**Zeithorizont**

Programmbeschreibung

Satz 10 : Überschrift des Programms

Satz 20 : Startwert

Vorgabe eines Startwertes für die Bevölkerungsentwicklung und erläuternder Kommentar.

Satz 30 : Löschen des Bildschirms

Satz 40-60 : Ausgabe von Erläuterungen zum Programm

Satz 70 : Prognosehorizont

Hier erfolgt die Anforderung des Prognosehorizonts; danach wird dieser Wert umgerechnet, so daß die Beziehung 1950 = 0 gilt.

Satz 80 : Dimensionierungen

Dimensionierung der für das Programm erforderlichen Speicherfelder. Würde man sich mit der tabellarischen Ausgabe begnügen, wäre diese Dimensionierung nicht erforderlich, weil von Periode zu Periode die Felder R und B unter Verzicht auf die vorherigen Belegungen neu belegt werden könnten. Da aber für die spätere graphische Ausgabe alle Einzelwerte noch benötigt werden, müssen sie separat in entsprechend dimensionierten Arrays gespeichert werden.

Satz 85 : Vorgabe des Startwertes für 1950

Satz 90 : Vorbereitung der tabellarischen Ausgabe

Löschen des Bildschirms und Ausgabe einer Tabellenüberschrift.

Satz 100 : Beginn der Rechenschleife

Mit diesem Satz beginnt die erforderliche Rechenschleife und es wird das jeweilige Jahr J berechnet.

Satz 110 : Berechnung der Wachstumsrate

Satz 120 : Berechnung der Bevölkerungszahl

Satz 125 : Runden der Wachstumsrate als Prozentangabe

Satz 130 : Ausgabe

Ausgabe von Jahr, Wachstumsrate und Bevölkerungszahl auf dem Bildschirm.

Satz 140 : Unterbrechung

Es erfolgt eine Unterbrechung der Ausgabe nach je 15 Perioden durch Sprung in das Unterprogramm, das mit Satz 1000 beginnt.

Satz 150 : Ende der Rechenschleife

Satz 200 : Überschrift

Überschrift zum Programmteil, der für eine graphische Ausgabe der Ergebnisse sorgt.

Satz 210 : Graphik-Vorbereitung

Löschen des Bildschirms und Umschalten in den hochauflösenden Graphik-Modus.

Satz 220 : Zeichnen eines Achsenkreuzes

Satz 230 : Spaltenschrittweite

Berechnung der Spaltenschrittweite: Hat man beispielsweise 25 Zeitpunkte in die Graphik aufzunehmen, können die einzelnen Perioden - um den auf dem Bildschirm zur Verfügung stehenden Platz optimal auszunutzen - zum Beispiel in jeder 16. Spalte (= 400/25) abgetragen werden.

Satz 240 : Beginn der Zeichenschleife

Da bei 25 Zeitpunkten, nur 24 gerade Linienstücke zwischen diesen Punkten zu zeichnen sind, muß diese Schleife beim zweiten Zeitwert beginnen.

Satz 250 : Spaltenkoordinaten

Für je zwei miteinander zu verbindende, aufeinanderfolgende Punkte werden die Spaltenkoordinaten festgelegt.

Satz 260 : Zeilenkoordinaten für die Bevölkerungsangaben

Für je zwei miteinander zu verbindende, aufeinanderfolgende Punkte werden die Zeilenkoordinaten für die Bevölkerungszahl festgelegt. Dabei muß durch geeignete Transformierung darauf geachtet werden, daß der auf dem Bildschirm zur Verfügung stehende Platz in vertikaler Richtung optimal genutzt wird, und es muß berücksichtigt werden, daß die Zeilen intern von oben nach unten aufsteigend numeriert sind.

Satz 270 : Zeilenkoordinaten für die Wachstumsraten

Hier gilt die gleiche Anmerkung wie bei Satz 260.

Satz 280-290 : Zeichnen der geraden Linienstücke

Satz 300 : Ende der Zeichenschleife

Satz 302-304 : Beschriftung der beiden Funktionen

Satz 310 : Sprung ins Unterprogramm 1000

Satz 320 : Zurückschalten in den Textmodus

Satz 330 : Ende des Hauptprogramms

Satz 1000 : Beginn des Unterprogramms "Warten"

Dieses Unterprogramm dient dazu, die Programmausführung und damit die Ausgabe von Ergebnissen zu unterbrechen, bis der Benutzer die Return-Taste drückt.

Satz 1010 : Positionierung des Cursors

Der Cursor wird mit dieser Anweisung in Zeile 22 und Spalte 20 positioniert.

Satz 1020 : Anforderung der Return-Taste

Wegen der INPUT-Anweisung wird die Programmabarbeitung automatisch unterbrochen und das Programm erwartet eine Eingabe für das Stringfeld A$, die - wie jede andere Eingabe auch - mit der Return-Taste zu beschließen ist, um die Programmabarbeitung automatisch fortzusetzen. Gibt der Benutzer nur die Return-Taste ein, wird auch dies als Beendigung der Eingabe angesehen und die Programmabarbeitung wird automatisch fortgesetzt.

Satz 1030 : Ende des Unterprogramms

Hier erfolgt ein Löschen des Bildschirms und danach die Rückkehr ins aufrufende Hauptprogramm.

Programmergebnisse

Wird dieses Programm mit dem Kommando RUN gestartet, so wird nach der Ausgabe einer Überschrift zunächst der Prognosehorizont vom Benutzer angefordert. Gibt er daraufhin zum Beispiel das Jahr 1995 ein, so ergibt sich die folgende Tabelle:

```
Jahr              Rate (%)         Bevoelkerung

 1951              1.04              51.33599
 1952              .99               51.84582
 1953              .95               52.33956
 1954              .91               52.81734
 1955              .87               53.27929
 1956              .84               53.72558
 1957              .8                54.15644
 1958              .77               54.57208
 1959              .73               54.97277
 1960              .7                55.35877
 1961              .67               55.7304
 1962              .64               56.08795
 1963              .61               56.43175
 1964              .59               56.76213
 1965              .56               57.07945


                       Weiter mit der Return-Taste?

1LIST   2RUN   3LOAD"   4SAVE"   5CONT 6,"LPT1 7TRON 8TROFF9KEY    0SCREEN
```

Drückt man jetzt die Return-Taste, wird die Tabelle mit den Jahren 1966 bis 1980 fortgesetzt und danach erneut unterbrochen. Drückt man erneut die Return-Taste, erscheint der Rest der Tabelle auf dem Bildschirm, deren unteres Ende wie folgt aussieht:

```
1981        .26        60.67144
1982        .25        60.82087
1983        .23        60.96339
1984        .22        61.0993
1985        .21        61.22886
1986        .2         61.35235
1987        .19        61.47003
1988        .18        61.58216
1989        .17        61.68896
1990        .16        61.79067
1991        .16        61.88753
1992        .15        61.97974
1993        .14        62.06752
1994        .13        62.15106
1995        .13        62.23056


               Weiter mit der Return-Taste?

1LIST   2RUN   3LOAD"   4SAVE"   5CONT 6,"LPT1 7TRON 8TROFF9KEY   0SCREEN
```

Drückt man nun erneut die Return-Taste, beginnt die Ausgabe der hochauflösenden Graphik, deren Ergebnisse wir hier nicht vorstellen wollen.

LITERATURHINWEISE

BOSSEL, H. : Systemdynamik, Braunschweig und Wiesbaden 1987

BURGHES,D.N./WOOD, A.D. : Mathematical Models in the Social, Management and Life Sciences, Chichester 1980

HARBORDT, S. : Computersimulation in den Sozialwissenschaften, 2 Bände, Reinbek 1974

MERTENS, P.: Simulation, Stuttgart 1969

RAUCH, H. : Modelle der Wirklichkeit - Simulation dynamischer Systeme mit dem Mikrocomputer, Hannover 1985

RICHTER, O. : Simulation des Verhaltens ökologischer Systeme - Mathematische Methoden und Modelle, Weinheim 1985

ZWICKER, E. : Simulation und Analyse dynamischer Systeme in den Wirtschafts- und Sozialwissenschaften, Berlin und New York 1981

KAPITEL 8:

Simulationsmodelle

8.1 AUSGANGSLAGE

8.2 SOZIALE KONTAKTE

8.3 AUSBREITUNG VON MEINUNGEN

8.4 EINKOMMENSVERTEILUNG

8.5 EXKURS : STRATEGISCHE SPIELE

LITERATURHINWEISE

8.1 AUSGANGSLAGE

In Abschnitt 7.2 wurde schon darüber gesprochen, was unter einem Simulationsmodell verstanden werden kann. Auch wenn die Begriffsabgrenzungen in der sozialwissenschaftlichen Methodenliteratur nicht ganz einheitlich sind, gehen wir im folgenden davon aus, daß mit Simulationsmodellen dynamische Abläufe und Entwicklungen nachgezeichnet werden. Im Gegensatz aber zu einem zeitabhängigen Prognosemodell, wie es im vorangegangenen Kapitel verwendet wurde, geht es hier nicht um einen determinierten Entwicklungsprozeß, sondern um Abweichungen von determinierten Entwicklungspfaden unter den folgenden Aspekten:

Durch Variation von Modellparametern, von Modellbeziehungen oder von Rahmenbedingungen des Modells können - insbesondere wenn man die computergestützte Modellierung vorzieht - alternative Entwicklungen "durchgespielt" werden, um aus den unterschiedlichen Modellreaktionen entnehmen zu können, wie das im Modell angebildete System aufgrund solcher Variationen reagiert. Dies ist die erste wesentliche Abweichung von deterministischen Modellen.

Die zweite Abweichung, die hier genannt werden muß, spielt gerade im sozialwissenschaftlichen Bereich eine entscheidende Rolle. Im Gegensatz zu deterministischen Modellen wird versucht, der Komplexität der im Modell abzubildenden Realität dadurch näher zu kommen, daß Zufallsgrößen in das Modell mit aufgenommen werden. Dies bedeutet, daß von Periode zu Periode innerhalb eines Simulationsmodells die Änderungen der Modellvariablen nicht allein in Abhängigkeit von anderen Modellgrößen und den zwischen den Variablen bestehenden Funktionalbeziehungen bestimmt werden, sondern - mindestens zu einem Teil oder zu bestimmten Perioden - durch den Zufall.

Dabei interessiert in diesem Zusammenhang nicht, was der Begriff "Zufall" überhaupt bedeuten soll. Möglicherweise wird damit nur eine Umschreibung geboten für die Vielzahl verschiedener Einflußfaktoren, die, genausowenig wie das Zusammenwirken zwischen ihnen, quantitativ nicht faßbar oder vielleicht sogar völlig unbekannt sind, gleichwohl aber, wie wir der Betrachtung der Realität entnehmen können, wirken.

Bei anspruchsvolleren Modellen - und dazu können wir die computergestützten Simulationsmodelle durchaus zählen - wird deshalb versucht, diesen unbekannt bleibenden Wirkungshintergrund durch Zufallskomponenten in den Modellbausteinen Rechnung zu tragen. Man kann sich sogar Modelle vorstellen, bei denen die Zufallskomponente der entscheidende Baustein ist. Ein derartiges Modell wird im folgenden vorgestellt, um dieses spezielle Charakteristikum deutlich präsentieren zu können. Dem Simulationsaspekt, also die Möglichkeit des Modellbenutzers, durch Variationen einzelner Modellkomponenten zu alternativen Modellergebnissen zu gelangen, wird dabei ebenfalls Rechnung getragen.

Die Bedeutung derartiger Modelle für den Bereich der Sozialwissenschaften liegt auf der Hand: Während bei der Modellbildung im naturwissenschaftlichen oder auch im technischen Bereich den Zufallseinflüssen in der Regel keine besondere Aufmerksamkeit gewidmet werden muß (ausgenommen sind natürlich diejenigen Fragestellungen, bei denen gerade Zufallsprozesse zum Gegenstand wissenschaftlicher Untersuchungen gemacht werden, wie man sich etwa in den Anwendungsbereichen Qualitätskontrolle, Unfallforschung, Katastrophen-Studien u.ä. vorstellen kann), ist dies im sozialwissenschaftllichen Bereich anders. Allein schon wegen der Vielgestaltigkeit von Einflußfaktoren, die das menschliche Verhalten innerhalb sozialer Strukturen und Systeme beeinflussen können, und wegen der faktischen empirischen Undurchdringlichkeit der entsprechenden Beziehungsgeflechte, muß mit Zufallskomponenten gearbeitet werden.

Wie sonst könnte man Verhaltensänderungen (zum Beispiel Wahlentscheidungen oder Aktionen und Reaktionen in Konfliktsituationen) modellhaft abbilden - wenn die tatsächlich wirksamen Einflußfaktoren empirisch nicht oder nicht völlig quantifizierbar sind - als durch die Aufnahme zufallsabhängiger Komponenten in die entsprechenden Modelle ?

Betrachten wir ein simples Beispiel, um dieses Dilemma der Modellbauer zu verdeutlichen: Wenn modellhaft abgebildet werden soll, wie aus einer sozial zusammengehörigen Gruppe von Personen (vielleicht die Parteimitglieder der SPD in einem Ortsverband) ein dreiköpfiger Vorstand bestimmt wird, dann müssen als Modellbausteine die sozialen Beziehungen und Einflußgrößen, die in dieser Population wirksam sind, soweit sie die Wahlentscheidungen beeinflussen, in das Modell aufgenommen werden. Sollte es nun aber so sein (der Leser erkennt sicherlich, daß dieses Beispiel nicht sonderlich realitätsnah ist), daß die Bestellung dieses dreiköpfigen Vorstandes durch Losentscheid zustandekommt, dann muß notwendigerweise in das zu konstruierende Modell eine Zufallskomponente aufgenommen werden.

Um die unterschiedlichen Aspekte, die hier angesprochen wurden, anhand geeigneter Beispiele zu illustrieren, stellen wir in diesem Kapitel drei verschiedene Modellbeispiele für verschiedene Einsatzbereiche rechnergestützter Simulationen vor, die wiederum als BASIC-Programme entwickelt werden:

1. Soziale Kontakte

2. Ausbreitung von Meinungen

3. Einkommensverteilung

Bei allen drei Beispielen wird - wie schon bei dem Prognosemodell im vorangegangenen Kapitel - mit Vereinfachungen gearbeitet, um dem Leser den leichten Nachvollzug der entsprechenden Problemstellungen, Problemanalysen und der Programme zu ermöglichen. Es wird aber bei allen drei Beispielen deutlich werden, in welcher Weise sie mit dem Ziel, zu realitätsnäheren Modellen zu gelangen, ausgeweitet, ergänzt und modifiziert werden müßten.

8.2 SOZIALE KONTAKTE

Im Rahmen vieler soziologischer Untersuchungen spielt die Frage eine Rolle, welche Bedingungen es sind, die soziale und kommunikative Kontakte zustandebringen. Zur Beantwortung dieser Frage kann man viele statistische Daten sammeln und viele unterschiedliche Theorien verwenden, was auch bedeutet, daß man mit fast beliebig komplizierbaren Modellen versuchen kann, soziale Beziehungen und kommunikatives zwischenmenschliches Verhalten abzubilden, um zu versuchen, die gestellte Frage durch Modell-Läufe zu beantworten.

In dieser Abhandlung wollen wir einen einfacheren Weg beschreiten und formulieren die folgende, sicherlich nicht unplausible Ausgangshypothese:

Kommunikative Austauschbeziehungen kommen nur unter der Voraussetzung zustande, daß sich zwei Menschen überhaupt begegnen. In einem zufallsbeeinflußten Simulationsmodell kann man nun untersuchen, wie lange es dauert, bis ein derartiges Treffen zustandekommen.

Wir haben also ein außerordentlich komplexes Beziehungsgeflecht und eine Vielzahl von Einflußfaktoren mit Blick auf Überschaubarkeit und unter Betonung der methodischen Fragestellungen, die hier interessieren, auf folgenden quantitativen Aspekt reduziert: Kommunikation kommt zustande, wenn sich zwei Menschen in einem bestimmten Raum treffen.

Es ist sehr einsichtig, daß diese Hypothese eine gewaltige Verkürzung der eigentlichen Fragestellung darstellt, weil sie einfach auf ein Quantitätenproblem reduziert wurde. Genau genommen handelt es sich jetzt nur noch um ein ganz kleines Teilproblem aus dem ursprünglich formulierten Problem. Genau dieser kleine Teilbereich reicht aber dazu aus, das modell-methodische Problem der Simulation von Zufallsprozessen zu illustrieren.

Dieses drastisch verkürzte Problem läßt sich auf folgende Weise veranschaulichen:

Man stelle sich einen Raum vor (geometrisch bzw. rechnergestützt darstellbar durch ein Rechteck auf dem Bildschirm). In diesem Raum bewegen sich mindestens zwei Personen (darstellbar durch zwei verschiedene Symbole auf dem Bildschirm). Gelangen sie an den Rand des Raumes, ändern sie ihre Bewegungsrichtung. Wenn bei der Bewegung durch den Raum ein Zusammentreffen zustandekommt, ist die im vereinfachten Modell gestellte Frage beantwortet: Jetzt ist der Zeitpunkt gekommen, ab dem Kommunikation möglich wird.

Das Element der Simulation kommt in diesem Modell dadurch zum Ausdruck, daß die Bewegung von Menschen abgebildet wird, wobei die Bewegungsgeschwindigkeit vom Modellbenutzer variiert werden kann. Weiterhin bleibt es ihm überlassen, darüber zu entscheiden, wieviele Menschen sich in dem Raum bewegen sollen und wie groß dieser sein soll. Es versteht sich, daß Kontakte um so rascher zustandekommen, je rascher die Bewegung der einzelnen ist, je mehr Menschen simuliert werden und je kleiner der Raum ist.

Das Zufallselement, über das oben geprochen wurde, kommt dadurch zum Ausdruck, daß die Startpositionen der Personen im Raum und ihre erste Bewegungsrichtung zufällig festgelegt werden. Ergänzend kann auch vorgesehen werden, daß die Bewegungsrichtung der einzelnen Personen sich nicht erst dann ändert, wenn sie auf eine "Wand" des Raumes stoßen, sondern zufallsabhängig vor jedem Schritt neu festgelegt wird, was einem gewissen "Torkel-Effekt" entspricht.

Der Leser wird erkennen, daß sich entsprechende Fragestellungen in anderen sozialwissenschaftlich interessanten Bereichen formulieren lassen: Nach dem gleichen oder einem ähnlichen Muster kann die Frage der Diffussion von Informationen oder von Gerüchten und dergl. aufgegriffen werden oder die Frage von Meinungs-, Einstellungs- oder Verhaltensänderungen einzelner Mitglieder in Gruppen von Personen, oder die Frage der Ausbreitung von Krankheiten - vielleicht könnte nach diesem Muster ein Grundmodell zur Simulation der Ausbreitung der Krankheit AIDS aufgebaut werden.

Unter problemanalytischen Gesichtspunkten ergeben sich keine besonderen Schwierigkeiten. Das Simulationsmodell führt zu einem Programm, das zwar vergleichsweise umfangreich ist, gleichwohl aber von seiner Struktur her so einfach, daß die dem Programm folgende Programmbeschreibung hinreichend Auskunft darüber gibt, was im einzelnen geschieht.

```
10 REM Treffen
20 CLS
30 PRINT"Dieses Programm simuliert das Zusammentreffen"
40 PRINT"von Personen in einem Raum." :PRINT : PRINT
50 INPUT "Wieviele Personen (2-15) ";N
60 IF N<2 OR N>15 THEN PRINT"Fehler" : PRINT : GOTO 50
70 DIM ZA(N),ZN(N),SA(N),SN(N),S$(N),DZ(N),DS(N)
80 FOR I=1 TO N
90 PRINT"Horizontale Geschwindigkeit fuer Nr.";I;:INPUT "(1 oder 2) ";DS(I)
100  IF DS(I)<1 OR DS(I)>2 THEN PRINT"Fehler" : GOTO 90
110 PRINT"Vertikale  Geschwindigkeit fuer Nr.";I;:INPUT "(1 oder 2) ";DZ(I)
120 IF DZ(I)<1 OR DZ(I)>2 THEN PRINT"Fehler" : GOTO 90
130 NEXT I
140 PRINT:PRINT:PRINT"Gezielte (1) oder ungezielte Bewegung (2) ";:INPUT M
150 IF M<1 OR M>2 THEN PRINT"Fehler" : GOTO 140
160 PRINT:PRINT:INPUT "Groesse des Raums (10-40) ";G
170 IF G<10 OR G>40 THEN PRINT"Fehler":GOTO 160
180 CLS
190 LOCATE 2,50:PRINT"Abbruch mit Ctrl-Break"
200 FOR S = 1 TO G
210 LOCATE 1,S : PRINT CHR$(219)
220 LOCATE 20,S : PRINT CHR$(219)
230 NEXT S
240 FOR Z=1 TO 20
250 LOCATE Z,1 : PRINT CHR$(219)
260 LOCATE Z,G  : PRINT CHR$(219)
270 NEXT Z
280 REM Zufallsstart
290 RANDOMIZE TIMER
300 FOR I = 1 TO N
310 ZA(I) = INT(RND(1)*17)+2
320 SA(I) = INT(RND(1)*(G-3))+2
330 S$(I) = CHR$(I+64)
```

```
340 LOCATE ZA(I),SA(I):PRINT S$(I)
350 NEXT I
360 IF M=1 THEN 430
370 FOR I = 1 TO N : R = INT(RND(1)*2)
380 IF R = 0 THEN DZ(I) = -DZ(I)
390 NEXT I
400 FOR I = 1 TO N : R = INT(RND(1)*2)
410 IF R = 0 THEN DS(I) = -DS(I)
420 NEXT I
430 FOR I = 1 TO N
440 ZN(I) = ZA(I)+DZ(I) : SN(I) = SA(I)+DS(I)
450 NEXT I
460 FOR I = 1 TO N
470 IF ZN(I)<2 THEN ZN(I)=2 : DZ(I) = -DZ(I)
480 IF ZN(I)>19 THEN ZN(I)=19 : DZ(I) = -DZ(I)
490 IF SN(I)< 2 THEN SN(I)=2 : DS(I)=-DS(I)
500 IF SN(I)>G-1 THEN SN(I)=G-1: DS(I)=-DS(I)
510 NEXT I
520 FOR I = 1 TO N
530 LOCATE ZA(I),SA(I):PRINT CHR$(32)
540 LOCATE ZN(I),SN(I) : PRINT S$(I)
550 NEXT I
560 FOR P=1 TO 1000:NEXT P
570 FOR I = 1 TO N
590 ZA(I) = ZN(I) : SA(I) = SN(I)
600 NEXT I
610 ZT=ZT+1
620 FOR I=1 TO N-1 : FOR J=I+1 TO N
630 IF ZN(I)=ZN(J) AND SN(I)=SN(J) THEN GOTO 660
640 NEXT J : NEXT I
650 GOTO 360
660 LOCATE 2,50 : PRINT" Treffen von ";S$(I);" und ";S$(J);" nach"
670 LOCATE 3,50 : PRINT ZT;" Perioden"
680 LOCATE 20,50: PRINT"Ende des Programms"
690 LOCATE 21,50: PRINT"Neustart nur mit RUN"
700 END
```

Variablenliste

DS() = Horizontale Bewegungsgeschwindigkeiten
DZ() = Vertikale Bewegungsgeschwindigkeiten
G = Parameter zur Festlegung der Raumgröße
I = Programmschleifenzähler
J = Programmschleifenzähler
M = Parameter zur Steuerung der Bewegungen
N = Zahl der Personen
P = Programmschleifenzähler in der Warteschleife
R = Zufallszahl
S = Bildschirmspaltenindex
S$(,)= Symbole für Personen
SA() = Bildschirmspalten der vorherigen Positionen
SN() = Bildschirmspalten der aktuellen Positionen
Z = Bildschirmzeilenindex

ZA() = Bildschirmzeilen der vorherigen Positionen
ZN() = Bildschirmzeilen der aktuellen Positionen
ZT = Periodenzähler

Programmbeschreibung

Satz 10-40 : Überschrift

Überschrift des Programms, Löschen des Bildschirms, Ausgabe eines erläuternden Textes.

Satz 50-60 : Vorgabe der Personenzahl

Anforderung der Anzahl der zu simulierenden Personen und Abfangen zu kleiner oder zu großer Werte.

Satz 70 : Dimensionierung

Dimensionierung der für das Programm erforderlichen Arrays (siehe auch Variablenliste).

Satz 80-130 : Vorgabe der Bewegungsgeschwindigkeiten

In einer Programmschleife werden für jede zu simulierende Person zwei Bewegungsgeschwindigkeiten angefordert - eine in horizontale, eine in vertikale Richtung. Es handelt sich hier um Bewegungsschrittweiten, für die im Interesse der Anschaulichkeit des Programms jeweils nur die Werte 1 oder 2 zugelassen werden; andere Werte führen zu einer Fehlermeldung und erneuter Wertanforderung.

Satz 140-150 : Vorgabe der Bewegungsart

Durch Angabe der Zahl 1 oder 2 (andere Werte werden als unzulässig zurückgewiesen) kann der Programmbenutzer darüber entscheiden, ob die Bewegung der simulierten Personen geradlinig bis zur jeweils nächsten "Wand" erfolgen soll (M=1), oder ob von Schritt zu Schritt auch Veränderungen der Bewegungsrichtung möglich sein sollen (M=2).

Satz 160-170 : Vorgabe der Größe des Raumes

Die Größe des Raumes kann zwischen 10 und 40 Bildschirmspalten gewählt werden.

Satz 180-190 : Abbruchmeldung

Löschen des Bildschirms und Angabe, wie das Programm beendet werden kann, da es sich m ein "Endlos-Programm" handelt.

Satz 200-270 : Raum

Zeichnen des Raumes in der gewählten Größe als Rechteck auf dem Bildschirm.

Satz 280-290 : Zufallsstart

Vorbereitung des Zufallsstarts der simulierten Bewegungen im Raum.

Satz 300-350 : Startpositionen

Für jede simulierte Person (Programmschleife von 1 bis N = Zahl der Personen) wird zufällig eine Bildschirmzeile und -spalte ausgewählt. An dieser Position wird der Cursor positioniert, um dort ein Symbol zu drucken (A für die erste Person = CHR$(65), B für die zweite Person = CHR$(66) usw.).

Satz 360 : Verzweigung

Wenn der Programmbenutzer sich für eine geradlinige Bewegung der einzelnen simulierten Personen entschieden hat (siehe Satz 140), so gilt M=1; dann erfolgt ein Sprung zum Satz 430; andernfalls wird das Programm mit Satz 370 fortgesetzt.

Satz 370-390 : Vertikale Richtungsänderung

Für alle simulierten Personen wird eine Zufallszahl 0 oder 1 bestimmt; ist diese Zahl 0, wird die vertikale Bewegungsrichtung umgekehrt, andernfalls nicht.

Satz 400-420 : Horizontale Richtungsänderung

Entsprechendes gilt für die horizontale Bewegungsrichtung.

Satz 430-450 : Neue Positionen

Für alle simulierten Personen wird die neue Bildschirmposition bestimmt.

Satz 460-510 : Erreichen einer Wand

Für alle simulierten Personen wird überprüft, ob sie eine "Wand" des Raumes erreicht haben (links oder rechts, oben oder unten). Ist dies der Fall, wird die Bewegungsrichtung umgekehrt.

Satz 520-550 : Zeichnen

Für alle simulierten Personen erfolgt an der alten Position eine Löschung mit CHR$(32) (Leertaste) und eine Neu-Plazierung an der neuen Position. Dies erzeugt für das Auge des Betrachters den Eindruck einer Bewegung.

Satz 560 : Warteschleife

Um die Bildschirmsimulation nicht zu rasch ablaufen zu lassen, wurde hier eine Warteschleife eingefügt. Sollte auf dem Rechner des Lesers dieses Programm zu langsam ablaufen, wodurch die simulierten Bewegungen sehr ruckhaft erscheinen, kann diese Warteschleife aus dem Programm entfernt werden.

Satz 570-600 : Umwandeln der Positionen

Die bisher neuen Positionen werden jetzt zu alten Positionen.

Satz 610 : Periodenzähler

Die Zahl der vergangenen Perioden wird um 1 erhöht, um später feststellen zu können, wieviele Perioden bis zum ersten Zusammentreffen von zwei simulierten Personen vergangen sind (siehe Satz 670).

Satz 620-640 : Zusammentreffen

Durch Vergleich der Zeilen- und der Spaltenpositionen von je zwei simulierten Personen (jede wird mit jeder anderen verglichen) wird festgestellt, ob ein Zusammentreffen erfolgt ist; wenn ja, erfolgt ein Programmsprung zum Satz 660, andernfalls geht es mit Satz 650 weiter.

Satz 650 : Fortsetzung der Bewegung

Durch Rücksprung zum Satz 360 wird das Programm fortgesetzt (nächste Periode). Es handelt sich um ein Endlosprogramm, das nur mit den Tasten Ctrl und Break abgebrochen werden kann - es sei denn, wegen des Zusammentreffens von zwei simulierten Personen wird Satz 660 erreicht.

Satz 660-700 : Programmende

Satz 660 wird erreicht, wenn zwei der simulierten Personen zusammgetroffen sind (siehe Satz 620-640). Ist dies der Fall, wird ausgegeben, wer mit wem zusammengetroffen ist, wieviele Perioden vergangen waren und wie das Programm wieder gestartet werden kann.

Programmergebnisse

Wenn dieses Programm gestartet wird, wird der Programmbenutzer zunächst danach gefragt, wieviele Personen simuliert werden sollen und welche Bewegungsgeschwindigkeit den einzelnen Personen zugeordnet werden soll. Weiterhin kann der Benutzer festlegen, wie die Bewegung der simulierten Personen erfolgen soll, und wie breit der Bewegungsraum sein soll.

Nach diesen Informationseingaben erscheint auf dem Bildschirm der simulierte Raum in Gestalt eines Rechtecks und die Personen, dargestellt durch unterschiedliche Buchstaben, wandern durch diesen Raum, von Zufallsstartpunkten und mit zufälliger Startrichtung beginnend. Die Bewegungsrichtung ist entweder geradlinig oder "torkelnd" (je nach Wahl des Programmbenutzers) und kehrt sich um, wenn eine Raumbegrenzung erreicht wird.

Wenn sich zwei dieser Symbole treffen, wird eine entsprechende Meldung ausgegeben und das Programm beendet.

Bei häufiger Benutzung dieses Programms wird man sofort feststellen, daß ein Zusammentreffen von zwei simulierten Personen um so rascher zustandekommt, je kleiner der Raum ist, je größer die Bewegungsgeschwindigkeiten sind und je mehr Personen simuliert werden.

Wird dieses Programm häufig bei konstanten Startinformationen gestartet, kann eine Häufigkeitsverteilung darüber erstellt werden, wie lange es dauert, bis ein Zusammentreffen zustandekommt. Manchmal geht das sehr schnell, manchmal dauert es aber auch recht lange. Aus der sich ergebenden Verteilung wiederum kann der zufällige Charakter dieses Simulationsprozesses abgelesen werden. Dies entspricht dem realen Phänomen, daß bestimmte Diffussionsprozesse manchmal langsam und zögerlich, zu anderen Zeiten aber plötzlich rasch und um sich greifend ablaufen.

Der Leser kann anhand dieser Ergebnisse erkennen, daß sehr wohl - trotz der starken Vereinfachung dieses Modells - reale Bezüge zu sozialwissenschaftlich relevanten Untersuchungsfeldern hergestellt werden können.

8.3 AUSBREITUNG VON MEINUNGEN

Das zweite Beispiel, das im Rahmen dieses Kapitels über computergestützte Simulationsmodelle in den Sozialwissenschaften besprochen wird, hat mit Diffusionsprozessen zu tun und berührt in seiner Anwendungsorientierung den Bereich der politischen Wissenschaften, speziell den Bereich der Wahlforschung. Die wiederum sehr vereinfachte Problemstellung kann wie folgt skizziert werden:

Man stelle sich vor, im politischen System der Bundesrepublik Deutschland gäbe es nur zwei Parteien, kurz mit CDU und SPD bezeichnet. Die Anhänger beider Parteien verteilen sich mehr oder weniger gleichmäßig (und etwa 100:100; dies kann aber im folgenden Programm auch geändert werden), aber zufallsabhängig im Land. Geometrisch bzw. computergestützt könnte dies dargestellt werden durch 100 wahllos verstreute Symbole C und 100 wahllos verstreute Symbole S auf einem "Schachbrett" mit 10*20 Feldern. Zur besseren graphischen Verdeutlichung wählen wir im folgenden ein weißes Rechteck für die eine Partei (Partei "Weiß") und einen kleinen Punkt in einem schwarzen Rechteck für die andere Partei (Partei "Schwarz").

Weiterhin kann man sich jetzt vorstellen, daß an jedem Tag (zu jeder Periode) einer der Parteianhänger - welcher, wird wiederum vom Zufall bestimmt - in seiner Überzeugung wankend wird und sich der Parteipräferenz seiner Nachbarn anschließt. Er schaut sich also seine acht Nachbarn an und schließt sich der Mehrheitsmeinung dieser Gruppe an, wobei angenommen werden kann, daß bei Stimmengleichheit seine eigene Präferenz den Ausschlag gibt.

Dieses sehr simple Modell politischer Willensbildung führt zu bemerkenswerten Ergebnissen, wenn man das entsprechende Computermodell über mehrere Perioden laufen läßt. Es stellt sich nämlich heraus, daß Verschiebungen der Parteipräferenzen auftreten, die in einigen Bereichen und zu bestimmten Perioden zu Zusammenballungen (weißen oder schwarzen Häufungen) führen. Dies kann sogar dazu führen, daß durch die aufeinanderfolgenden Meinungsänderungen, eine der simulierten Parteien am Ende ganz verschwindet, d.h. das Zweiparteiensystem schafft sich in diesem Fall selbst ab und führt in die "Ein-Parteien-Diktatur".

Der Simulationscharakter dieses Modells kommt in der Tatsache zum Ausdruck, daß der Modellbenutzer die Ausgangsverteilung der beiden Parteien festlegen kann. Er kann beispielsweise davon ausgehen, daß beide Parteien zu Beginn des Simulationsprozesses ungefähr gleich stark vertreten sind; er kann aber auch unterstellen, daß eine von beiden sowieso schon sehr stark ist - was erwartungsgemäß den Trend zum "Ein-Parteien-System" beschleunigt.

In diesem Modell spielt aber auch wieder das Zufallselement eine entscheidende Rolle, indem von Spielperiode zu Spielperiode derjenige "Wähler", der in Abhängigkeit von seinen acht Nachbarn seine politische Meinung ändert oder nicht, per Zufall bestimmt wird. Auch die Ausgangsverteilung ist unter "regionalem" Gesichtspunkt zufällig.

Diese Überlegungen führen zu einem recht einfachen Programm, wobei unter problemanalytischen Gesichtspunkten lediglich die Frage neu auftaucht, welches die acht Nachbarn desjenigen simulierten Wählers sind, der am Rande des "Schachbretts" (Ausgangsverteilung) positioniert ist. Sitzt er beispielsweise in der ersten (obersten) Bildschirmzeile, hat er "im Norden" keine Nachbarn mehr. Wir unterstellen dann der Einfachheit halber, seine drei "nördlichen" Nachbarn sitzen in der untersten Bildschirmzeile, d.h. das zweidimensionale "Schachbrett", das die regionale Wählerverteilung simuliert, ist ein aufgeklappter Kugelraum: Die oberste Bildschirmzeile grenzt gedanklich an die untere, die am weitesten links befindliche Spalte grenzt an die, die am weitesten rechts auf dem Bildschirm ist.

```
10 REM Wahl2
20 CLS
30 PRINT"Dieses Programm simuliert sich aenderndes"
40 PRINT"Waehlerverhalten im Zeitablauf"
50 PRINT : PRINT : PRINT
60 INPUT "Zahl der Perioden ";N
70 INPUT "Anteil fuer Weiss ";P
80 CLS : RANDOMIZE TIMER
90 DIM S$(10,20)
100 GOSUB 1000 : REM Start-Tableau
110 FOR T = 1 TO N : W = 0
120 Z = INT(RND(1)*10)+1
130 S = INT(RND(1)*20)+1
140 Z1=Z-1:Z2=Z:Z3=Z+1
150 S1=S-1:S2=S:S3=S+1
160 IF Z1=0 THEN Z1=10
170 IF Z3=11 THEN Z3=1
180 IF S1=0 THEN S1=20
190 IF S3=21 THEN S3=1
```

```
200 IF S$(Z1,S1)=CHR$(219) THEN W=W+1
210 IF S$(Z1,S2)=CHR$(219) THEN W=W+1
220 IF S$(Z1,S3)=CHR$(219) THEN W=W+1
230 IF S$(Z2,S1)=CHR$(219) THEN W=W+1
240 IF S$(Z2,S3)=CHR$(219) THEN W=W+1
250 IF S$(Z3,S1)=CHR$(219) THEN W=W+1
260 IF S$(Z3,S2)=CHR$(219) THEN W=W+1
270 IF S$(Z3,S3)=CHR$(219) THEN W=W+1
280 IF W>4 THEN S$(Z,S)=CHR$(219) ELSE S$(Z,S)=CHR$(46)
290 GOSUB 2000 : REM Tableau
300 NEXT T
310 LOCATE 20,22: PRINT"Ende des Programms" : END
1000 REM Start-Tableau
1010 CLS
1020 FOR Z=1 TO 10 : FOR S=1 TO 20
1030 S$(Z,S)=CHR$(46)
1040 R=RND(1) : IF R<P THEN S$(Z,S)=CHR$(219)
1050 PRINT S$(Z,S); : NEXT S : PRINT : NEXT Z
1060 RETURN
2000 REM Tableau
2010 LOCATE 1,1
2020 FOR Z=1 TO 10 : FOR S=1 TO 20
2030 PRINT S$(Z,S);:IF S$(Z,S)=CHR$(46) THEN C=C+1
2040 NEXT S : PRINT : NEXT Z
2050 LOCATE 7,40 : PRINT"Periode : ";T
2060 LOCATE 9,40 : PRINT"Schwarz : ";C/2;"  "
2070 LOCATE 10,40: PRINT"Weiss   : ";(200-C)/2;"  "
2080 C=0 : RETURN
```

Variablenliste

C	**=**	**Zahl der durch die weiße Partei besetzten Felder**
N	**=**	**Zahl der Perioden**
P	**=**	**Ursprünglicher Stimmanteil für die weiße Partei**
R	**=**	**Zufallszahl**
S	**=**	**Bildschirmspalte**
S$(,)	**=**	**Parteien-Symbole**
S1	**=**	**Bildschirmspalte links von Spalte S**
S2	**=**	**Bildschirmspalte S**
S3	**=**	**Bildschirmspalte rechts von Spalte S**
T	**=**	**Periodenzähler**
W	**=**	**Zahl der durch die weiße Partei besetzten Nachbar felder**

Z = Bildschirmzeile
Z1 = Bildschirmzeile über Zeile Z
Z2 = Bildschirmzeile Z
Z3 = Bildschirmzeile unter Zeile Z

Programmbeschreibung

Satz 10-50 : Überschrift

Überschrift des Programms, Löschen des Bildschirms, Ausgabe von Informationen zum Programm.

Satz 60-70 : Anforderungen

Das Programm fordert vom Benutzer zunächst die Anzahl der Perioden an, die das Programm berücksichtigen soll, und danach den Anteilswert, den zu Beginn des Prozesses die eine der beiden Parteien (hier der Einfachheit halber mit "Weiß" bezeichnet) haben soll.

Satz 80-100 : Vorbereitung

Zur Vorbereitung des weiteren Programmablaufs wird der Bildschirm gelöscht, der Zufallsgenerator aktiviert und der erforderliche zweidimensionale Array für die Bildschirmausgabe der Parteienverteilung dimensioniert. Danach erfolgt ein Sprung ins Unterprogramm 1000, welches die Startverteilung auf dem Bildschirm ausgibt.

Satz 110-300 : Bestimmung der Neuverteilung

Von Periode zu Periode wird jetzt die neue Parteienverteilung bestimmt. Dazu wird zunächst eine "Person" durch Zufallsbestimmung einer Bildschirmzeile und einer Bildschirmspalte ausgewählt (120-130), nachdem ein Zähler W auf 0 gesetzt wurde (110). Danach werden die Nachbarzeilen und -spalten dieser Zufallsposition bestimmt (140-150), wobei zum gegenüberliegenden Tableaurand gewechselt wird, wenn die Ausgangsposition schon am Rand lag (160-190).

Auf diese Weise ergeben sich insgesamt 9 Positionen (ausgewählte Position + 8 Nachbarn), für die ausgezählt wird, wie oft "Weiß" auftritt (Erhöhung des Zählers W in 200-270). Hat "Weiß" die Mehrheit (W>4), präferiert auch die ausgewählte "Person" die "weiße", andernfalls die "schwarze" Partei (280).

Nach dieser Entscheidung erfolgt ein Sprung zum Unterprogramm 2000, welches dazu dient, das nun geänderte Tableau, d.h. die neue Parteienverteilung zu zeichnen (290). Mit Satz 300 erfolgt dann der Übergang zur folgenden Periode.

Satz 310 : Ende des Programms.

Satz 1000-1060 : Unterprogramm Starttableau

In diesem Unterprogramm wird nach Löschen des Bildschirms (1010) das Starttableau, d.h. die Ausgangs-Parteienverteilung gezeichnet. Dazu wird für alle Bildschirmpositionen des Tableaus (10 Zeilen und 20 Spalten) ein Punkt vorgesehen (1030), der in Abhängigkeit von einer Zufallszahl und dem vorgegebenen Startanteil für "Weiß" (P) in ein weißes Rechteck umgewandelt wird (1040). Die sich so ergebende Verteilung wird dann gezeichnet (1050), bevor der Rücksprung ins Hauptprogramm erfolgt (1060).

Satz 2000-2080 : Unterprogramm Tableau

In diesem Unterprogramm wird die jeweils von Periode zu Periode geänderte Parteienverteilung neu gezeichnet (2020-2040) - und zwar wegen der LOCATE-Anweisung (2010) immer an der gleichen Stelle des Bildschirms.

Wenn an einer Position ein Punkt auftritt ("Schwarz"), wird ein Zähler C um 1 erhöht, so daß nach Beendigung der Zeichnung bekannt ist, wieviele schwarze Felder (C) und wieviele weiße Felder (200-C) nun vorliegen. Diese Informationen werden ausgegeben (2050-2070), bevor der Rücksprung ins Hauptprogramm erfolgt (2080).

Programmergebnisse

Nach dem Start dieses Programms und der Vorgabe der Zahl der Perioden (der Leser sollte hier einen recht hohen Wert eingeben, zum Beispiel den Wert 500) und des Startanteils für "Weiß" (zum Beispiel 0.5), wird ein Tableau nach dem anderen auf dem Bildschirm ausgegeben. Es ist dabei sehr gut zu erkennen, wie sich die "Parteienlandschaft" im Zeitablauf verändert:

Es kommt zu Verschiebungen, zu Zusammenballungen für die weiße oder auch für die schwarze Partei. Zusammenballungen lösen sich auch wieder auf und bilden sich an anderen Stellen des Tableaus neu usw.. Nach einiger Zeit kann es auch geschehen, daß eine der beiden Parteien definitiv die "Oberhand" gewinnt und sich auf dem Tableau durchsetzt - es wird also fast völlig weiß oder schwarz, je nachdem, welches die "glückliche" Partei ist.

Dieser Effekt kann beschleunigt werden, wenn von einer ungleichen Startverteilung ausgegangen wird, wenn also auf die entsprechende Anforderung des Programms der Wert 0.7 oder 0.8 eingegeben wird. Es leuchtet unmittelbar ein, daß dann "Weiß" relativ rasch die Vorherrschaft erreicht.

Wir wollen darauf verzichten, die Ergebnisse dieses Modells inhaltlich zu interpretieren. Auf jeden Fall sieht es so aus, daß unter den gegebenen Modellvoraussetzungen (zufällig ausgewählte "Personen" schließen sich der politischen Präferenz der Mehrheit ihrer "Nachbarn" an - eine nicht ganz unplausible Arbeitshypothese), ein Zweiparteiensystem sich möglicherweise selbst eliminiert.

Diejenigen der Leser, die politikwissenschaftlich interessiert sind, mögen sich mit dieser Hypothese befassen und vielleicht nach realitätsorientierten Modifikationen zu verbesserten Modellen gelangen, um zu untersuchen, was passieren könnte.

8.4 EINKOMMENSVERTEILUNG

Als weiteres Beispiel in diesem Kapitel betrachten wir ein Simulationsprogramm, welches sehr gut in den Bereich der empirischen Sozialforschung hineinpaßt, nämlich eine modellhafte Betrachtung der Entstehung der personellen Einkommensverteilung (dieses Beispiel ist einer noch unveröffentlichen Arbeit von B. Wutschel entnommen).

Die Einkommensverteilung in einer Gesellschaft ist unter mehreren Gesichtspunkten für die empirische Sozialforschung von Interesse. Dies nicht zuletzt deshalb, weil sie - in ihrer konkreten statistischen Gestalt, bzw. in der Entwicklung derselben im Zeitablauf - ein wichtiger Indikator für die sozio-ökonomische Situation einer Gesellschaft ist. Neben der Einkommenshöhe generell (gemessen mit der statistischen Größe "Nettosozialprodukt zu Faktorkosten pro Kopf der Bevölkerung") liefert die Einkommensverteilung und ihre Streuung wesentliche Hinweise für die Lebenslage der Bevölkerung eines Landes. Darüber hinaus indiziert die Streuung der Einkommensverteilung und ihre Veränderung im Zeitablauf mögliche soziale Konfliktpotentiale.

Dabei interessiert in diesem Zusammenhang nicht die "funktionelle Einkommensverteilung", also die Verteilung des Volkseinkommens auf die Produktionsfaktoren, sondern vielmehr die institutionelle Verteilung auf Haushalte und insbesondere die personelle Einkommensverteilung, bei der die einzelnen Einkommensbezieher die Merkmalsträger sind.

Betrachtet man die zur Verfügung stehenden statistischen Ausgangsdaten, so ergibt sich für das Jahr 1985:

Einkommensverteilung : Anteil der Erwerbstätigen in Prozent

Einkommensklasse	Prozent
unter 600	10.5
600 - 1000	9.1
1000- 1200	6.1
1200- 1400	7.4
1400- 1800	20.3
1800- 2200	19.3
2200- 3000	14.5
3000- 4000	7.2
4000 und mehr	5.5
Summe	100

Quelle : Institut der Deutschen Wirtschaft, Zahlen zur wirtschaftlichen Entwicklung der Bundesrepublik Deutschland 1987, Köln, Tab.12

Was soll nun in diesem Zusammenhang mit einem rechnergestützten Modell erreicht werden ?

Wie schon an anderer Stelle festgestellt, können die Aufgaben eines Simulationsmodells unter drei Oberbegriffen subsumiert werden, nämlich unter die Begriffe "Beschreibung", "Erklärung" und "Prognose":

Zum Stichwort "Beschreibung" ist in diesem Zusammenhang anzumerken, daß ein Simulationsprogramm entwickelt werden soll, welches in der Lage ist, die empirischen Befunde (s.o.) beschreibend zu charakterisieren.

Zum Stichwort "Erklärung" kann festgestellt werden, daß das Simulationsmodell ja nichts anderes ist als die konkrete Ausgestaltung einer auf der Grundlage inhaltlich-theoretischer Überlegungen hergeleiteten Untersuchungshypothese, die dann, wenn das Modell die empirischen Befunde mit hinreichender Güte zu beschreiben in der Lage ist, als bestätigt gelten kann. Im anderen Falle würde sie als widerlegt gelten, was dann den Gedanken nahelegte, nach alternativen Hypothesen zu suchen, bzw. andere theoretische Ansätze zum Ausgangspunkt dieser Suche zu machen.

Für das Stichwort "Prognose" schließlich gilt: Wenn ein Modell erklärende Qualitäten aufweist, ist es auch in der Lage, als Prognoseinstrument zu dienen: Von unterschiedlichen Start- und Parameterwerten ausgehend, können dann Ergebnisse "simuliert" werden, in diesem Falle also das Aussehen der personellen Einkommensverteilung unter unterschiedlichen Bedingungen.

Bei der Formulierung eines theoretischen Ansatzes gehen wir wieder - wie schon bei allen Beispielen zuvor - von einem sehr schlichten gedanklichen Modell aus, um zu zeigen, wie man von einem bestimmten Ansatz ausgehend, mit Hilfe eines Simulationsprogramms zu ersten Erkenntnissen gelangen kann.

Man nehme an, der Prozeß der Einkommensentstehung vollziehe sich so, daß zu Beginn jeder Rechnungsperiode (zum Beispiel an jedem Monatsersten, oder an jedem 1. Januar) jede Erwerbsperson die gleiche Chance hat, ins Erwerbsleben einzutreten (diese Chance sei mit P bezeichnet: P = Wahrscheinlichkeit dafür, daß eine Erwerbsperson für die Dauer einer Periode einer beruflichen Tätigkeit nachgehen kann). Damit hat auch jede Erwerbsperson die gleiche Chance (1-P), für die Dauer einer Periode arbeitslos zu sein.

Diejenigen, die das Glück haben, für die Dauer einer Periode Geld zu verdienen, sollen - dies ist eine weitere Vereinfachung - alle die gleichen Bezüge erhalten.

Zu Beginn der jeweils folgenden Periode wird, bei Gültigkeit der gleichen Bedingungen, wieder (zufällig, per Münzwurf oder Losentscheid) darüber entschieden, wer in dieser folgenden Periode Arbeit und Lohn bekommt und wer nicht.

Der gesamte Prozeß der Einkommensentstehung soll sich auf zehn Perioden erstrecken.

Das theoretische Konzept, das dieser gedanklichen Überlegung zugrundeliegt (oder zugrunde gelegt werden kann) kann mit dem Stichwort der "Chancengleichheit im Erwerbsleben" bezeichnet werden. Dieses Stichwort spielt ja in allen Diskussionen über die Frage, was denn überhaupt eine "gerechte" Einkommensverteilung sei, eine entscheidende Rolle.

Wir unterstellen also theoretisch "Chancengleichheit im Erwerbsleben" (realisiert durch die oben skizzierte Prozedur der Teilnahme am Erwerbsleben und durch die Bedingung, daß jeder Erwerbstätige pro Periode das gleiche Einkommen bezieht) und wollen jetzt ein Programm entwickeln, welches die sich nach zehn Perioden ergebende Einkommensverteilung simuliert. Dazu sind zunächst einige problemanalytische Überlegungen anzustellen:

Die Problemanalyse geht von der Vorstellung aus, daß zu Beginn der Periode 1 eine endliche Zahl von Erwerbspersonen versammelt ist. Jede einzelne dieser Personen hat die gleiche Chance (z.B. P = 0.9), ins Erwerbsleben für diese erste Periode einzutreten, bzw. eine Chance von 1-P, arbeitslos zu bleiben. In der zweiten Periode stellt sich für diese Person wieder die gleiche Alternative - und dies insgesamt über 10 Perioden. Natürlich kann das folgende Programm auch in der Weise verallgemeinert werden, daß dieser Prozeß über eine beliebige Anzahl von Perioden hinweg betrachtet wird.

Die entsprechende Überlegung gilt für jede einzelne andere Person auch.

Einziger Entscheidungsparameter in diesem Modell, der zu Unterschieden zwischen verschiedenen Modell-Läufen führen kann, ist die Wahrscheinlichkeit P, die deshalb auch im folgenden Programm vom Programmbenutzer frei gewählt werden kann. Natürlich muß der Zahlenwert dieser Größe auf den Wertebereich 0 bis 1 beschränkt werden (wie bei vielen anderen Programme auch, verzichten wir darauf, Fehleingaben der Programmbenutzer "abzufangen", d.h. es sollten in dieses Programm tunlichst keine unsinnigen Werte eingegeben werden).

Die "Zufälligkeit" der Entscheidung darüber, ob eine bestimmte Person in einer bestimmten Periode beschäftigt oder arbeitslos ist, können wir im Programm mit der RND-Funktion produzieren, die ja auch schon in anderen Programmen in entsprechender Weise nützliche Dienste geleistet hat.

Am Ende des Gesamtprozesses werden sich die einzelnen Personen in unterschiedlichen Gesamt-Einkommensklassen finden. Diejenigen, die in jeder Periode ein Einkommen erzielen konnten (per Zufall, wie unser Modell unterstellt), werden ganz oben in der Einkommenshierarchie landen, diejenigen, die (zufälligerweise) in keiner der zehn Perioden Einkommen erzielen konnten, werden ganz unten sein, die anderen, je nachdem, wieviel "Glück" oder wieviel "Pech" sie hatten, werden irgendwo dazwischen rangieren.

Auf diese Weise entstehen nach zehn Perioden elf Einkommensklassen, wie leicht einsichtig ist.

Für den Fall, daß bei diesem Modell mit einer relativ kleinen Zahl von simulierten Erwerbspersonen gearbeitet wird, kann der Prozeß der Einkommenserzielung graphisch veranschaulicht werden, was im folgenden Programm auch berücksichtigt wird. Die Problemanalyse für diese graphische Präsentation soll hier nicht vorgetragen werden, weil sich die interessierenden Einzelheiten aus der dem Programm und der Variablenliste folgenden Programmbeschreibung ergeben.

```
10 REM Einkommensverteilung
20 CLS
30 PRINT"Dieses Programm simuliert die Entwicklung einer Einkommensverteilung"
40 PRINT"im Zeitablauf (10 Perioden) bei unterschiedlichen Chancen der Einkom-"
50 PRINT TAB(30)"menserzielung"
60 PRINT:PRINT:PRINT:PRINT:PRINT
70 INPUT "Zahl der Einkommensbezieher       (ab 10)     : ";N
80 INPUT "Wahrscheinlichkeit fuer Einkommen(0.1-0.9)  : ";P
90 RANDOMIZE TIMER
100 CLS : O$="o" : B$=" "
110 DIM H(80),HR(80)
120 IF N>25 THEN PRINT"Moment bitte":GOTO 180
130 REM graphische Ausgabe
140 FOR BZ=1 TO 10:FOR BS=40-2*BZ TO 40+2*BZ STEP 4
150 LOCATE BZ,BS:PRINT".":NEXT BS:NEXT BZ
160 FOR BZ=11 TO 22:FOR BS=18 TO 62 STEP 4
170 LOCATE BZ,BS:PRINT".":NEXT BS:NEXT BZ
180 FOR J=1 TO N
190 Z=1:S=40:D=2
200 IF N>25 THEN 220
210 LOCATE Z,S:PRINT O$
220 R=RND(1) : IF R<(1-P) THEN D=-2
230 IF N>25 THEN 260
240 FOR I=1 TO 400:NEXT I
250 LOCATE Z,S:PRINT B$
260 Z=Z+1:S=S+D:IF Z<11 THEN D=2 :GOTO 200
270 IF N>25 THEN 320
280 FOR Z=11 TO 22-H(S):LOCATE Z,S:PRINT O$
290 FOR I=1 TO 20:NEXT I
300 LOCATE Z,S:PRINT" ":NEXT Z
310 LOCATE 22-H(S),S:PRINT O$:PRINT CHR$(7)
320 H(S)=H(S)+1
330 NEXT J
```

```
340 GOSUB 420 : REM warten
350 REM tabellarische Ausgabe
360 FOR J=1 TO 80 : HR(J)=(H(J)/N)*100:NEXT J
370 PRINT"Klasse","Haeufigkeit","Prozent":PRINT
380 FOR J= 20 TO 60 STEP 4
390 PRINT(J-20)/4+1,H(J),HR(J)
400 NEXT J
410 LOCATE 20,20:PRINT"Ende des Programms":END
420 REM Unterprogramm Warten
430 LOCATE 24,20
440 INPUT "Zur Fortsetzung bitte die Return-Taste";A$
450 CLS:RETURN
```

Variablenliste

A$	=	Stringvariable zum Abwarten einer Tastatureingabe
BS	=	Bildschirmspalte
BZ	=	Bildschirmzeile
B$	=	Stringvariable zur Aufnahme der Leertaste
D	=	Schrittweitenveränderung für Bildschirmspalten
H()	=	Häufigkeiten in Einkommensklassen
HR()	=	Relative Häufigkeiten in Einkommensklassen
I	=	Laufindex in Warteschleifen
J	=	Laufindex über die Merkmalsträger
N	=	Anzahl der Merkmalsträger
P	=	Wahrscheinlichkeit der Einkommenserzielung
O$	=	Stringvariable zur Aufnahme des Symbols "o"
R	=	Zufallszahl
S	=	Laufnummer der Einkommensklasse (Bildschirmspalte)
Z	=	Bildschirmzeile

Programmbeschreibung :

Satz 10-60 : Start

Programmüberschrift, Ausgabe erläuternder Hinweise.

Satz 70-80 : Ausgangsinformationen

Vorgabe der Anzahl der Einkommensbezieher und der Eintrittswahrscheinlichkeit für die Einkommenserzielung.

Satz 90-110 : Vorbereitungen

Vorbereitung der Erzeugung von Zufallszahlen, Löschen des Bildschirms, Speicherung der für die graphische Ausgabe zu benutzenden Symbole (Leertaste und Symbol "o"), Dimensionierung der erforderlichen Arrays.

Satz 120 : Programmverzweigung

Übergehen der graphischen Präsentation durch Sprung zum Satz 180, wenn die Anzahl der Merkmalsträger größer als 25 ist. Für die graphische Präsentation reicht dann der auf dem Bildschirm zur Verfügung stehende Platz nicht aus.

Satz 130-170 : Galton-Brett

In diesem Programmteil wird zur Vorbereitung der graphischen Ausgabe, wenn die Zahl der simulierten Erwerbspersonen nicht größer als 25 ist, ein sog. Galton-Brett ausgegeben. Es handelt sich dabei um eine Versuchsanordnung, die den Lauf einer angestoßenen Kugel durch ein schräg liegendes Nagelbrett nachbildet, wobei an jedem Nagel, den die Kugel berührt, eine Zufallsentscheidung darüber zustandekommt, ob sie nach links oder nach rechts weiterrollt. Statt dieses Modell im Detail mit Worten zu beschreiben, empfehlen wir dem Leser, das Programm zu starten und zum Beispiel für N=20 sich anzuschauen, was passiert.

Satz 180-190 : Startposition für die Graphik

Zur graphischen Veranschaulichung des Entwicklungsprozesses der Einkommensverteilung wird auf dem Bildschirm der Weg jedes einzelnen simulierten "Einkommensbeziehers" über die 10 Perioden hinweg verfolgt. Die Startposition befindet sich in der ersten Bildschirmzeile, Spalte 40. Gleichzeitig wird eine Änderungsgröße D mit 2 belegt, um zwei Spalten nach rechts verschieben zu können, wenn Einkommen tatsächlich bezogen wird (siehe auch 260).

Satz 200 : Programmverzweigung

Überspringen der Zeichenanweisung, wenn N größer als 25 ist (siehe 120).

Satz 210 : Zeichnung

Zeichnen eines Symbols "o" an der in Satz 190 festgelegten Zeichenposition.

Satz 220 : Vorbereitung der nächsten Periode

Bestimmung einer Zufallszahl und Wechsel des Vorzeichens von D ("Einkommensverlust" in Abhängigkeit von der Realisationswahrscheinlichkeit für Einkommen P).

Satz 230 : Programmverzweigung

Überspringen der Zeichenanweisung, wenn N größer ist als 25 (siehe 120).

Satz 240-260 : Zeichnung für die nächste Periode

Warteschleife zur Verlangsamung der graphischen Ausgabe; Löschen des Symbols "o" an der alten Position durch Überschreiben mit der Leertaste, Bestimmung der neuen Position und Rücksprung zum Satz 200.

Satz 270 : Programmverzweigung

Sprung zum Satz 320, wenn N größer ist als 25 (siehe 120).

Satz 280-310 : "Füllen" der Einkommensklasse

Zeichnen des "Füllens" der in der letzten Periode erreichten Einkommensklasse; dabei ist die Häufigkeit in dieser Klasse H(S) mit 0 besetzt, sofern in dieser Klasse noch keine Merkmalsträger aufgetreten sind. Bei Beendigung dieses Füllens wird auch noch ein Signalton (CHR$(7)) ausgegeben.

Satz 320-330 : Zählen

Erhöhung der Anzahl der Merkmalsträger in der Einkommensklasse Nr.S um 1 und Übergang zum nächsten Merkmalsträger.

Satz 340 : Warten

Sprung ins Unterprogramm 420 zur Programmunterbrechung.

Satz 350-360 : Relative Häufigkeiten

Vorbereitung der tabellarischen Ausgabe und Berechnung der relativen Häufigkeiten in den einzelnen Einkommensklassen.

Satz 370-410 : Tabelle

Ausgabe der Häufigkeitstabelle (dabei wird nur jede vierte Bildschirmspalte berücksichtigt, weil nur diese besetzt sein können) und Beendigung des Programms.

Satz 420-450 : Unterprogramm Warten

Unterprogramm zur Unterbrechung der Programmabarbeitung, bis der Benutzer die Return-Taste betätigt.

Programmergebnisse

Wenn dieses Programm gestartet wird, wird zunächst, nach der Ausgabe erläuternder Hinweise, gefragt, wie groß die Anzahl der Merkmalsträger und wie groß die Wahrscheinlichkeit für die Einkommenserzielung pro Periode sein soll.

Gibt man als erste Information z.B. die Zahl 25 ein, als Eintrittswahrscheinlichkeit den Wert 0.5, so erhält man die folgenden (zufallsabhängigen) Ergebnisse:

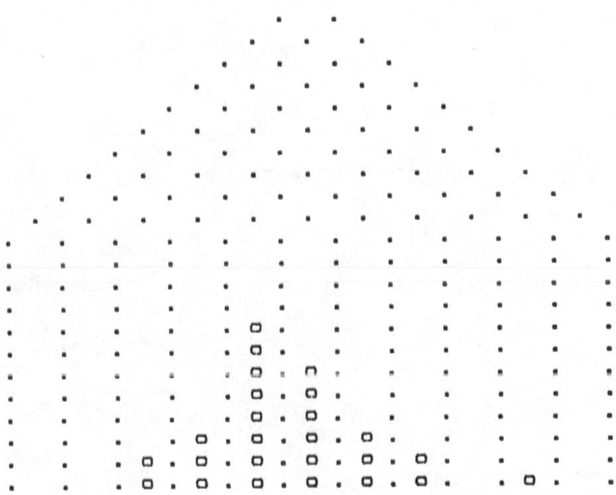

Zur Fortsetzung bitte die Return-Taste?

1LIST 2RUN 3LOAD" 4SAVE" 5CONT 6,"LPT1 7TRON 8TROFF9KEY 0SCREEN

In tabellarischer Darstellung ergibt sich:

Klasse	Haeufigkeit	Prozent
1	0	0
2	0	0
3	2	8
4	3	12
5	8	32
6	6	24
7	3	12
8	2	8
9	0	0
10	1	4
11	0	0

```
                    Ende des Programms
0
n=25.p=0.5

1LIST   2RUN   3LOAD"   4SAVE"   5CONT 6,"LPT1 7TRON 8TROFF9KEY    0SCREEN
```

Ändert man diese Vorgaben, indem man beispielsweise den Wert P auf P = 0.8 erhöht, ergibt sich:

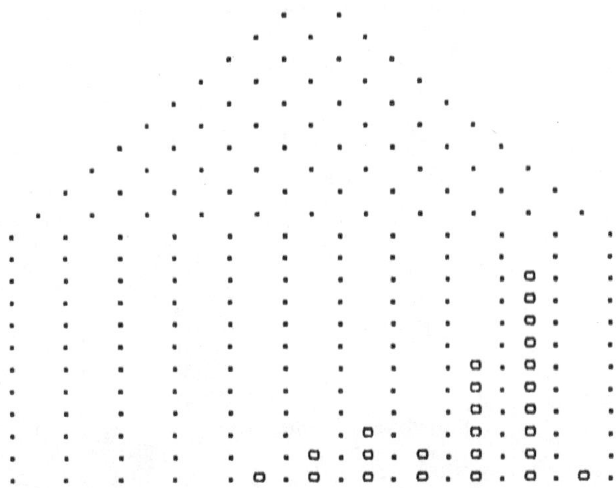

```
                    Zur Fortsetzung bitte die Return-Taste?
1LIST    2RUN   3LOAD"   4SAVE"   5CONT 6,"LPT1 7TRON 8TROFF9KEY     0SCREEN
```

Klasse	Haeufigkeit	Prozent
1	0	0
2	0	0
3	0	0
4	0	0
5	1	4
6	2	8
7	3	12
8	2	8
9	6	24
10	10	40
11	1	4

```
                    Ende des Programms
0
n=25,p=0.8

1LIST    2RUN   3LOAD"   4SAVE"   5CONT 6,"LPT1 7TRON 8TROFF9KEY     0SCREEN
```

Erhöht man N auf 200 (und beläßt P beim Wert 0.8) erhält man nur eine tabellarische Ausgabe:

```
Klasse          Haeufigkeit    Prozent

 1               0              0
 2               0              0
 3               0              0
 4               0              0
 5               1              .5
 6               11             5.5
 7               19             9.5
 8               45             22.5
 9               51             25.5
 10              45             22.5
 11              28             14



                        Ende des Programms
0
n=200,p=0.8

1LIST   2RUN   3LOAD"   4SAVE"   5CONT 6,"LPT1 7TRON 8TROFF9KEY    0SCREEN
```

Es ist bei diesen Ergebnissen zu berücksichtigen, daß sie zufallsabhängig sind. Bei weiteren Programmläufen werden sich bei gleichen Parameterwert-Vorgaben unterschiedliche Ergebnisse zeigen.

Es ergibt sich bei P=0.5 tendenziell eine symmetrische Häufigkeitsverteilung, während bei P größer als 0.5 die Verteilung rechtsschief, bei P kleiner als 0.5 linksschief wird. Bei wachsendem N (Zahl der "simulierten" Personen) nähert sich die Verteilung der Gauss'schen Normalverteilung an. Dies entspricht der Aussage des Lokalen Grenzwertsatzes von deMoivre/Laplace, der besagt, daß sich eine binomische Verteilung (und dies ist ja offenkundig die diesem Modell zugrundeliegende Verteilung) mit wachsendem N durch die Normalverteilung mit hinreichender Güte approximieren läßt.

Wesentliches Ergebnis ist also, daß keineswegs, wie von der Hypothese der Chancengleichheit ausgehend vielleicht vermutet werden könnte, eine Gleichverteilung resultiert, sondern es zeigt sich schon nach wenigen Testläufen die Gültigkeit des binomischen Modells darin, daß wenige Einkommensbezieher insgesamt wenig an Einkommen erzielen, wenige auch insgesamt viel beziehen, hingegen viele ein mittleres Gesamteinkommen erzielen.

Die Interpretation dieser Befunde kann an der folgenden Überlegung anknüpfen: Selbst wenn Chancengleichheit in dem hier benutzten modellhaften Verständnis geboten wäre, ist die resultierende Einkommensverteilung keine egalitäre Verteilung, sondern eine unimodale Verteilung mit zunehmender Spannweite bei zunehmender Zahl der Perioden.

In umgekehrter Betrachtungsweise könnte daraus eine empirische Untersuchungshypothese hergeleitet werden, wie etwa die folgende:

Wenn die konkrete Einkommensverteilung in der Bundesrepublik Deutschland mit hinreichender Güte an eine Normalverteilung approximiert werden kann (sie kann es allerdings nicht, sondern - wenn überhaupt - ist die lognormale Verteilung ein akzeptables hypothetisches Modell), dann deshalb, weil Chancengleichheit im Erwerbsleben geboten war.

Ob aber tatsächlich auf diese Weise Untersuchungshypothesen hergeleitet werden dürfen, kann bestritten werden: Es könnten ja auch ganz andere Faktoren, nämlich solche, die in dem obigen sehr einfachen Modell nicht berücksichtigt worden waren, dazu beigetragen haben, der konkreten Einkommensverteilung eine bestimmte Gestalt zu geben. Gleichwohl könnte diese Hypothese (die der Chancengleichheit), sollte die tatsächliche Einkommensverteilung dem Modell der Normalverteilung entsprechen, nicht verworfen werden.

Es läßt sich also, ausgehend von diesem Beispiel, feststellen, daß mit der computergestützten Simulation von dynamischen Prozessen, selbst von einfachsten Hypothesen ausgehend, Erklärungsversuche zustandekommen können, die ohne die Rechnerunterstützung kaum oder nur in sehr mühseliger Arbeit hergeleitet werden könnten. Bei der Generierung realitätsnäherer und empirisch prüfbarer Hypothesen spielen derartige Vorgehensweisen eine wichtige Rolle. Dies zeigt nicht nur dieses Beispiel der Generierung der personellen Einkommensverteilung, sondern auch die vorhergehenden Beispiele aus dem politikwissenschaftlichen und aus dem soziologischen Bereich belegen es.

8.5 EXKURS : STRATEGISCHE SPIELE

Bisher wurden Beispiele für modellgestützte Prognosen und für computergestützte Simulationen mit sozialwissenschaftlichen Anwendungsbezügen vorgestellt. Es bleibt jetzt noch eine Gruppe von Anwendungsfällen zu betrachten, die mit der Überschrift "strategische Spiele", oder etwas weniger anspruchsvoll mit "Planspiele" überschrieben werden kann.

Es geht bei solchen Anwendungen darum, mit einem Computerprogramm reale Entscheidungssituationen abzubilden, wobei nicht nur durch den Benutzer Entscheidungen ermöglicht bzw. abgefragt werden und das Modell dann die Konsequenzen dieser Entscheidungen simuliert, sondern diese Programme zeichnen sich dadurch aus, daß sie ihrerseits - als Reaktion gewissermaßen - Entscheidungen treffen können.

Auf diese Weise ist es möglich, zusätzliche Teilbereiche der Wirklichkeit zu erfassen, nämlich jene, die durch die Handlungen von Akteuren bestimmt werden. Derartige Modelle werden häufig im militärisch-strategischen Bereich eingesetzt, wo sie dazu beitragen sollen, die Frage zu beantworten, wie sich alternative Verläufe von Konfliktentwicklungen und -bewältigungen unter Berücksichtigung von Aktionen und Reaktionen politischer oder militärischer Art der betroffenen Staaten darstellen lassen.

Mehr noch: Diese Modelle können dann, wenn von ihrer Funktionstüchtigkeit ausgegangen wird, dazu benutzt werden, optimale Strategien, im Sinne von nutzen- oder gewinnmaximierenden bzw. kosten- bzw. schadensminimierenden Strategien, herzuleiten.

Selbstverständlich sind auch Anwendungsbereiche derartiger Modelle vorstellbar - gerade auf der Grundlage der obigen Skizzierung ihrer Aufgabenstellungen - die nicht im militärischen, sondern im "zivil-sozialwissenschaftlichen" Bereich angesiedelt sind. Man denke an Aufgaben der Bewältigung sozialer Spannungen und Konflikte, man denke an die Abläufe von Tarifverhandlungen, die durchaus durch Modelle strategischer Spiele abgebildet werden können, man denke an Planspiele im betriebswirtschaftlichen Bereich, bei denen Einkäufe, Verkäufe, Werbekampagnen usw. (auch im Computermodell und nicht nur in der Realität) zu Reaktionen bei konkurrierenden Unternehmen führen, bis hin zu den computergestützen Spielen: Ein Schachprogramm, welches auf einem Homecomputer implementiert ist, ist auch nichts anderes als die modellhafte Abbildung eines realen Spiels - und wenn es ein gutes Schachprogramm ist, reagiert es selbstverständlich in angemessener Weise auf die Aktionen (die Züge) des Benutzers durch sinnvolle Reaktionen (Gegenzüge).

Man erkennt, daß all diesen Ansätzen, zu denen noch viele weitere Beispiele angefügt werden können, eine wesentliche Grundidee, die in früheren Beispielen in dieser Deutlichkeit nicht zutage trat, gemeinsam ist: Die Spiele, bzw. die strategischen Handlungen der Spieler, also des Programmbenutzers und seines "Gegners", des Programms selbst, sind zielorientiert. In der Regel (aber nicht immer) bedeutet dies, daß der Spieler versucht, das Spiel zu seinen Gunsten zu entscheiden, es also zu gewinnen - das Programm aber auch, wenn es ein gutes Programm ist.

Dies gilt für militär-strategische Spiele genauso wie für Tarifverhandlungen, dies gilt für unternehmerische Planspiele wie für ein Schachprogramm. In all diesen Fällen wird versucht, eine Zielfunktion zu maximieren (Gewinne, Einkommen, Kostenminimierung, Schadensbegrenzung oder was auch immer) - und zwar von allen am Spiel Beteiligten.

Im sozialwissenschaftlichen Bereich haben derartige Planspiele die Aufgabe, soziale Strukturen in der Weise abzubilden, daß sie auch <u>Handlungsalternativen</u> und die darauf zu erwartenden oder möglichen Reaktionen repräsentieren können. Gleichwohl haben wir die Überschrift dieses Abschnitts mit dem Stichwort "Exkurs" versehen, um damit anzudeuten, daß wir uns mit derartigen Fragestellungen auf den "Rand" der sozialwissenschaftlichen Einsatzmöglichkeiten von Rechnern und Programmen zubewegen. Derartige Modelle sind eher im ökonomischen und im militär-strategischen Bereich zu finden.

Um ihre Funktionsweise zu illustrieren, wählen wir wieder ein sehr einfaches Beispiel, welches gleichwohl die wesentlichen Elemente eines derartigen Modells aufweist.

Es handelt sich um ein Spiel, das unter dem Namen <u>TikTak-Spiel</u> bekannt geworden ist. Es wird durch zwei Spieler gespielt, bzw. durch einen Programmbenutzer als Spieler mit dem Programm selbst als Gegenspieler. Seine strategischen Möglichkeiten beschränken sich auf nur wenige Handlungsalternativen - sowohl für den Programmbenutzer als auch für das "reagierende" Programm. Die Ausgangslage dieses Spiels ist rasch wie folgt beschrieben:

Man stelle sich ein Quadrat vor, bestehend aus 3 * 3 Feldern. Jedes freie Feld kann besetzt werden, wobei abwechselnd jeder der beiden Spieler eine Feldbesetzung vornehmen kann. Es versteht sich, daß derjenige einen gewissen strategischen Vorsprung hat, der mit den Feldbesetzungen beginnen darf. Deshalb kann bei mehreren Spielläufen der Gerechtigkeit halber durch Losentscheid festgelegt werden, wer beginnen darf. Sinnnvollerweise wählt der eine zur Markierung eines von ihm besetzten Feldes ein anderes Symbol (zum Beispiel x) als der andere (zum Beispiel c für "Computer"). Derjenige hat das Spiel gewonnen, der als erster drei Felder in einer Reihe (waagrecht oder senkrecht oder diagonal) besetzen konnte.

Das wesentliche strategische Ziel besteht also für beide Spieler (für Programmbenutzer und auch für das Programm selbst) darin, möglichst vor dem anderen eine Reihe mit den eigenen Symbolen zu füllen. Dem untergeordnet ist ein sekundäres Ziel, nämlich zu verhindern, daß der andere eine Reihe komplettieren kann. Damit sind auch die wesentlichen problemanalytischen Grundgedanken schon formuliert und wir können uns sofort dem entsprechenden Programm zuwenden.

Da die Berücksichtigung der beiden genannten Ziele von seiten des Programms selbst bei diesem sehr einfachen Spiel schon mit einem beträchtlichen Programmieraufwand verbunden ist (die entsprechende Programmierung ist zwar nicht schwierig aber umständlich und platzraubend), ist das folgende Programm so angelegt, daß nur der Programmbenutzer diese Ziele verfolgen kann, nicht aber das Programm. Die Reaktionen des Programms in seiner Eigenschaft als "Gegenspieler" beschränken sich darauf, aus den noch freien Feldern nach dem Zufalllsprinzip eines auszuwählen und dieses zu besetzen. Um aber dem Programm gleichwohl eine Gewinnchance einzuräumen, erlauben wir, daß der erste Spielzug immer durch den Computer getan werden darf. Im Anschluß an die Programmbeschreibung werde ich aber einen Hinweis dafür geben, wie das Programm ausgeweitet werden müßte, wenn auch dem Computer eine "echte" Chance eingeräumt werden soll.

So wie das Programm jetzt aussieht, hat also der Programmbenutzer eine gute Chance, jedes Spiel zu gewinnen, weil es in seinen Reaktionen zufallsabhängig und nicht zielmaximierend agiert.

```
10 REM Strategisches Spiel
20 DIM S$(3,3)
30 RANDOMIZE TIMER
40 CLS
50 GOSUB 1000 : REM Tableau
60 M=M+1:GOSUB 3000 : REM Computer setzt
80 GOSUB 5000 : REM Computer gewinnt
90 IF M=9 THEN LOCATE 10,2:PRINT"Unentschieden":END
100 M=M+1:GOSUB 2000 : REM Spieler setzt
110 GOSUB 4000 : REM Spieler gewinnt
130 GOTO 60
1000 REM Unterprogramm Tableau
1010 LOCATE 2,40 : PRINT"   1      2      3"
1020 LOCATE 5,35 : PRINT 1
1030 LOCATE 8,35 : PRINT 2
1040 LOCATE 11,35 : PRINT 3
1050 RETURN
2000 REM Unterprogramm Spieler setzt
2005 LOCATE 1,1:PRINT"Spieler  "
2010 LOCATE 5,3:INPUT "Zeile ";Z : ZS=Z
2020 IF Z=1 THEN Z=5:GOTO 2050
2030 IF Z=2 THEN Z=8:GOTO 2050
2040 Z=11
2050 LOCATE 6,3:INPUT "Spalte";S : SS=S
2060 IF S=1 THEN S=43 : GOTO 2090
2070 IF S=2 THEN S=50 : GOTO 2090
2080 S=57
2090 S$(ZS,SS)="x":LOCATE Z,S:PRINT"x"
2100 RETURN
3000 REM Unterprogramm Computer setzt
3005 LOCATE 1,1:PRINT"Computer"
3006 FOR I=1 TO 1000:NEXT I
3010 Z=INT(RND(1)*3)+1 : ZC=Z
3020 IF Z=1 THEN Z=5:GOTO 3050
3030 IF Z=2 THEN Z=8:GOTO 3050
3040 Z=11
3050 S=INT(RND(1)*3)+1:SC=S
3060 IF S=1 THEN S=43 : GOTO 3090
3070 IF S=2 THEN S=50 : GOTO 3090
3080 S=57
3090 IF S$(ZC,SC)="c" OR S$(ZC,SC)="x" THEN 3010
3100 S$(ZC,SC)="c":LOCATE Z,S:PRINT"c"
3110 RETURN
4000 REM Unterprogramm Spielergewinn
4010 IF S$(1,1)="x" AND S$(1,2)="x" AND S$(1,3)="x" THEN GOTO 4100
4020 IF S$(2,1)="x" AND S$(2,2)="x" AND S$(2,3)="x" THEN GOTO 4100
4030 IF S$(3,1)="x" AND S$(3,2)="x" AND S$(3,3)="x" THEN GOTO 4100
4040 IF S$(1,1)="x" AND S$(2,1)="x" AND S$(3,1)="x" THEN GOTO 4100
4050 IF S$(1,2)="x" AND S$(2,2)="x" AND S$(3,2)="x" THEN GOTO 4100
4060 IF S$(1,3)="x" AND S$(2,3)="x" AND S$(3,3)="x" THEN GOTO 4100
4070 IF S$(1,1)="x" AND S$(2,2)="x" AND S$(3,3)="x" THEN GOTO 4100
4080 IF S$(1,3)="x" AND S$(2,2)="x" AND S$(3,1)="x" THEN GOTO 4100
4090 GOTO 4110
4100 PRINT:PRINT:PRINT"Sie haben gewonnen":END
4110 RETURN
5000 REM Unterprogramm Computergewinn
5010 IF S$(1,1)="c" AND S$(1,2)="c" AND S$(1,3)="c" THEN GOTO 5100
5020 IF S$(2,1)="c" AND S$(2,2)="c" AND S$(2,3)="c" THEN GOTO 5100
5030 IF S$(3,1)="c" AND S$(3,2)="c" AND S$(3,3)="c" THEN GOTO 5100
5040 IF S$(1,1)="c" AND S$(2,1)="c" AND S$(3,1)="c" THEN GOTO 5100
5050 IF S$(1,2)="c" AND S$(2,2)="c" AND S$(3,2)="c" THEN GOTO 5100
5060 IF S$(1,3)="c" AND S$(2,3)="c" AND S$(3,3)="c" THEN GOTO 5100
5070 IF S$(1,1)="c" AND S$(2,2)="c" AND S$(3,3)="c" THEN GOTO 5100
5080 IF S$(1,3)="c" AND S$(2,2)="c" AND S$(3,1)="c" THEN GOTO 5100
5090 GOTO 5110
5100 PRINT:PRINT:PRINT"Ich habe gewonnen":END
5110 RETURN
```

Variablenliste

I	=	Zähler für Programmschleifen
M	=	Zähler für die Feldbesetzungen
S	=	Bildschirmspalte
S$(,)	=	Symbole für das 3*3-Tableau
SC	=	Bildschirmspalte für den Gegenspieler
SS	=	Bildschirmspalte für den Spieler
Z	=	Bildschirmzeile
ZC	=	Bildschirmzeile für den Gegenspieler (Computer)
ZS	=	Bildschirmzeile für den Spieler (Programmbenutzer)

Programmbeschreibung

Das Gesamtprogramm besteht aus folgenden Teilen:

10-130 : Hauptprogramm

1000-1050 : Starttableau

2000-2100 : Feldbesetzung durch den Programmbenutzer

3000-3110 : Feldbesetzung durch das Programm

4000-4110 : Überprüfung, ob der Programmbenutzer gewonnen hat

5000-5110 : Überprüfung, ob das Programm gewonnen hat.

Wichtig ist in diesem Zusammenhang noch die folgende Anmerkung: Dieses Programm fängt keine Fehleingaben des Benutzers ab. So ist es also durchaus möglich, daß der Programmbenutzer ein Feld besetzt, welches vom Gegenspieler, dem Programm also, schon besetzt war. Da dies nicht den Regeln des Spiels entspricht, hätte man bei der Programmierung Sorge dafür tragen können, daß derartiges unmöglich ist. Allerdings wäre durch die entsprechenden Abfragen das Programm noch wesentlich länger geworden, weshalb darauf verzichtet wurde.

Im einzelnen geschieht folgendes:

Satz 10-30 : Vorbereitung

Programmüberschrift, Dimensionieren des 3*3-Tableaus und Vorbereitung der Zufallsauswahlen.

Satz 40-50 : Ausgangstableau

Löschen des Bildschirms und Sprung ins Unterprogramm 1000 zur Ausgabe des noch leeren Ausgangstableaus.

Satz 60-80 : Spielzug des Computers

Zunächst wird der Zähler für Spielzüge (M) um 1 erhöht, dann erfolgt ein Sprung ins Unterprogramm 3000, welches dazu dient, einen Spielzug des Computers zu verwirklichen. Danach wird durch Sprung ins Unterprogramm 5000 die Frage geprüft, ob der Computer mit seinem letzten Spielzug möglicherweise das Spiel gewonnen hat. Ist dies nicht der Fall, wird mit Satz 90 fortgesetzt (andernfalls wird mit Satz 5100 das Programm beendet).

Satz 90 : Unentschieden

Wenn der Zähler für Spielzüge den Wert 9 erreicht hat, sind alle 3*3 Felder des Spieltableaus besetzt, ohne daß das Programm über Satz 5100 (Gewinn durch den Computer) oder über Satz 4100 (Gewinn durch den Spieler) beendet worden wäre. In diesem Fall ist das Spiel offenkundig unentschieden ausgegangen. Dies wird ausgegeben und damit wird das Programm (ebenfalls) beendet.

Satz 100-130 : Spielfortsetzung

Der Satz 100 wird erreicht, wenn der Zugzähler noch nicht den Wert 9 erreicht hat. In diesem Fall ist jetzt der Programmbenutzer an der Reihe, ein Feld zu besetzen, was durch Sprung ins Unterprogramm 2000 verwirklicht wird. Danach ist zu prüfen, ob jetzt der Spieler möglicherweise das Spiel gewonnen hat, weshalb sich ein Sprung ins Unterprogramm 4000 anschließt (Beendigung des Spiels mit Satz 4100, falls der Spieler gewonnen haben sollte, andernfalls wird dann mit Satz 130 das Spiel fortgesetzt).

Satz 1000-1050 : Ausgangstableau

In diesem Unterprogramm wird das (noch leere) Ausgangstableau, das 3*3-Feld auf dem Bildschirm ausgegeben.

Satz 2000-2100 : Feldbesetzung durch den Spieler

Vom Spieler werden Informationen darüber angefordert, in welche Zeile (2010) und in welche Spalte des Tableaus (2050) er seine Markierung (x) setzen möchte; die eingegebenen Werte werden in die entsprechenden Bildschirmpositionen transformiert (2020-2040 und 2060-2080). Danach wird die entsprechende Position mit dem Symbol x markiert (2090) und es erfolgt der Rücksprung ins Hauptprogramm (2100).

Satz 3000-3110 : Feldbesetzung durch den Computer

Nach einer Startmeldung (3005) und einer Warteschleife (3006) wird über Zufallsauswahlen von Zeile und Spalte die Position bestimmt, in der der Computer das Symbol c unterbringen kann (Transformationen wie oben), wobei aber zunächst zu prüfen ist, ob die zufällig ausgewählte Position nicht schon besetzt ist (3090). Ist dies der Fall, wird eine andere Position zufällig ausgewählt (Rücksprung zum Satz 3010). Ist eine noch freie Position gefunden, wird sie mit dem Symbol c markiert und es erfolgt der Rücksprung ins Hauptprogramm.

Satz 4000-4110 : Prüfung ob der Spieler gewonnen hat

Durch entsprechende Abfragen wird überprüft, ob in einer Zeile oder in einer Spalte oder in einer Diagonalen schon dreimal das Symbol x auftaucht. Ist dies der Fall, wird Satz 4100 erreicht und mit einer entsprechenden Gewinnmeldung das Programm beendet. Ist dies aber nicht der Fall, wird über Satz 4090 Satz 4110 erreicht, d.h. es erfolgt der Rücksprung in das Hauptprogramm.

Satz 5000-5110 : Prüfung ob der Computer gewonnen hat

Durch entsprechende Abfragen wird überprüft, ob in einer Zeile oder in einer Spalte oder in einer Diagonalen schon dreimal das Symbol c auftaucht. Ist dies der Fall, wird Satz 5100 erreicht und mit einer entsprechenden Gewinnmeldung das Programm beendet. Ist dies aber nicht der Fall, wird über Satz 5090 Satz 5110 erreicht, d.h. es erfolgt der Rücksprung in das Hauptprogramm.

Programmergebnisse

Nach dem Start des Programms und der Ausgabe des leeren 3*3-Tableaus, wird zunächst an einer zufällig ausgewählten Position das Symbol c geschrieben (Feldbesetzung durch den Computer). Danach wird der Programmbenutzer (der Spieler) aufgefordert, Zeile und Spalte derjenigen Position zu nennen, in der er ein x plazieren möchte. Hat er seine Wahl getroffen, erscheint an der entsprechenden Position in der Tat das Symbol x und der Computer antwortet mit einem c an einer anderen Stelle.

Wenn zum ersten Mal drei gleiche Symbole in einer Reihe oder in einer Spalte oder in einer Diagonalen stehen, erfolgt eine Gewinnmeldung und das Programm wird beendet. Werden allerdings alle 9 Felder so besetzt, daß dieses Ereignis nicht eintritt, wird die Meldung "unentschieden" ausgegeben und danach ebenfalls das Programm beendet.

Die einzelnen zum Teil zufallsabhängigen Bildschirmausgaben brauchen hier sicherlich nicht vorgestellt zu werden.

Dieses Programm kann in der Weise verbessert werden, daß zunächst durch einen "Losentscheid" bestimmt wird, wer das Spiel beginnen darf, der Programmbenutzer (der Spieler) oder das Programm (der Computer). Dies kann folgendermaßen geschehen:

```
R = INT(RND(1)*2) : IF R = 0 THEN GOSUB 2000 ELSE GOSUB 3000
```

Weiterhin kann vorgesehen werden, daß die Feldbesetzungen des Computers nicht nach dem Zufallsprinzip erfolgen, sondern daß er ein bestimmtes Feld auswählt, wobei zwei Kriterien in der folgenden Anordnung zu berücksichtigen sind:

1. Kriterium:

Kann durch Auswahl eines Feldes eine Reihe oder eine Spalte oder eine Diagonale komplettiert werden? Diese Frage wird durch jeweils drei IF-Anweisungen in jeder Spalte, Zeile oder Diagonalen beantwortet. Die erste dieser Anweisungen hat zu prüfen, ob das erste und das zweite Feld schon das Symbol c tragen; wenn ja, ist auch das dritte zu besetzen. Die zweite IF-Anweisung muß prüfen, ob schon das erste und das dritte Feld besetzt sind; wenn ja, ist auch das zweite zu besetzen. Die dritte IF-Anweisung schließlich prüft, ob schon das zweite und das dritte Feld besetzt sind; wenn ja, ist das erste auch noch zu besetzen. Der Computer hätte dann das Spiel gewonnen.

2. Kriterium:

Führt dieses erste Kriterium nicht zum Spielgewinn, muß nach dem gleichen Muster überprüft werden, ob in einer Spalte, Zeile oder Diagonalen der zu erwartende Gewinn des Spielers verhindert werden kann, indem zu zwei schon vorhandenen Symbolen x ein Symbol c hinzugefügt wird.

Dem Leser wird es sicherlich nicht allzu schwer fallen, das Programm durch derartige IF-Anweisungen zu ergänzen und an ihrer Stelle die Zufallsauswahlen (3010 und 3050) aus dem Programm herauszunehmen.

Mit diesem einfachen Beispiel eines strategischen Spiels wollen wir die Ausführungen über Computermodelle, die von ihrer schematischen Struktur her als sozialwissenschaftlich relevant erkannt werden können, beenden.

LITERATURHINWEISE

BOSSEL, H. : Systemdynamik, Braunschweig und Wiesbaden 1987

GÖLDNER, K. : Mathematische Grundlagen der Systemanalyse, Leipzig 1983

HARBORDT, S. : Computersimulation in den Sozialwissenschaften, 2 Bände, Reinbek 1974

LAW,A.M./KELTON,W.D. : Simulation Modelling and Analysis, New York 1982

RAUCH, H. : Modelle der Wirklichkeit - Simulation dynamischer Systeme mit dem Mikrocomputer, Hannover 1985

RICHTER, O. : Simulation des Verhaltens ökologischer Systeme - Mathematische Methoden und Modelle, Weinheim 1985

VOSS, W. : Einführung in die Künstliche Intelligenz, Düsseldorf 1985

ZWICKER, E. : Simulation und Analyse dynamischer Systeme in den Wirtschafts- und Sozialwissenschaften, Berlin und New York 1981

KAPITEL 9:

Dateiverwaltung

9.1 GRUNDBEGRIFFE

9.2 EINGABE VON DATEN

9.3 ÄNDERUNGEN IN DER DATENBANK

9.4 RECHNEN IN EINER DATENBANK

9.5 SORTIEREN UND AUSWAHLEN

9.6 AUSGABE

LITERATURHINWEISE

9.1 GRUNDBEGRIFFE

In diesem Kapitel wenden wir uns einem ganz anderen Bereich rechnergestützten Arbeitens in den Sozialwissenschaften zu. Es handelt sich jetzt um einen typischen Anwendungsbereich, der zu den eher organisatorischen Aufgaben computergestützten Arbeitens zu zählen ist.

Zu diesen organisatorischen Aufgaben gehört in allen empirisch orientierten Wissenschaften die Dateiverwaltung, wobei die Relevanz dieser Gruppe von Aufgaben aus den folgenden Begriffsklärungen, vor allem aber aus den konkreten Anwendungsbeispielen in den dann folgenden Abschnitten deutlich wird.

Unter einer <u>Datei</u> versteht man im weitesten Wortsinn eine Zusammenstellung von Informationen. Dieser Begriff wird leicht einsichtig, wenn man sich an die statistischen Auswertungen erinnert: Eine Zusammenstellung zusammengehöriger Daten - etwa der Ergebnisse einer Marktanalyse oder einer empirischen sozialwissenschaftlichen Untersuchung - kann als eine derartige Datei aufgefaßt werden. Das gleiche gilt für die Adressen einer Kartei, für die Literaturangaben zu den Büchern in einer Bibliothek oder für ähnliche zusammengehörige Informationen.

Im engeren Wortsinn handelt es sich bei einer Datei um eine Zusammenstellung von Daten, die einer statistischen Auswertung oder einer karteimäßigen Behandlung unterworfen werden - das war ja ursprünglich auch gemeint, wenn man von "<u>Datenverarbeitung</u>" sprach und dabei insbesondere auch den Computereinsatz im Auge hatte.

Eine solche Datei kann man in Form einer <u>Datenmatrix</u> darstellen, also zum Beispiel so, wie die folgende Datei, die zum Zwecke sozio-ökonomischer Analysen erstellt wurde (wir beschränken uns hier auf einen Ausschnitt aus dieser Datei und bezeichnen mit BSP das Bruttosozialprodukt eines Landes):

Nr.	Land	Bevölkerung (Millionen)	BSP (Mrd.$)	... usw.
1	BRD	61	679	
2	Frankreich	55	543	
3	Großbritannien	56	481	
4	Italien	57	367	
5	USA	237	3670	
6	Japan	120	1248	
7	China	1030	306	
8	Indien	750	197	

usw.

Was bedeutet in diesem Zusammenhang nun der Begriff <u>Dateiverwaltung</u> ?

Man versteht darunter alle Operationen und Prozeduren

- zur Eingabe von Daten einer Datei
- zum Verändern der Daten
- zum Verwalten der Daten (Speichern, Laden, Kopieren u.ä.)
- zur Verknüpfung von Daten
- zum Verrechnen von Daten
- zum Suchen, Selektieren, Sortieren von Daten
- zur Ausgabe von Daten

Zu diesen Teilaufgaben einige knappe Erläuterungen:

Es versteht sich, daß Dateiverwaltung rechnergestützt erst dann in Gang kommen kann, wenn die Ausgangsdatei einem Computer eingegeben wurde; deshalb muß ein Dateiverwaltungsprogramm über einen möglichst komfortablen <u>Eingabeteil</u> verfügen.

"<u>Veränderung</u>" bedeutet in diesem Zusammenhang, daß es möglich sein muß, Feldinhalte zu verändern (z.B. weil sich Fehler bei der Eingabe eingeschlichen haben), oder daß die Datei verlängert oder verkürzt werden können muß.

Mit dem Stichwort "<u>Verwalten</u>" sind in diesem Zusammenhang alle Aktivitäten der Datenspeicherung und des Umgangs mit den entstehenden Dateien angesprochen.

Mit "<u>Verknüpfen</u> von Daten" ist gemeint, daß es möglich sein muß, aus zwei unterschiedlichen Dateien eine gemeinsame Datei herzustellen.

Wenn über das "<u>Verrechnen</u> von Daten" gesprochen wird, können wir wieder auf das obige schematische Beispiel verweisen:

Vielleicht wäre es ganz sinnvoll, in jedem Land das Bruttosozialprodukt je Kopf der Bevölkerung oder für alle Länder das durchschnittliche Bruttosozialprodukt zu berechnen oder dergl..

"Suchen, Selektieren, Sortieren", diese Stichworte sprechen für sich selbst. Beispielsweise könnte es sinnvoll sein, die obige Matrix so zu präsentieren, daß sie nach den Ländernamen alphabetisch aufsteigend sortiert ist. Oder es werden alle Länder gesucht, die ein Bevölkerungszahl von mehr als 60 Millionen Menschen aufweisen. Auch derartige und ähnliche Aufgaben übernimmt ein modernes Dateiverwaltungssystem, was inbesondere dann sehr effizient ist, wenn eine sehr umfangreiche Datei vorliegt, aus der bestimmte Einzelinformationen herausgesucht werden müssen.

Zum Stichwort "Ausgabe" schließlich braucht nichts Näheres ausgeführt zu werden.

Zur Erledigung dieser und der damit zusammenhängenden Aufgaben per Computer gibt es leistungsfähige Dateiverwaltungsprogramme, die z.B. im betrieblichen Bereich, in Schulen und Verwaltungen, oder im privaten Einsatz nützliche Dienste leisten können.

Wir können uns für diese Aufgabenstellungen wieder auf das Programmpaket FRAMEWORK beziehen, das uns schon wertvolle Dienste geleistet hat.

Generell gilt, daß die Festlegung auf ein bestimmtes Software-Paket keine prinzipielle Einschränkung bedeutet: Wenn der Leser erkannt hat, wie man mit FRAMEWORK Dateiverwaltung betreiben kann, kann er ohne allzu große Schwierigkeiten bei Bedarf auch mit einem anderen Dateiverwaltungsprogramm arbeiten. Natürlich können dann die einzelnen Befehle andere sein, aber die grundsätzliche Struktur und Funktionsweise derartiger Programme ist immer die gleiche.

9.2 EINGABE VON DATEN

In diesem Abschnitt wird wiederholend erläutert, wie mit FRAMEWORK eine Datenbank angelegt werden kann. In den folgenden Abschnitten wird dann gezeigt, wie man mit einer solchen Datenbank arbeitet. Wir gehen dabei von dem Beispiel-Datenbestand aus, der im vorangegangenen Abschnitt vorgestellt wurde.

Diese Datenbank besteht aus 8 Zeilen (die Kopfzeile wird dabei nicht mitgezählt) und 3 Spalten. Es versteht sich, daß in der Praxis Datenbanken sehr viel umfangreicher sein können. Kann man aber mit einer kleinen Datenbank umgehen, bereitet es keine besonderen Schwierigkeiten, auch mit größeren Dateien zu arbeiten.

Der in dieser Datenbank dargestellte Datenbestand soll nun unter Einsatz des Programmsystems FRAMEWORK eingegeben werden. Dazu muß zunächst ein Frame für diese Datei angelegt werden, was mit den folgenden Schritten, die ja schon bekannt sind, erledigt werden kann:

1. Starten von FRAMEWORK

2. Formatierte Arbeitsdiskette ins Laufwerk B:

3. Anmelden von Laufwerk B:

4. Öffnen des Untermenüs "NEU" (Voreinstellung)

Es muß nun zunächst die Größe der Datei festgelegt werden, sofern man von den Standardvorgaben des Systems abweichen will - auch darüber wurde schon an anderer Stelle gesprochen.

Markiert man danach die Position "Datenbank" im Untermenü "NEU" und drückt die Return-Taste, wird ein leerer Datenbankframe erzeugt, dem man zum Beispiel den Namen "LAENDER" geben kann.

In die Kopfzeile dieses Datenbankframes (abgetrennt per Doppellinie) kann man nun die Feldnamen (d.h. die Begriffe in der Kopfzeile der Tabelle) eingeben. Dazu geht man mit NUM+ in den Frame hinein (die Markierung steht dann auf dem ersten Feld dieser Kopfzeile) und man kann eingeben

Land

Durch Drücken der Tabulator-Taste wird das nächste Feld markiert und man kann eingeben

Bev

usw., bis alle Kopfzeilenbegriffe eingegeben sind.

Nach der letzten Eingabe wird automatisch die nächste Tabellenzeile markiert, wenn die Tabelle korrekt dimensioniert wurde. Wenn man hingegen von den Voreinstellungen ausgegangen war, muß die Markierung zunächst mit der Abwärtspfeiltaste in die nächste Tabellenzeile gesteuert werden. Geht man dann mit der Linkspfeiltaste an den Zeilenanfang, kann mit der Eingabe der eigentlichen Informationen des Datenbestandes begonnen werden.

Es ist in diesem Zusammenhang jetzt nicht wichtig, wenn man sich bei der Informationseingabe vertippt oder wenn Fehler anderer Art, zum Beispiel Verwechslungen von Daten, geschehen. Wir werden im folgenden Abschnitt besprechen, wie die Inhalte einer Datenbank bei Bedarf wieder verändert werden können. Auch sollte man sich jetzt nicht um das äußere Erscheinungsbild der Tabelle, die man gerade erzeugt hat, kümmern.

Wenn der Dateneingabeprozeß abgeschlossen ist, sieht die Tabelle so aus:

Datenbank "LAENDER"

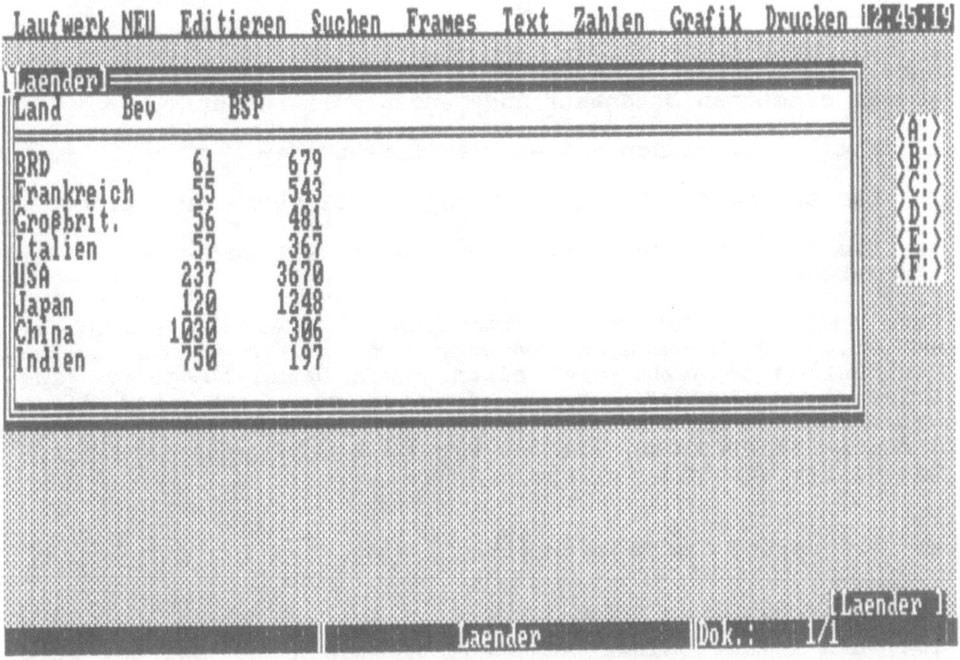

Das sieht in der Tat noch nicht besonders gut aus, weil offenbar die Spaltenüberschriften nur schlecht mit den Spalteninhalten zusammenpassen. Man sollte aber jetzt noch keine Versuche unternehmen, dies zum Zwecke der "Verschönerung" der Tabelle zu ändern. Wir werden im folgenden Abschnitt darauf zu sprechen kommen, wie man sinnvollerweise vorgeht.

Man sollte nicht vergessen, nach Abschluß der Informationseingabe das Dokument (den Frame mit der nun gefüllten Datenbank) zu speichern, was bekanntlich mit den folgenden Arbeitsschritten möglich ist:

1. Öffnen des Untermenüs "Laufwerk"

2. Markieren der Position "Zwischendurch abspeichern"

3. Return-Taste

9.3 ÄNDERUNGEN IN DER DATENBANK

Unter drei Gesichtspunkten kann es notwendig sein, in der gerade erzeugten Datenbank Änderungen vorzunehmen:

1. Vielleicht müssen Fehler beseitigt werden

2. Das Erscheinungsbild der Tabelle soll verändert werden

3. Die Struktur der Datenbank muß eventuell verändert werden.

Dazu sollen im folgenden entsprechende Beispiele betrachtet werden. Nach Änderungen jedweder Art ist es sinnvoll, dem veränderten Dokument erst einen neuen Namen zu geben (zum Beispiel "LAENDER2"), um es dann zu speichern. Auf diese Weise nämlich bleibt unter dem Namen "LAENDER" die ursprüngliche Datei erhalten, mit der wir in den folgenden Abschnitten weiter arbeiten wollen.

a) Veränderung der Dateiinhalte

Es wurde schon darauf hingewiesen, daß es häufig notwendig ist, die Inhalte einer Datenbank zu ändern - sei es, weil bei der ursprünglichen Eingabe Fehler begangen wurden, oder weil bestimmte Informationen tatsächlich abgeändert werden müssen.

Soll ein Feldinhalt geändert werden, muß das zu ändernde Dokument natürlich zunächst geladen werden, es sei denn, es wäre seit der Informationseingabe die Arbeit mit FRAMEWORK noch nicht unterbrochen worden, so daß der ursprüngliche Frame noch im Rechner ist.

Wie man den Inhalt eines Feldes ändern kann, nachdem dieses markiert wurde, hängt vom Typ der jeweiligen Information ab:

Handelt es sich um einen String (Text), der geändert werden soll, drückt man einfach die Leertaste. Der zu editierende Text erscheint dann in der Editierzeile und kann jetzt abgeändert werden. Handelt es sich hingegen um eine numerische Information (oder um eine Formel), ist zunächst die Funktionstaste F2 zu drücken, bevor Änderungen vollzogen werden können.

b) Verändern des Erscheinungsbildes der Tabelle

Bei der Informationseingabe ist ja schon aufgefallen, daß das optische Erscheinungsbild der Datenbank etwas unbefriedigend ist. Um hier Änderungen zu erreichen, verwendet man das Untermenü "Zahlen". Wenn dieses Untermenü geöffnet wird, gelangt man zu dem folgenden Bild:

Untermenü "Zahlen"

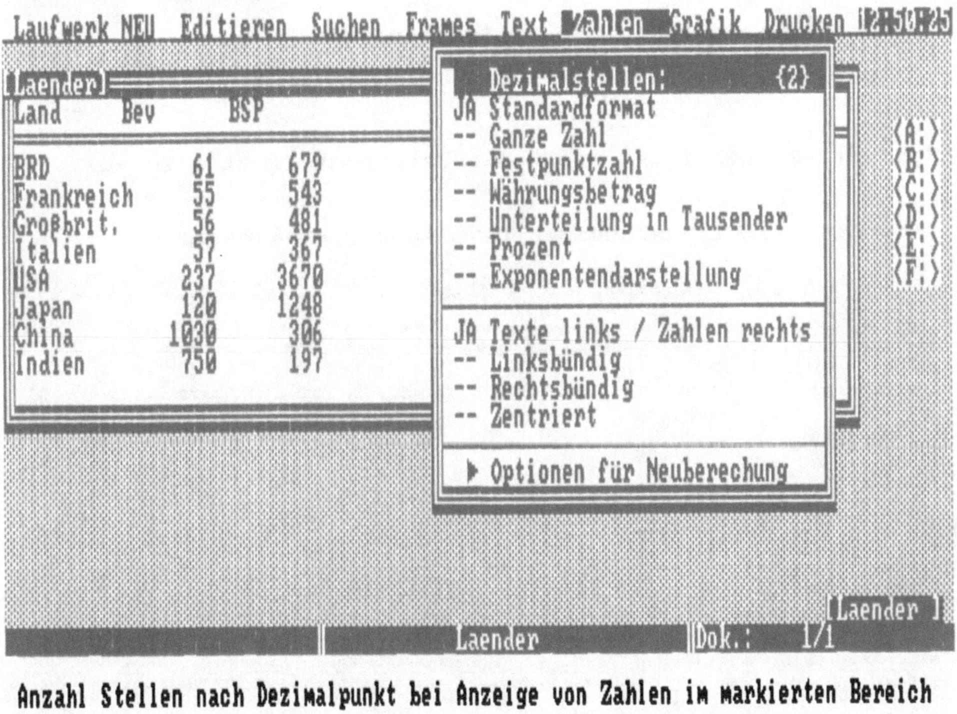

Im Untermenü "Zahlen" kann man unter verschiedenen Optionen auswählen, die aber nur auf denjenigen Bereich der Datenbank-Tabelle wirken, der vorher markiert wurde.

Will man also erreichen , daß die Bevölkerungszahl in der zweiten Spalte der Datei nicht rechtsbündig (dies ist die Voreinstellung von FRAMEWORK für numerische Werte), sondern linksbündig ausgegeben werden, muß man wie folgt vorgehen:

1. Positionieren des Cursors mit der Taste NUM+ im Datenbankframe
2. Markieren des Kopfzeilenbegriffs der zweiten Spalte
3. Drücken der Funktionstaste F6 AUSWAHL
4. Drücken der Abwärtspfeiltaste, bis die ganze Spalte markiert ist
5. Öffnen des Untermenüs "Zahlen"
6. Markieren der Position "Linksbündig"
7. Return-Taste

Nach diesen Schritten sieht die Datenbank-Tabelle so aus:

Datenbank mit linksbündigen Bevölkerungs-Angaben

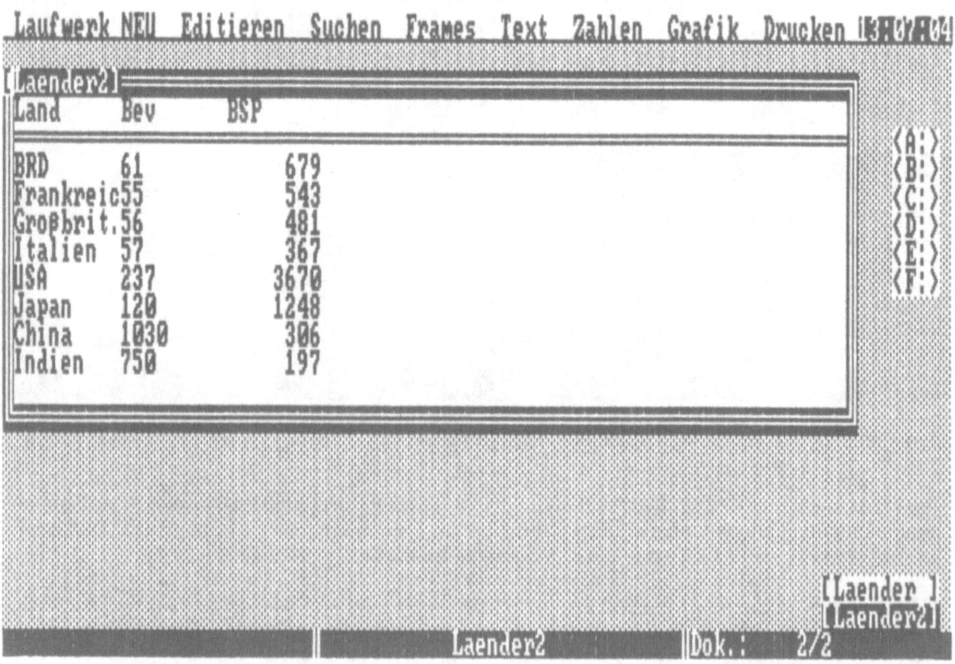

In entsprechender Weise können auch die anderen Möglichkeiten des Untermenüs "Zahlen" - angewandt auf unterschiedliche Bereiche der Ausgangstabelle - erprobt werden.

Zu den Veränderungen des Erscheinungsbildes können wir auch die Aufgabe zählen, die <u>Breite</u> einzelner Spalten zu verändern, was ab und zu ganz sinnvoll sein kann (beispielsweise, wenn zu lange Ländernamen oder dergl. untergebracht werden müssen). Es ist dabei folgendermaßen vorzugehen:

1. Markieren eines Feldes in derjenigen Spalte, deren Breite verändert werden soll
2. Drücken der Funktionstaste F4 GRÖSSE
3. Verändern der Breite der entsprechenden Spalte mit den horizontalen Pfeiltasten
4. Beenden dieser Prozedur mit der Return-Taste

Ein Beispiel für die Wirkungen dieser Veränderungen braucht hier sicherlich nicht vorgeführt zu werden.

c) Änderungen der Struktur der Datenbank

Bei dieser Aufgabenstellung geht es darum, Zeilen oder Spalten hinzuzufügen oder zu löschen, wenn dies erforderlich ist.

Betrachten wir zunächst den Fall, eine Zeile einfügen zu müssen. Dies ist mit der entsprechenden Position des Untermenüs "NEU" möglich, wobei die folgenden Arbeitsschritte durchlaufen werden:

1. Markieren derjenigen Zeile, unter der eine neue Zeile eingefügt werden soll
2. Öffnen des Untermenüs "NEU"
3. Markieren der Position "Zeilen / Sätze (# Einfügen):"
4. Mit Drücken der Return-Taste erscheint die Voreinstellung für diese Prozedur in der Editierzeile links unten

5. Eingabe der Anzahl der Zeilen, die eingefügt werden sollen (in der Regel 1)

6. Beenden dieser Prozedur mit der Return-Taste

Die so entstandene neue Zeile, die ja bislang noch leer ist, kann nun mit den Informationen gefüllt werden, die für das neu in die Datei aufzunehmende Land vorliegen.

In entsprechender Weise funktioniert auch das Einfügen einer zusätzlichen Spalte in die Datenbank-Tabelle. Wenn also zwischen Spalte 1 und Spalte 2 eine zusätzliche Spalte, vielleicht zur Aufnahme der Hauptstadt des Landes, eingefügt werden soll, ist genauso zu verfahren, wie oben beschrieben, mit dem Unterschied, daß im dritten Arbeitsschritt die Position "Spalten / Felder (# Einfügen):" markiert werden muß.

Auch das Entfernen von Zeilen oder Spalten ist sehr einfach: Zuständig ist hier das Untermenü "Editieren". Wenn also die Bundesrepublik Deutschland aus der Datenbank-Tabelle entfernt werden soll, ist wie folgt vorzugehen:

1. Positionieren des Cursors in der zu entfernenden Zeile

2. Öffnen des Untermenüs "Editieren"

3. Markieren der Position "Zeilen/Sätze Entfernen"

4. Antwort J auf die Frage von FRAMEWORK, ob wirklich gelöscht werden soll

5. Drücken der Return-Taste, um diese Prozedur auszuführen

Wenn eine Spalte gelöscht werden soll - vielleicht wird ab sofort eine bestimmte Variable nicht mehr benötigt - geht man ganz entsprechend vor, mit dem Unterschied, daß nun im dritten Arbeitsschritt der obigen Schrittfolge die Position Spalten/Felder Entfernen" im Untermenü "Editieren" markiert werden muß.

9.4 RECHNEN IN EINER DATENBANK

Ein gutes Dateiverwaltungssystem zeichnet sich insbesondere dadurch aus, daß auch eine Verrechnung der eingegebenen numerischen Werte möglich ist. Wie dabei vorzugehen ist, wurde ausführlich schon in einem früheren Kapitel besprochen, so daß wir auf die entsprechenden Abschnitte verweisen können. Zur Wiederholung dieser Ausführungen betrachten wir hier ein einziges Beispiel:

Ausgehend von der obigen Datenbank soll nun in einer zusätzlichen Spalte der Datenbank das Bruttosozialprodukt je Kopf der Bevölkerung ausgegeben werden, was ja im Hinblick auf den internationalen statistischen Vergleich sicherlich eine sinnvollere statistische Zahl ist als zum Beispiel das Bruttsozialprodukt selbst.

Diese Pro-Kopf-Größe erhält man selbstverständlich, indem man die Werte der Spalte 3 durch die der Spalte 2 dividiert. Um die durch diese Berechnung erzeugten Werte auch in der Datenbank darstellen zu können, richten wir zunächst eine weitere Spalte ein, wobei wie folgt vorzugehen ist:

1. Laden der Datenbank "LAENDER" (sofern noch nicht geschehen)
2. Markieren des letzten Kopfzeilenbegriffs
3. Öffnen des Untermenüs NEU
4. Markieren von "Spalten/Felder (# Einfügen):"
5. Return-Taste

Nun kann die neu eingerichtete Spalte in der Kopfzeile zum Beispiel mit dem Begriff "BSPKopf" bezeichnet werden. Zum Berechnen der interessierenden Pro-Kopf-Größen ist jetzt wie folgt vorzugehen:

1. Markieren des neuen Kopfzeilenbegriffs
2. Drücken von F2 FORMEL EDITIEREN

3. Eingabe der folgenden Formel in die Editierzeile:

BSPKopf:=BSP*1000/BEV

In dieser Formel muß die Bruttosozialproduktsangabe zunächst mit 1000 multipliziert werden, um zu sinnvollen Werten der Pro-Kopf-Angaben zu gelangen, weil die BSP-Angaben ja in Milliarden, die Bevölkerungsangaben aber in Millionen in die Datenbank eingegeben worden waren.

4. Return-Taste

Nach dem Drücken der Return-Taste wird für alle Zeilen der Datenbank-Tabelle die gewünschte Berechnung durchgeführt, so daß sich das folgende Bild ergibt:

Datenbankframe mit Berechnungen des Pro-Kopf-Sozialprodukts

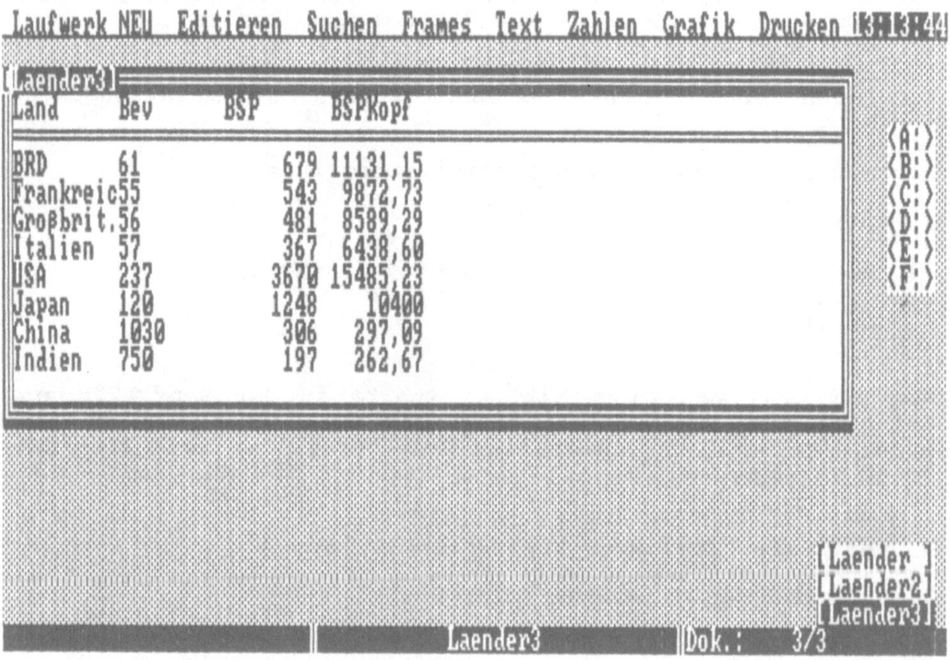

An anderer Stelle wurde schon darauf hingewiesen, daß das spaltenweise Rechnen etwas umständlicher ist, weil zu diesem Zweck zusätzlich ein Tabellenkalkulationsframe eröffnet werden muß, und die Daten, mit denen gerechnet werden soll, vom Datenbankframe in diesen kopiert werden müssen.

9.5 SORTIEREN UND AUSWAHLEN

Eine der wichtigsten Aufgabenstellungen, die ein Dateiverwaltungssystem erledigen kann, besteht im Sortieren der Datensätze bzw. in der gezielten Suche nach bestimmten Datensätzen oder einer Auswahl bestimmter Datensätze.

a) Sortieren

Beim Sortieren geht es darum, die Sätze in einer Datei so anzuordnen, daß zum Beispiel nach Ländernamen alphabetisch geordnet wird. Aber natürlich könnte auch ein anderes Kriterium zum Sortieren verwendet werden. Beispielsweise könnte nach der Bevölkerungszahl sortiert werden, um zu erreichen, daß die bevölkerungsreichsten Länder oben in der Datei auftauchen.

Wenn die Datei, in der sortiert werden soll, geladen worden ist, der entsprechende Frame also geöffnet ist (oder sich sowieso noch auf dem Bildschirm befindet), dann ist zum Sortieren folgendermaßen vorzugehen:

1. Positionieren des Cursors in der Datenbank
2. Markieren des Kopfzeilenbegriffs derjenigen Spalte, die als Sortierkriterium verwendet werden soll (also z.B. den Begriff "Land", wenn alphabetisch nach Ländernamen sortiert werden soll)
3. Öffnen des Untermenüs "Suchen"
4. Markieren der Position "Vorwärts (aufsteig.) sortieren"
5. Return-Taste

Nach der Abfolge dieser Schritte sieht die Datenbank so aus (wir sind bei der folgenden Abbildung von der Datenbank

LAENDER3 ausgegangen, wobei die Spalten 1 und 4 verbreitert und die Zahlenangaben umformatiert wurden):

Sortierte Datei

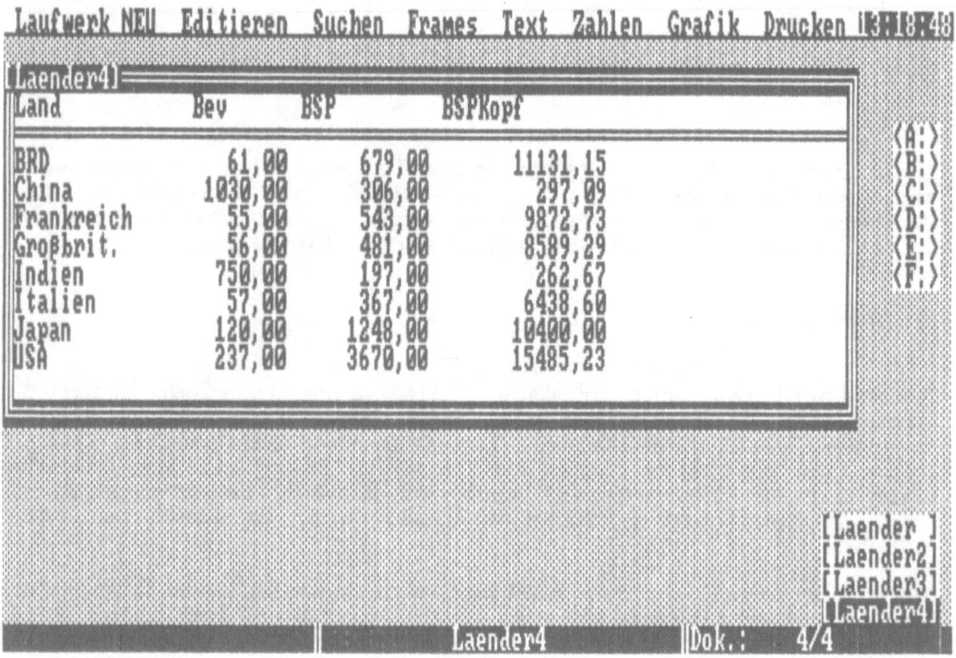

Land	Bev	BSP	BSPKopf
BRD	61,00	679,00	11131,15
China	1030,00	306,00	297,09
Frankreich	55,00	543,00	9872,73
Großbrit.	56,00	481,00	8589,29
Indien	750,00	197,00	262,67
Italien	57,00	367,00	6438,60
Japan	120,00	1248,00	10400,00
USA	237,00	3670,00	15485,23

b) Suchen

Bei großen Datenbanken, die sehr viele Sätze umfassen, ist es besonders wichtig, eine Gelegenheit zu haben, unter Nutzung bestimmter, vom Benutzer des Programmsystems vorgebbarer Kriterien, nach einzelnen Datensätzen zu suchen und diese speziellen Datensätze zu markieren.

Es ist dabei folgendermaßen vorzugehen (wieder wird vorausgesetzt, daß die Datenbank, in der gesucht werden soll, noch im Rechner bzw. auf dem Bildschirm ist; ist dies nicht der Fall, muß das entsprechende Dokument zuerst geladen und der Frame geöffnet werden):

1. Markieren derjenigen Spalte, in der gesucht werden soll

Sucht man also ein Land mit einem bestimmten Namen, will man also feststellen, ob es das Land "Frankreich" in der Datei gibt, muß die erste Spalte der Datenbank durch Markieren des Kopfzeilenbegriffs angesprochen werden.

2. Öffnen des Untermenüs "Suchen" im Hauptmenü

3. Eingabe des Suchbegriffs in der Position "Suchen nach..." nach Drücken der Return-Taste

4. Return-Taste

Jetzt beginnt der Suchprozeß, wobei FRAMEWORK automatisch durch Markierung derjenigen Position, wo zum ersten Mal der Suchbegriff auftaucht, angibt, wo die Suche erfolgreich war. Wird danach die Abwärtspfeiltaste gedrückt, wird die nächste Position markiert, an welcher der Suchbegriff auftaucht, sofern eine weitere Position vorhanden ist.

Ist die gesamte Datei auf diese Weise durchsucht worden (in unserem kleinen Beispiel wird dies sehr rasch der Fall sein), gibt FRAMEWORK auch aus, wieviele Fundstellen insgesamt aufgetaucht sind.

c) Selektieren

Das Selektieren geht ähnlich wie das Suchen vonstatten. Hier geht es jetzt allerdings darum, daß nur diejenigen Datensätze ausgegeben werden, die eine bestimmte Bedingung erfüllen, die der Benutzer formulieren kann. Es wird also eine Auswahl vorgenommen und eine entsprechend verkürzte Datenbank ausgegeben.

Dazu wird eine Filterformel benutzt, in der der Benutzer die Bedingung formulieren kann, an der sich der Selektionsprozeß orientieren soll.

Es ist dabei folgendermaßen vorzugehen:

1. Laden der Datenbank, die bearbeitet werden soll

2. Drücken von F2 und Eingabe der Filterformel in die Editierzeile. Sie muß sich auf den Frame und nicht etwa auf ein Tabellenfeld beziehen.

3. Return-Taste

Die Filterformel, die hier im zweiten Schritt die entscheidende Rolle spielt, würde beim Beispiel der Selektion von Ländern mit einer Bevölkerungszahl, die über 60 Millionen liegt, lauten:

Bev > 60

Zu beachten ist in diesem Zusammenhang, daß numerische Werte auf der rechten Seite der Filterformeln ohne Anführungszeichen auftauchen können, alphanumerische Werte hingegen (Worte, Namen, Texte u.ä.) in Anführungszeichen eingeschlossen werden müssen.

Wenn man also nach diesem Muster bestimmte Länder selektiert, ergibt sich das folgende Bild:

Selektieren in der Datenbank

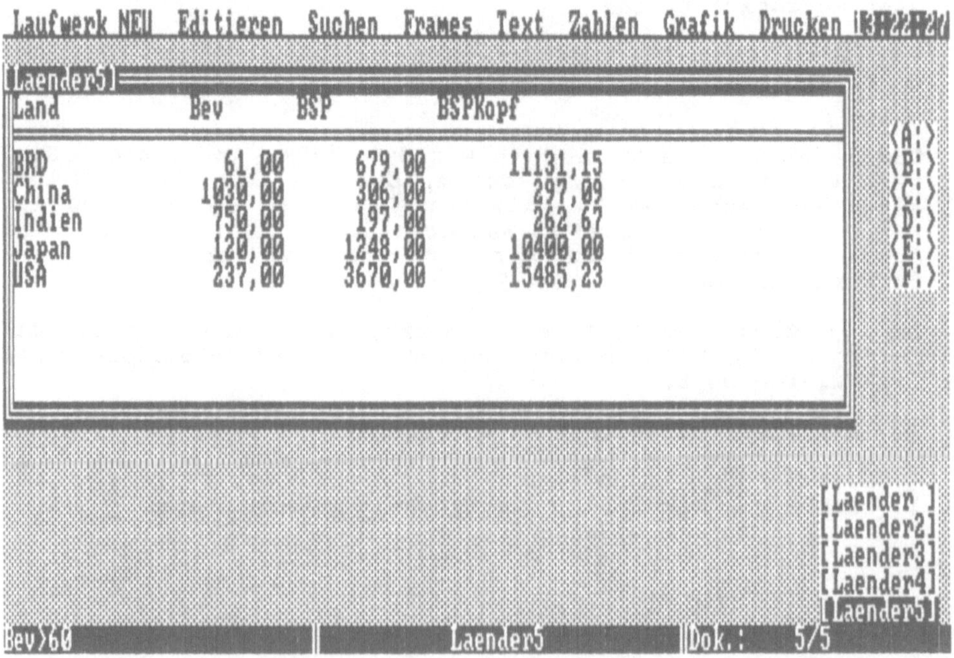

Beim Aufbau der Filterformeln, die den jeweiligen Selektierungsprozeß steuern, wird mit logischen Operatoren gearbeitet. Folgende <u>Operatoren</u> können verwendet werden:

Operator	Bedeutung
>	größer als
<	kleiner als
=	gleich
>=	größer oder gleich
<=	kleiner oder gleich
<>	ungleich

Es ist in diesem Zusammenhang zu beachten, daß die logischen Vergleichsoperatoren, die oben genannt wurden, bei Strings hinsichtlich der alphabetischen Ordnung dieser Strings vergleichen.

Unter Nutzung dieser Vergleichsoperatoren können auch umfangreichere Filterformeln aufgebaut werden. Beispielsweise ist es möglich, sich alle Länder ausgeben zu lassen, die eine Bevölkerung von mehr als 60 Millionen aufweisen und gleichzeitig ein Bruttosozialprodukt angeben, welches geringer ist als 1000 Milliarden.

In einem ersten Selektierungsprozeß kann man sich von FRAMEWORK eine verkürzte Datei erzeugen lassen, die nur noch diejenigen Länder beinhaltet, die mehr als 60 Millionen Einwohner haben. Diese verkürzte neue Datei speichert man sinnvollerweise unter einem neuen Dokumentnamen ab und läßt dann in dieser neuen Datei alle Länder selektieren, die ein Bruttosozialprodukt von weniger als 1000 Milliarden aufweisen.

Ist dieser doppelte Selektierungsprozeß abgeschlossen, stehen auf dem Bildschirm nur noch diejenigen Länder, die beide Bedingungen zugleich erfüllen.

Natürlich können nach diesem Muster auch noch mehr als nur zwei Bedingungen hintereinander geschaltet werden.

Wenn die Suchbedingung allerdings nicht lautet "Bevölkerung größer als 60 Millionen und BSP kleiner als 1000 Milliarden", sondern "Bevölkerung größer als 60 Millionen oder BSP kleiner als 1000 Milliarden", dann muß natürlich der zweite der beiden Selektierungsprozesse nicht auf die durch den ersten verkürzte Datenbank zugreifen, sondern wieder auf die ursprüngliche Datenbank.

In diesem Zusammenhang bieten sich Vereinfachungen an, die durch Nutzung der FRAMEWORK Programmiersprache FRED ins Spiel kommen, nämlich die Verwendung der logischen Verknüpfungsoperatoren OR und AND. Diese Verknüpfungsoperatoren haben wir schon im Zusammenhang mit der numerischen Kontrolle einer Datenmatrix kennengelernt, so daß entsprechende Beispiele an dieser Stelle entbehrlich sind.

Wenn durch Selektierungsprozesse die ursprüngliche Datenbank immer weiter verkürzt worden ist, kann man - wenn dies erforderlich ist - auf dem folgenden Weg wieder auf die Gesamtmenge der Datensätze zugreifen:

1. Verlassen des gerade bearbeiteten Frames mit NUM-
2. Öffnen des Untermenüs "Frames"
3. Markieren der Position "Öffnen alle"
4. Return-Taste

9.6 AUSGABE

In diesem Kapitel soll noch einmal ein Blick darauf geworfen werden, wie man eine eingegebene (und gegebenenfalls veränderte) Datenbank auf dem Drucker ausgeben kann. Dazu benötigt man die folgenden Arbeitsschritte:

1. Verlassen des Frames mit der auszugebenden Datenbank mit NUM-
2. Öffnen des Untermenüs "Drucken"
3. Markieren von "Drucken"
4. Markieren der Position "Starten"
5. Return-Taste

Vor der Druckerausgabe kann natürlich das Erscheinungsbild der Datenbank verändert werden, was innerhalb des schon besprochenen Untermenüs "Zahlen" aus dem Hauptmenü möglich ist.

LITERATURHINWEISE

ALBRECHT, P. : dBASE III plus, Haar bei München 1985

VOSS, W. : FRAMEWORK für Einsteiger, Düsseldorf 1987

KAPITEL 10:

Textverarbeitung

10.1 VORBEMERKUNG

10.2 WAS BEDEUTET "TEXTVERARBEITUNG" ?

10.3 TEXTEINGABE

10.4 TEXTVERÄNDERUNGEN

10.5 ÄNDERUNGEN DES SCHRIFTBILDES

10.6 FORMATIEREN

10.7 AUSGABE

LITERATURHINWEISE

10.1 VORBEMERKUNG

Der Rechnereinsatz, insbesondere die praktische Nutzung der PC-Rechner hat nicht mehr allein mit "Datenverarbeitung" im engeren Wortsinne zu tun. Die Nutzung von Rechnern und Programmen zum Zwecke der Auswertung statistischer Daten, des Arbeitens mit Graphikprogrammen, der Prognose- und Simulationsrechnungen, des Arbeitens mit Planungsmodellen und der Erledigung von Aufgaben der Dateiverwaltung steht nicht mehr allein im Mittelpunkt des Interesses der Computernutzer. Auch und gerade im sozialwissenschaftlichen Bereich sind weitere Aufgabenbereiche hinzugetreten, die nicht vernachlässigt werden sollten.

Zu diesen neuen Aufgabenbereichen gehört insbesondere die Textverarbeitung. Die Begriffsklärung im folgenden Abschnitt wird verdeutlichen, daß es dabei nicht um die Lösung spezifisch sozialwissenschaftlicher Probleme geht. Textverarbeitungsaufgaben sind vielmehr in einen ganz generellen Anwendungsrahmen einzubetten - aber der Sozialwissenschaftler steht häufiger als ihm lieb ist, vor der Aufgabe, Texte anzufertigen. Und da in dieser Abhandlung allgemein über "rechnergestützte Methoden" in den Sozialwissenschaften gesprochen wird, interessiert auch dieser Aspekt des Einsatzes von Rechnern und Programmen.

10.2 WAS BEDEUTET "TEXTVERARBEITUNG" ?

Man kann sagen, daß die heute eingesetzten PC-Rechner - wenn man nicht ausschließlich den sozialwissenschaftlichen Bereich betrachtet - in erster Linie für die Textverarbeitung eingesetzt werden und weniger mit der Lösung irgendwelcher Rechenprobleme oder mit Aufgaben der Datenauswertung und -analyse zu tun haben.

Der PC ist mit großem Erfolg dabei, die klassische Schreibmaschine zu ersetzen, wobei aber nicht vergessen werden darf, daß diese Ersetzung nur möglich wurde, weil entsprechende Software zur Verfügung steht - fertige Programme also, die in diesem Fall aus dem PC eine leistungsfähige Schreibmaschine machen, die den traditionellen Geräten in vielfacher Hinsicht weit überlegen ist.

Deshalb verfügt auch ein integriertes Programmpaket, wie es FRAMEWORK darstellt, über einen leistungsfähigen Textverarbeitungsteil, mit dem wir uns in diesem Kapitel befassen werden.

Unter dem Stichwort "Textverarbeitung" lassen sich die folgenden Aufgaben zusammenfassen:

1. Texteingabe
2. Textveränderung durch Korrigieren
3. Textveränderungen durch Ändern des Erscheinungsbildes (Layout)
4. Editieren und Formatieren (Vorbereitung der Ausgabe)
5. Textverwaltung (z.B. Ablage von Texten)
6. Textausgabe (Formatieren und Drucken)

Denkt man an die traditionelle Schreibmaschine, dann wird klar, was mit diesen Begriffen gemeint ist:

Beschließt man, ein Buch zu schreiben, dann bedeutet "Texteingabe", daß Papier in die Schreibmaschine zu spannen ist, um anfangen können, zu tippen. Bei der Überlegung, was überhaupt "Textverarbeitung" bedeutet, fällt übrigens sofort ins Auge, daß auf dem traditionellen Wege die Texteingabe nahtlos mit der Textausgabe verbunden ist, denn was man eintippt, erscheint gleichzeitig auch schon als Ausgabe auf dem eingespannten Schreibmaschinenpapier.

Was mit "Textveränderung" gemeint ist, ist auch klar, auch wenn es sich dabei um eine Vielzahl durchaus unterschiedlicher Teilaufgaben handeln kann: Es kann dabei um Tippfehler gehen, die beseitigt werden müssen, um das Einfügen von Textteilen oder um das Löschen derselben, um das Vertauschen von Textteilen oder was auch immer.

Aber nicht nur bei der Eingabe und beim Verändern von Texten ergeben sich bestimmte Probleme, deren traditionelle Lösung meist sehr mühsam ist, sondern auch bei der Ausgabe, die ja, wie oben schon bemerkt wurde, beim Schreibmaschinenschreiben untrennbar mit der Eingabe verbunden ist - gerade diese Untrennbarkeit schafft auch einige zusätzliche Probleme, die mit moderner Textverarbeitung gelöst werden können. Dies betrifft beispielsweise die Festlegung der Seitenumbrüche (Seitenwechsel), die Numerierung von Seiten, die Festlegung der Seitenränder, die Festlegung des Zeilenabstandes, die Organisation von Fußnoten und vieles mehr.

Es ergeben sich also eine ganze Reihe von Aufgabenstellungen, die bei bzw. vor der Ausgabe des Textes bei "traditioneller" Textverarbeitung zu vielen unangenehmen Arbeiten führen und viel, viel Zeit und Geduld erfordern - bis man sich entschließt, es doch einmal mit einem modernen Textverarbeitungssystem zu versuchen.

10.3 TEXTEINGABE

Um zu zeigen, wie mit dem Programmpaket FRAMEWORK Textverarbeitung betrieben werden kann, beginnen wir nun einfach mit der Texteingabe, ausgehend von einem kleinen Übungstext. Wie jede andere Arbeit mit diesem Programmpaket auch, ist dies natürlich erst dann möglich, wenn ein Frame eröffnet wurde. Dazu geht man wie folgt vor:

1. Starten von FRAMEWORK
2. Anmelden des Arbeitslaufwerkes
3. Öffnen des Untermenüs NEU
4. Markieren der Position "Frame/leer Text"
5. Return-Taste
6. Namensvergabe für den Frame (z.B. "TEXT1")

Um nun die Textverarbeitung mit FRAMEWORK konkret an einem Beispiel zu erproben, gehen wir von dem folgenden Übungstext aus:

Übungstext

Der Rechnereinsatz in den Sozialwissenschaften erstreckt sich auf viele unterschiedliche Bereiche, bei denen diejenigen im Vordergrund des Interesses stehen, die mit der Lösung von Datenverarbeitungsaufgaben im engeren Sinne befaßt sind.

Dabei handelt es sich beispielsweise um statistische Auswertungen und Analysen, um Prognoserechnungen, um die Erstellung von Simulations- oder von Planungsmodellen u.ä..

Aber auch eher organisatorische Aufgaben, wie zum Beispiel die der Dateiverwaltung oder Textverarbeitungsaufgaben sind für den Sozialwissenschaftler, der rechnergestützt arbeiten möchte, nicht uninteressant.

Ende des Übungstextes

Mit Hilfe dieses Übungstextes wollen wir die wichtigsten Möglichkeiten der Textverarbeitung mit FRAMEWORK besprechen. Dies setzt natürlich voraus, daß dieser Text nun in den vorhin geöffneten Textframe eingegeben wird, wobei wie folgt vorzugehen ist:

1. Mit der Taste NUM+ in den Frame hinein

2. Schreiben des Übungstextes

Wenn der Text eingegeben wird, sollte man noch nicht auf eventuelle Tippfehler Rücksicht nehmen. Zu beachten ist weiterhin, daß am Zeilenende keine Return-Taste zu drücken ist. Der sog. Zeilenumbruch wird von FRAMEWORK automatisch erledigt: Wenn ein Wort eingegeben wird, das in eine Bildschirmzeile nicht mehr hineinpaßt, wechselt FRAMEWORK automatisch zum Anfang der nächsten Bildschirmzeile. Wird hingegen die Return-Taste gedrückt, so wird von FRAMEWORK ein Absatz erzeugt, d.h. man erzwingt dann einen Vorschub in die nächste Bildschirmzeile.

Da Absätze dann besonders gut aussehen, wenn man nicht nur einfach in die folgende Bildschirmzeile springt, sondern zusätzlich eine Leerzeile einschiebt - so wie dies im Text dieses Buches und auch im obigen Übungstext gehandhabt wird - sollte man, wenn man einen Textabsatz haben will, zweimal die Return-Taste drücken.

Auch auf das äußere Erscheinungsbildes des Textes braucht bei der ersten Eingabe noch nicht geachtet zu werden: Man könnte sich ja vorstellen, daß die Kapitelüberschrift "Übungstext" in der Mitte der betreffenden Textzeile stehen sollte, vielleicht auch in einer anderen Schriftart und/oder fettgedruckt. Man könnte sich weiterhin vorstellen, daß im sog. Blocksatz geschrieben wird, also nicht nur mit linkem, sondern auch mit rechtem Randausgleich (so wie man dies vom Buchdruck her gewohnt ist), oder daß ein breiter linker, aber ein schmaler rechter Rand vorzusehen ist, usw..

Es gibt eine ganze Reihe derartiger Möglichkeiten, die uns aber erst in den nächsten Abschnitten dieses Kapitels interessieren sollen. Zunächst geben wir einfach nur den "nackten" Text ein, so wie er oben dargestellt ist. Der Bildschirm sieht dann nach der Texteingabe so aus:

Gefüllter Textframe

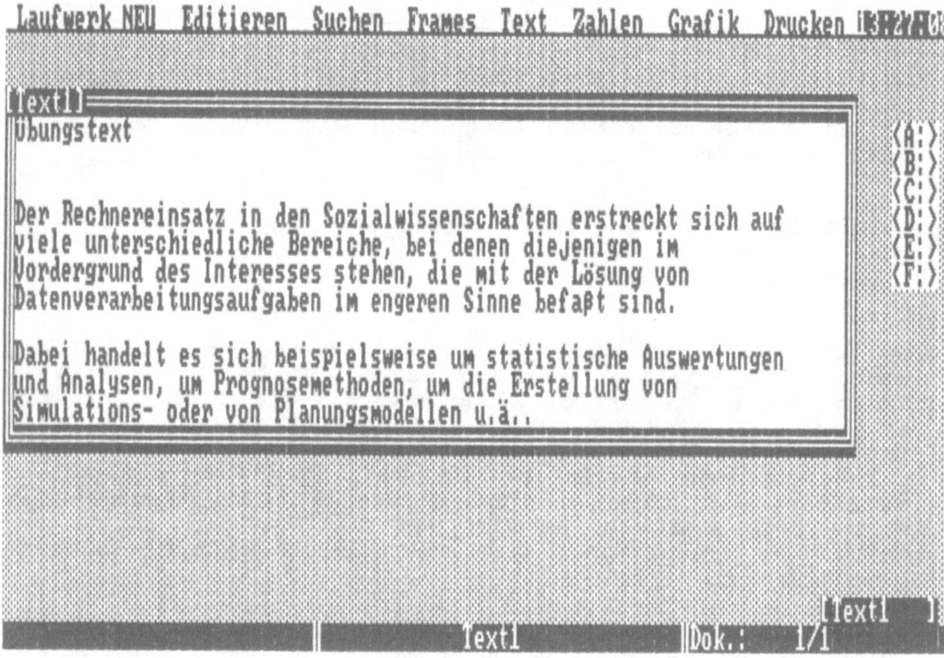

Nach der Texteingabe darf nicht vergessen werden, dieses Dokument auch zu speichern:

1. Verlassen des Dokuments mit der Taste NUM-
2. Öffnen des Untermenüs "Laufwerk"
3. Markieren der Position "Zwischendurch abspeichern"
4. Return-Taste

Wenn die Speicherung erfolgt ist, kann man sich daran machen, den Text zu verändern, wobei folgende Änderungsnotwendigkeiten (oder Veränderungswünsche) mehr oder weniger regelmäßig auftauchen:

1. Beseitigung von Tippfehlern
2. Einfügen oder Löschen von Worten, Sätzen oder Absätzen
3. Austauschen von Sätzen oder Absätzen

Diese Veränderungsmöglichkeiten sollen nun, ausgehend von dem oben vorgestellten Übungstext, im folgenden Abschnitt besprochen werden.

10.4 TEXTVERÄNDERUNGEN

a) Tippfehler

Betrachten wir als erstes den "klassischen" Fall: Vielleicht wurde in der ersten Textzeile geschrieben "Ruchnereinsatz" statt "Rechnereinsatz" oder "Rchnereinsatz" oder "Reechnereinsatz". Im ersten Fall ist einfach ein Symbol falsch, im zweiten Fall fehlt ein Symbol, im dritten Fall ist ein Symbol zu viel im Text.

Zunächst zum ersten Fall: Ein Symbol ist falsch ("u" statt "e"). Wenn man Texte eingibt, dann merkt man ja manchmal sofort, und nicht erst beim späteren Durchlesen, daß man sich vertippt hat. Wenn dies der Fall ist und man direkt nach der Eingabe von "Ru" abbricht, betätigt man einfach die Back-Space-Taste (Rückstell-Taste). Damit rückt der Cursor um eine Position nach links und gleichzeitig wird das betreffende Symbol gelöscht: Aus "Ru" wird "R" und danach kann man korrekt weiterschreiben.

Wird dieser Fehler erst später entdeckt, ist die Korrektur auch sehr einfach: Man steuert den Cursor mit den Pfeiltasten zum "u" in "Ruchnereinsatz" und drückt die Del-Taste (Lösch-Taste). Dadurch wird aus "Ruchnereinsatz" das schöne Wort "Rchnereinsatz". Tippt man dann dort, wo jetzt der Cursor steht ein "e" ein, ist das korrekte Wort "Rechnereinsatz" hergestellt.

Der zweite Fall betraf das Fehlen eines Symbols ("Rchnereinsatz"). Man steuert den Cursor auf das Symbol "c" und tippt dann ein "e" ein. Dieses Symbol wird an der Cursorposition eingefügt und die Symbolfolge "chnereinsatz" rückt dabei nach rechts. Damit ist der Fehler beseitigt. Voraussetzung ist allerdings, daß man sich im sog. Einfügemodus und nicht im Überschreibmodus befindet. Im Überschreibmodus würde der entsprechende Textteil nicht nach rechts rücken, sondern einfach überschrieben (ersetzt) werden, was ja in bestimmten Fällen auch sinnvoll sein kann.

Ob man im Einfügemodus oder im Überschreibmodus ist und wie man gegebenenfalls den Modus ändern kann, wird aus dem Untermenü "Editieren" ersichtlich, das folgendermaßen aussieht:

Untermenü "Editieren"

Letzten Befehl/letzte Änderung rückgängig machen, sofern möglich

Ist hier die Position "Vorhandenes überschreiben" mit JA markiert, ist man nicht im Einfügemodus, andernfalls (per Voreinstellung) doch. Die gegebenenfalls erforderliche Änderung wird vollzogen, indem man diese Position markiert und die Return-Taste drückt (zweimaliges Drücken der Return-Taste wechselt zwischen JA und --, wobei letzteres NEIN bedeutet, und umgekehrt).

Ist ein Symbol überflüssig, wie im dritten Fall ("Reechnereinsatz"), steuert man den Cursor auf das überflüssige Symbol und drückt nur die Del-Taste. Das überflüssige Symbol wird dadurch gelöscht und die Symbolfolge rechts von der Löschposition rückt nach links. Damit ist auch dieser Fehler beseitigt.

Es darf nicht vergessen werden, nach Korrekturen (oder nach Änderungen anderer Art, die wir im folgenden noch besprechen werden), den Text erneut unter Nutzung des alten Namens zu speichern.

b) Veränderung von Textteilen

Von "Textteilen" sprechen wir, wenn sich Änderungen nicht nur auf einzelne Symbole, sondern auf Worte, auf Sätze, auf ganze Absätze oder sogar auf den gesamten eingegebenen Text beziehen. Im einzelnen kann es wieder, wie oben auch, darum gehen, solche Textteile (gegen andere) auszutauschen, zu löschen oder einzufügen.

Bevor wir uns diesen Aufgaben zuwenden, ist generell anzumerken, daß die Bearbeitung von Textteilen erst dann möglich ist, wenn sie markiert sind - so wie ja auch die Korrektur einzelner Symbole erst möglich war, nachdem der Cursor an die betreffende Position geschickt wurde.

Zum <u>Markieren</u> wiederum ist es erforderlich, den Cursor an den Anfang des zu markierenden Textbereichs zu steuern (es muß nicht immer der Anfang sein, wie man nach einigen Versuchen rasch feststellen kann, aber der Anfang ist sicherlich nicht falsch). Diese Cursorbewegungen erfolgen bekanntlich mit den Cursorsteuertasten (Pfeiltasten).

Will man damit aber "größere" Wege im zu verändernden Text zurücklegen, kann man Tastenkombinationen benutzen, die rascher zum Markierungsziel führen als das mit den Cursorsteuertasten allein möglich ist. Die <u>Pfeiltasten</u> bewegen den Cursor ja nur um ein Symbol nach links oder nach rechts, bzw. um eine Zeile nach oben oder nach unten. Die abkürzenden Tastenkombinationen sind die folgenden:

1.	Ctrl und Rechtspfeil	: Ein Wort nach rechts
2.	Ctrl und Linkspfeil	: Ein Wort nach links
3.	Ctrl und Aufwärtspfeil	: Einen Satz aufwärts
4.	Ctrl und Abwärtspfeil	: Einen Satz abwärts
5.	Ctrl und PgUp	: Einen Absatz aufwärts
6.	Ctrl und PgDn	: Einen Absatz abwärts
7.	Home	: Zum Anfang einer Zeile
8.	End	: Zum Ende einer Zeile
9.	PgUp	: Zum Anfang der ersten Bildschirmzeile
10.	PgDn	: Zum Ende der letzten Bildschirmzeile
11.	PgUp (Cursor am Anfang)	: Zurückblättern des Textes im Frame
12.	PgDn (Cursor am Ende)	: Vorblättern im Frame
13.	Ctrl und Home	: Zum ersten Zeichen eines Frames
14.	Ctrl und End	: Zum letzten Zeichen eines Frames

Wenn die zu markierende Stelle erreicht ist, kann sehr rasch markiert werden, wenn man die Funktionstaste F6 AUSWAHL benutzt. Soll beispielsweise in unserem Übungstext das Wort "Rechnereinsatz" in der ersten Zeile markiert werden, so ist wie folgt vorzugehen:

1. Mit NUM+ in den Frame hinein (falls erforderlich)

2. Positionieren des Cursors auf "R" von "Rechnereinsatz"

3. Taste F6 AUSWAHL

4. Drücken der Rechtspfeiltaste, bis "Rechnereinsatz" hell unterlegt ist

5. Return-Taste

Nun können Veränderungen vorgenommen werden. Wenn also das Wort "Rechnereinsatz" in "Computereinsatz" umgewandelt werden soll, ist wie folgt vorzugehen:

1. Markieren des Wortes "Rechnereinsatz"

2. Drücken der Del-Taste (Löschen)

3. Eingabe des Wortes "Computereinsatz".

Genauso wie es die ersten beiden Arbeitsschritte beschreiben, kann man Textteile, die überflüssig erscheinen, löschen: Markieren des betreffenden Textabschnittes und Drükken der Del-Taste.

Will man einen zusätzlichen Textteil einfügen, ist folgendermaßen zu verfahren: Man steuert den Cursor an die Stelle, an der eingefügt werden soll und tippt dort den zusätzlichen Text ein. Da FRAMEWORK sich standardmäßig im Einfügemodus befindet, rücken alle anderen Texte rechts von der Einfügestelle automatisch weiter nach rechts.

c) Verlagern und Kopieren

Manchmal ist es ganz sinnvoll, Textteile zu verlagern oder zu kopieren.

Beim Verlagern geht es prinzipiell um eine Neugliederung des Textes. Soll beispielsweise der dritte Absatz unseres Übungstextes besser an der zweiten Stelle stehen, will man also den dritten mit dem zweiten Absatz tauschen, muß dieser dritte Absatz verlagert werden. Dies ist auf folgende Weise möglich:

1. Markieren des gesamten dritten Absatzes

2. Drücken der Funktionstaste F7 VERLAGERN

3. Positionieren des Cursors beim Ziel der beabsichtigten Verlagerung

4. Return-Taste

Nach diesen Arbeitschritten erzeugt FRAMEWORK den folgenden, nun veränderten (wenn auch nicht sehr sinnvollen) Text:

Veränderter Text

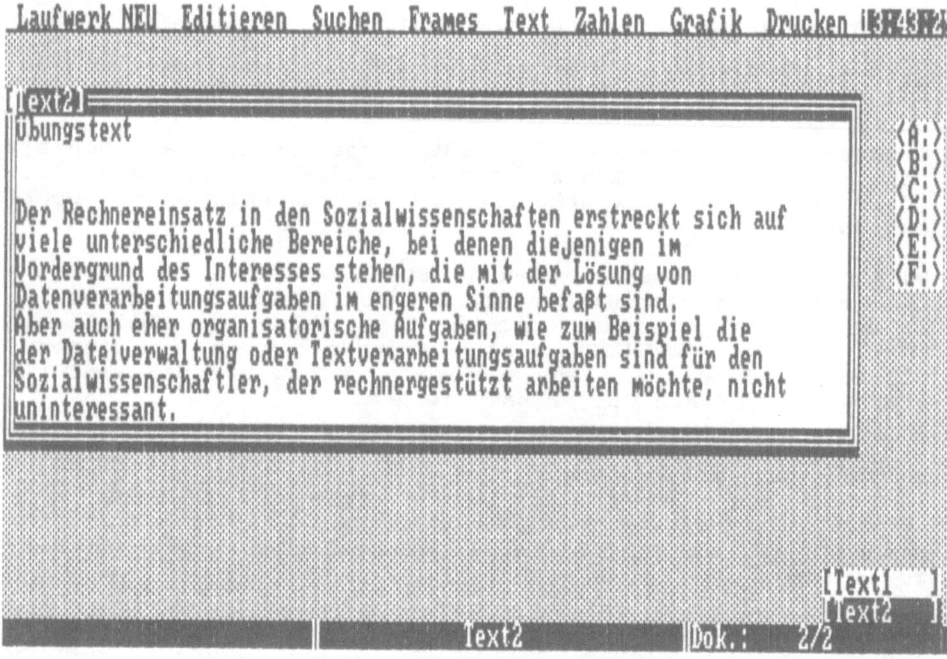

Beim Kopieren ist ähnlich zu verfahren. Der Unterschied zum Verlagern besteht darin, daß jetzt der ursprüngliche Text an der alten Stelle erhalten bleibt, zusätzlich aber an der neu ausgewählten Stelle produziert wird.

Wenn man also zum Beispiel den ersten Absatz noch einmal am Schluß des Übungstextes wiederholen will, weil Wiederholungen vielleicht zur Verdeutlichung dienen, dann braucht man diesen Absatz nicht noch einmal neu zu schreiben - insbesondere bei der Wiederholung längerer Passagen wäre dies ja durchaus unerfreulich - sondern man geht wie folgt vor:

1. Markieren des zu wiederholenden (zu kopierenden) Textes
2. Funktionstaste F8 KOPIEREN
3. Steuern des Cursors zum Kopierziel
4. Return-Taste

Damit sind die wesentlichen Anwendungsbereiche textlicher Veränderungen besprochen. Nur der Vollständigkeit halber sei erwähnt, daß es noch eine ganze Reihe weiterer Veränderungsmöglichkeiten gibt, auf die aber hier im Detail nicht eingegangen wird.

10.5 ÄNDERUNGEN DES SCHRIFTBILDES

Eine der angenehmsten Eigenschaften moderner Textverarbeitungssysteme besteht darin, daß man ohne große Schwierigkeiten das Layout des Textes verändern kann. Dies betrifft zum Beispiel die Wahl des Schriftbildes, aber auch die Formatierung des Textes, der eingegeben wurde.

Nachdem im vorangegangenen Abschnitt darüber gesprochen wurde, wie man Texte verändern (korrigieren, löschen, ergänzen) kann, werden damit also die nächsten Veränderungsmöglichkeiten betrachtet. Dabei interessieren insbesondere die folgenden Möglichkeiten, die auch kombiniert in Frage kommen können:

1. Unterstreichungen

2. Fettdruck

3. Schrägschrift (Kursivschrift)

Diese Möglichkeiten der Schriftartbeeinflussung werden über das Untermenü "Text" bereitgestellt.

Untermenü "Text"

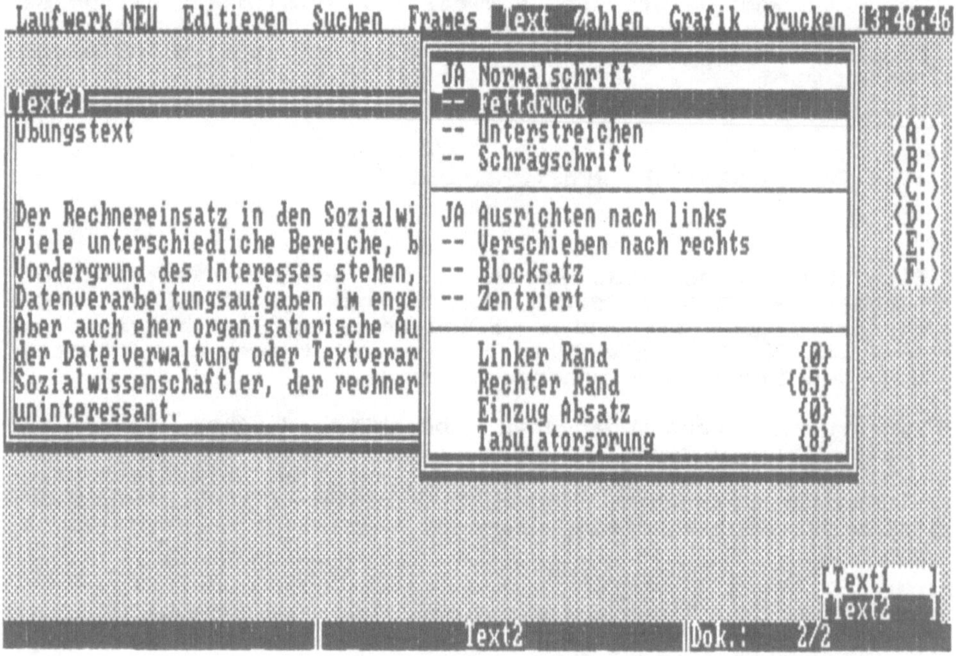

Markierter Text in Fettdruck (bei jedem Frame-Typ wirksam)

Man erkennt, daß dieses Untermenü aus drei Abteilungen aufgebaut ist, wovon die erste für die Gestaltung des Schriftbildes zuständig ist. Die einzelnen Prozeduren der ersten Abteilung werden durch Markieren und Drücken der Return-Taste (ergibt bei dieser Position ein JA) aktiviert (Voreinstellung ist "JA Normalschrift").

Wählt man zum Beispiel in diesem Untermenü durch Markieren die Position "Unterstreichen", so wird der vorher markierte Textbereich unterstrichen ausgegeben. Entsprechend erhält man einen vorher markierten Textbereich fettgedruckt (doppelte Anschlagintensität), wenn die Position "Fettdruck" markiert wurde.

Entsprechend das gleiche gilt für die Menüposition "Schrägschrift", wobei allerdings in der Bildschirmausgabe die Schrägschrift nur erscheint, wenn man einen graphikfähigen Bildschirm benutzt (andernfalls wird der markierte Bereich einfach nur unterstrichen).

Alle Schriftbildänderungen erfordern es, daß zunächst der zu verändernde Textbereich markiert wird.

Nochmals muß daran erinnert werden, daß nach eventuellen Änderungen, also auch nach Änderungen des Schriftbildes, der Text erneut gespeichert werden sollte, damit die geänderte Version auch auf der Arbeitsdiskette wiederzufinden ist.

10.6 FORMATIEREN

Das schönste Textverarbeitungssystem nutzt uns nichts, wenn wir nicht auch formatieren könnten. Man versteht darunter die Festlegung der <u>Seiteneinteilung</u> eines Textes, wozu unter anderem auch die Beantwortung der Frage zählt, wo der linke und der rechte <u>Rand</u> des Textes positioniert werden sollen.

Werden dem Programmsystem FRAMEWORK diesbezüglich keine Angaben gemacht, arbeitet es mit einer standardisierten Voreinstellung, die folgendermaßen aussieht (siehe auch Untermenü "Text" in der obigen Abbildung):

Linker Rand : Spalte 0
Rechter Rand : Spalte 65
Ausrichtung : linksbündig

Insbesondere die letzte Information ist wichtig: Linksbündigkeit bedeutet, daß der Text in jeder Textzeile mit dem linken Rand abschließt, wogegen rechts unterschiedliche Zeilenenden erreicht werden.

Im Untermenü "Text" können Änderungen der Voreinstellungen vorgenommen werden.

Beim Umformatieren ist der Hinweis wichtig, daß der gesamte Text umformatiert werden kann - dies dürfte häufig sinnvoll sein - wenn zuvor der Framerahmen markiert wurde (Taste NUM-, falls der Cursor innerhalb des Textes war). Wird der Framerahmen nicht markiert, beziehen sich Umformatierungsprozesse nur auf den Absatz des Textes, in dem der Cursor positioniert ist.

Das Umformatieren gelingt auf folgende Weise:

1. Laden des Dokuments "TEXT1" (sofern erforderlich)
2. Öffnen des Untermenüs "Text"
3. Markieren der Position "linker Rand:" und Return-Taste (bringt die Voreinstellung oder den vorherigen Wert in die Editierzeile)
4. Eingabe z.B. des Werts 20 und Return-Taste

Jetzt erfolgt sofort die neue Links-Ausrichtung.

5. Erneutes Öffnen des Untermenüs "Text"
6. Markieren der Position "Rechter Rand:" und Return-Taste
7. Eingabe z.B. des Werts 60 und Return-Taste

Jetzt wird auch der rechte Rand breiter. Allerdings ist rechts immer noch der sog. Flattersatz mit den unregelmäßigen Zeilenenden zu sehen.

Wenn dies geändert werden soll, ist der Blocksatz zu empfehlen, der einen linken und zugleich einen rechten Randausgleich durch automatisches Einstreuen der erforderlichen Anzahl von Leerzeichen produziert.

Auch diesen Blocksatz erhält man mit dem Untermenü "Text", wenn dort die Position "Blocksatz" markiert und die Return-Taste gedrückt wird (ergibt dort ein JA). Dann gelangt man zu dem folgenden, nun schon recht professionell aussehenden Bild:

Übungstext im Blocksatz

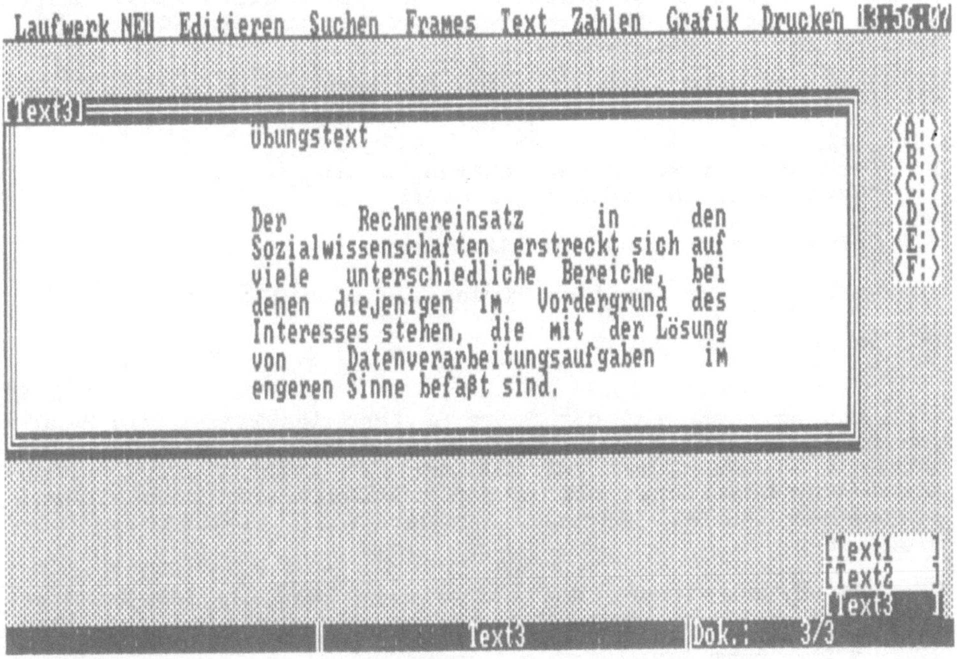

Zum Blocksatz ist eine Anmerkung erforderlich, die mit der Einstreuung der Leerzeichen zusammenhängt. Wenn in einer bestimmten Zeile nur wenige längere Worte stehen, dann kann die Erzeugung des Blocksatzes dazu führen, daß unschöne, zu lange Wortzwischenräume entstehen, wie etwa in folgendem Beispiel:

Der Rechnereinsatz in den
Sozialwissenschaften erstreckt sich auf
viele unterschiedliche Bereiche.

Dies sieht nicht gut aus und man kann derart "zerissene" Texte auch nur schwer lesen. Man kann eine Verbesserung des optischen Bildes herbeiführen, wenn einzelne Worte getrennt werden.

In diesem Fall bietet es sich an, das Wort "Sozialwissenschaften" in der zweiten Zeile zu trennen (Sozialwissen- und

-schaften). Dies ist möglich mit Hilfe des Untermenüs "Editieren", Position "Trennzeichen einfügen". Diese Möglichkeit besteht allerdings im Programmsystem Junior FRAMEWORK nicht, sondern nur bei FRAMEWORK II.

Um diese Möglichkeit zu nutzen, geht man folgendermaßen vor:

1. Der Cursor wird zu dem letzten "s" in "Sozialwissenschaften" gesteuert

2. Öffnen des Untermenüs "Editieren"

3. Markieren der Position "Trennzeichen einfügen"

4. Return-Taste

Wenn man übrigens bei der Überarbeitung des Textes die Menüposition "Unsichtbare Zeichen darstellen" des gleichen Untermenüs markiert hat (so daß dort JA steht), dann werden die Trennungsstriche, die in den Text, wie eben beschrieben, eingegeben wurden, sichtbar, andernfalls bleiben sie unsichtbar.

Bei den Trennzeichen, die auf diesem Wege in den Text an passenden Stellen eingegeben werden können, wird nur dann eine Silbentrennung ausgeführt, wenn sie, wegen Überschreitung des rechten Randes notwendig wird, andernfalls wirken diese Trennzeichen nicht.

In unserem Beispiel ergibt sich, wenn auch zusätzlich noch das Wort "unterschiedliche" nach diesem Muster behandelt wird:

```
Der Rechnereinsatz in den Sozialwissen-
schaften erstreckt sich auf  viele  un-
terschiedliche Bereiche.
```

Das sieht natürlich besser aus, auch wenn dies eine etwas umständliche Vorgehensweise ist, wenn man den gesamten Text auf diese Weise überarbeiten will.

Bei der Durchsicht des Übungstextes wird man feststellen, daß es eigentlich ganz hübsch wäre, wenn die Überschrift "Übungstext" in die Mitte der ersten Textzeile gesetzt werden könnte. Man spricht in diesem Zusammenhang vom Zentrieren von Texten.

Um dies zu erreichen, muß man wie folgt vorgehen:

1. Markieren des Textbereichs, der zentriert werden soll

2. Öffnen des Untermenüs "Text"

3. Markieren der Position "Zentriert"

4. Return-Taste

Worauf es danach noch ankommt ist der sog. Seitenumbruch, der bei Texten erforderlich ist, die länger als eine Seite sind. Wenn der Leser zu diesem Stichwort - gemeint ist die Seiteneinteilung, d.h. die Beantwortung der Frage, wieviel Text auf jeweils einer Seite erscheinen soll - praktische Übungen durchführen will, sollte er zuerst in einem neuen Frame einen Text eingeben, der mindestens drei Schreibmaschinenseiten lang ist.

Werden bezüglich des Seitenumbruchs keine weiteren Angaben gemacht, benutzt FRAMEWORK auch hier eine Standardeinstellung. Dies ist zumindest dann nicht sinnvoll, wenn die einzelnen Seiten mit weniger Text gefüllt werden sollen. Aber auch bei einer Reihe von Spezialproblemen steht man vor der Aufgabe, wenigstens von Fall zu Fall von der Voreinstellung abzuweichen, um an einer bestimmten Stelle einen Seitenvorschub zu erzwingen:

Man stelle sich vor, es wird der erste Abschnitt eines Textes geschrieben, der fast eine Seite lang ist. Danach wird dann eine Leerzeile eingefügt und mit einer entprechenden Überschrift wird der zweite Abschnitt begonnen. Beim Drucken mit der Standardeinstellung wird dies dazu führen, daß die Überschrift des zweiten Abschnitts ganz unten auf Seite 1 erscheint, während der dazugehörige Text dann auf Seite 2 beginnt. Dies sieht nicht sehr schön aus.

In diesem Fall ist wie folgt zu verfahren:

1. Mit dem Cursor wird das erste Zeichen angesteuert, mit dem die neue Seite beginnen soll

2. Öffnen des Untermenüs "Editieren"

3. Markieren der Position "Neue Seite beginnen" (diese Position steht im Programmsystem Junior FRAMEWORK nicht zur Verfügung)

4. Return-Taste

Bei der Durchsicht eines Textes ist es sinnvoll, sich anzuschauen, an welchen Stellen sich die jeweiligen Seitenumbrüche befinden. Dies erreicht man, indem im Untermenü "Frames" die Position "Zeige Seitenumbruch" (im Programmsystem Junior FRAMEWORK "Ergänzen um Seitennummer") markiert wird (Return-Taste ergibt dort ein JA). Dann werden Seitenumbrüche durch eine gestrichelte Linie im Text angezeigt.

Will man Seitenumbrüche wieder löschen, braucht man nur den Cursor auf die entsprechende gestrichelte Linie zu steuern und die Del-Taste zu drücken.

Weitere Formatierungsmöglichkeiten ergeben sich im Untermenü "Drucken", das wie folgt aussieht:

Untermenü "Drucken"

Hier gibt es in der dritten Abteilung eine Position mit dem Namen "Formateinstellungen" - allerdings nicht Junior FRAMEWORK. Markiert man diese Position und drückt die Return-Taste, öffnet sich ein weiteres Untermenü.

Hier erkennt man, was im einzelnen möglich ist. Beispielsweise kann man in diesem Untermenü die Anzahl der Zeilen pro Seite, verändern, so daß man anschließend einen anderen "Seitenspiegel" erhält.

Dieses Untermenü wird aber auch, dazu verwendet, um den Zeilenabstand (Voreinstellung 1) zu verändern. Wie solche und entsprechende Änderungen vorgenommen werden, ist ja schon bekannt:

1. Markieren der entsprechenden Position im Untermenü
2. Return-Taste (bringt den Voreinstellungswert in die Editierzeile)
3. Ändern des Wertes
4. Übernahme des geänderten Wertes durch Drücken der Return-Taste

Die Änderungen wirken auf den Textbereich, der vorher markiert wurde. Soll sie auf den gesamten Frame-Inhalt wirken, ist vorher der gesamte Frame zu markieren, indem der Cursor auf dem Framerand positioniert wird.

10.7 AUSGABE

Nachdem der Text am Bildschirm überarbeitet wurde, also alle Fehler beseitigt sind, das Layout dem Geschmack des Benutzers entspricht und auch die Randeinstellungen, Seitenumbrüche und der Zeilenabstand so sind, wie das gewünscht wird, kann jetzt die Druckerausgabe in Angriff genommen werden. Zu diesem Zweck ist folgendermaßen vorzugehen:

1. Verlassen des zu druckenden Dokuments mit der Taste NUM-
2. Öffnen des Untermenüs "Drucken"
3. Markieren der Position "Starten"
4. Return-Taste

Jetzt wird der Text in der vorgesehenen Form auf dem angeschlossenen Drucker ausgegeben.

LITERATURHINWEISE

HOFFMANN, D. : WORD für Anfänger, Haar bei München 1985

KOLBERG, M. : Integrierte Datenverarbeitung mit FRAMEWORK II, Haar bei München 1986

VOSS, W. : FRAMEWORK für Einsteiger, Düsseldorf 1987

AUSBLICK

In den vorangegangenen Kapiteln wurde anhand typischer Problemstellungen aus der Praxis der sozialwissenschaftlichen Arbeit - mit besonderer Berücksichtigung empirischer Orientierungen - gezeigt, in welcher Weise rechnergestützt gearbeitet werden kann. Dabei standen die Möglichkeiten der Nutzung integrierter Software, und die Einsatzbereiche eigener Programmierungen im Mittelpunkt des Interesses.

Bei der rückblickenden Betrachtung dieser Erörterungen zeigt sich, daß nicht das gesamte Spektrum sozialwissenschaftlich relevanter Fragestellungen angesprochen werden konnte. Die Beschränkung auf typische Aufgabenstellungen verstellt jedoch sicherlich nicht den Blick auf andere, ähnlich gelagerte Anwendungsbereiche.

Darüber hinaus ist anzumerken, daß es ohne Zweifel nützlich gewesen wäre, auch über andere zur Verfügung stehende Software zu sprechen und ihre Einsatzmöglichkeiten zu demonstrieren, soweit sie von sozialwissenschaftlicher Bedeutung ist. Dies gilt für spezielle Dateiverwaltungsprogramme, für integrierte Programmsysteme, soweit sie als Konkurrenten zu FRAMEWORK angesehen werden können, für spezielle Programme zur Modellkonstruktion, für Simulationsprogramme, für Graphikprogramme, für statistische Programmpakete (man denke zum Beispiel an das berühmte Programmsystem SPSS) - es gilt aber auch für andere Programmiersprachen (Pascal, FORTRAN oder COBOL), die für die Erstellung eigener Programme verwendet werden können.

Insoweit haben wir also nur einen Ausschnitt des interessierenden Gegenstands- und Methodenbereiches betrachtet. Allerdings kann nach dieser Ausschnittsbetrachtung davon ausgegangen werden, daß der Leser einen Blick dafür gewonnen hat, was unter "rechnergestütztem Arbeiten in den Sozialwissenschaften" verstanden werden kann, und welche Möglichkeiten über die hinaus, die hier diskutiert wurden, eventuell noch bestehen könnten.

Insbesondere muß in diesem Zusammenhang auf diejenige Beschränkung der vorangegangenen Ausführungen hingewiesen werden, die aus der Nichtberücksichtigung zukünftiger Entwicklungen im Hardware- aber vor allem auch im Software-Bereich resultieren. Mit einigen Stichworten zu diesem sehr wichtigen Aspekt sollen diese Abhandlungen beschlossen werden.

Die zukünftige Entwicklung des rechnergestützten Arbeitens auch in den Sozialwissenschaften wird durch folgende Faktoren, deren Aufzählung keinen Anspruch auf Vollständigkeit erheben will, bestimmt:

1.

Die Rechner werden auch zukünftig leistungsfähiger (mit Blick auf Speicherkapazitäten und auf die Geschwindigkeit der Datenverarbeitungsprozesse) - und vermutlich ist auch mit einem weiteren Preisverfall zu rechnen.

2.

Die zur Verfügung stehende Software wird ebenfalls leistungsfähiger, d.h. zum einen wird genereller einsatzbare integrierte Software auf den Markt kommen, zum anderen werden in zunehmendem Maße Spezialprogramme entwickelt, die auf spezielle Problemstellungen in den unterschiedlichsten Einsatzbereichen zugeschnitten sind.

3.

Die Handhabung von Rechnern und Software wird immer einfacher und komfortabler.

4.

Zunehmende Vernetzungen von Rechnersystemen erlauben den Zugriff auf eine wachsende Zahl von Programmen und Datenbeständen.

Diese Aspekte verdeutlichen, in Verbindung mit der Feststellung, daß zu verarbeitende Informationsmengen immer umfangreicher werden und die beruflichen und privaten Einsatzmöglichkeiten von Rechnern immer weiter um sich greifen, daß in rasch zunehmendem Ausmaß in allen möglichen Einsatzbereichen rechnergestützt gearbeitet wird.

Dies wird sehr anschaulich durch die Diskussion um die sog. "<u>Künstliche Intelligenz</u>" (KI) beleuchtet: Schon jetzt und zukünftig sicherlich zunehmend werden Rechnerprogramme als Auskunfts- und Expertensysteme genutzt. Dies sind zwar nur zwei von mehreren Teilbereichen der Künstlichen Intelligenz (andere wurden schon in Kapitel 1 genannt), allerdings die beiden, die im Rahmen der Sozialwissenschaften am ehesten von Bedeutung sein dürften.

Bei den Auskunftssystemen handelt es sich um Programme, die auf Anforderung durch den Programmbenutzer benötigte Auskünfte (häufig im Dialog) bereitstellen, vergleichbar etwa den Auskunftssystemen bei der Bundesbahn, die computergestützt über Bahnverbindungen, Platzreservierungen u. dergl. Auskunft geben. Man kann sich leicht vorstellen, welche Bedeutung derartige Systeme im sozialwissenschaftlichen Bereich erlangen können:

Welche Erleichterung der empirischen sozialwissenschaftlichen Arbeit könnte erzielt werden, wenn auf sozio-ökonomische Datenbestände, auf Daten zu zeitlichen Entwicklungen, auf Umfrageergebnisse, auf international vergleichende Daten usw. direkt zugegriffen werden könnte? Entsprechende Überlegungen gelten für Dokumentationen über an anderer Stelle laufende oder abgeschlossene sozialwissenschaftliche Forschungsprojekte, sie gelten für generell zugriffsfähige Literatur-Datenbanken, sie gelten für Übersetzungsprogramme u.ä..

Vor allem sind in diesem Zusammenhang die sog. selbstlernenden Programme von Bedeutung, die ihren eigenen Wissensvorrat, den sie bei Bedarf dem Programmbenutzer zur Verfügung stellen können, von Anwendungsfall zu Anwendungsfall selbst ergänzen, korrigieren, modifizieren und erweitern können.

Es wird den Leser nicht verwundern, zu hören, daß auch in den Sozialwissenschaften das computergestützte Arbeiten so weit fortgeschritten ist, daß schon jetzt mehr und mehr derartige Zugriffsmöglichkeiten geboten werden.

Bei Expertensystemen, die neben den Auskunftsprogrammen auch in den Sozialwissenschaften an Bedeutung gewinnen, handelt es sich um Programmsysteme, die nach Informationseingabe durch den Benutzer auch Entscheidungshilfen bereitstellen können. Derartige Programmsysteme sind zuerst im medizinischen Bereich entwickelt worden, wo nach Informationseingaben zur Diagnostik eines bestimmten Krankheitsbildes nicht nur mit Wahrscheinlichkeiten versehene Aussagen darüber bereitgestellt werden, um welche Krankheit es sich im Einzelfall handeln könnte, sondern wo auch therapeutische Ratschläge durch das Expertensystem angeboten werden.

Man kann sich leicht vorstellen, daß auch bei speziellen sozialwissenschaftlichen Fragestellungen eine derartige Rechnerunterstützung hilfreich sein kann. Insbesondere dann, wenn in einer bestimmten Entscheidungssituation eine sehr große Zahl von Einzelinformationen "verrechnet" werden müssen, wenn viele Einflußfaktoren eine Rolle spielen könnten, wenn systemimmanente Reaktionen auf Entscheidungen zu berücksichtigen sind, die ihrerseits Aktionen ermöglichen und wiederum zu Reaktionen führen usw. - in all solchen Fällen bietet sich die Nutzung von Expertensystemen an.

Mit diesen Anmerkungen zu den zukünftig möglichen und wahrscheinlichen Entwicklungen im Bereich des rechnergestützten Arbeitens, die im Grunde den Einstieg in weitere, umfangreiche Erörterungen zum Thema "Rechnereinsatz in den Sozialwissenschaften" darstellen, wollen wir diesen Ausblick beenden. Nähere Einzelheiten entnehme man den folgenden Literaturhinweisen.

LITERATURHINWEISE

BRAIN, K./BRAIN, S. : Artificial Intelligence on the Commodore 64, make your micro think, Exeter 1984

GRAHAM, N. : Künstliche Intelligenz, wie Sie Ihren Computer zum Denken bringen, Sprendlingen 1983

RICHTER, L./STUCKY, W. (Hg.) : Artificial Intelligence, eine Einführung, Stuttgart 1984

RITCHIE, D. : Gehirn und Computer, Stuttgart 1984

SIMONS, G. : Sind Computer lebendig ? Stand und Zukunft der Computerentwicklung, München 1984

STEDE, M. u.a. : Einführung in die künstliche Intelligenz, Sprendlingen 1984

VOSS, W. : Einführung in die Künstliche Intelligenz, Düsseldorf 1985

WEIZENBAUM, J. : Die Macht der Computer und die Ohnmacht der Vernunft, Frankfurt 1978

WEIZENBAUM, J. : Kurs auf den Eisberg, Zürich 1984

INDEX

Absatz ... 287
Absolute Häufigkeit ... 108
Adjustierte, relative Häufigkeit ... 129
Analyse, bivariate ... 144
Anweisung ... 34, 49
Anweisungsfolge ... 206
Arbeitsdiskette ... 80, 81
Arbeitsfläche ... 95
Arbeitsmarkt ... 23
Arbeitsplatz ... 24
Arbeitsspeicher ... 35
Architektur ... 17
Arithmetisches Mittel ... 112
Array ... 105
ASCII-Code ... 36
Aufgabe, prognostische ... 148
Ausgabe ... 264, 285
Ausgabegerät ... 35
Auskunftssystem ... 309
Ausprägung ... 105
Austausch ... 22

Balkendiagramm ... 61
Befragung ... 104
Befund, empirischer ... 28
Benutzersprache ... 37
Beobachtung ... 104
Berechnungsformel ... 95
Beschreibung ... 238
Betriebssystem ... 36, 38
Betriebssystemdiskette ... 36
Betriebssystemsprache ... 38, 40
Bewußtsein ... 21
Bildschirm ... 35
Bildschirmgröße ... 96
Bildungssystem ... 22
Bit ... 35
Bivariate Analyse ... 144
Bivariate Häufigkeitsverteilung ... 144
Bivariate Methode ... 144
Blocksatz ... 298
Booten ... 38
Byte ... 36

Chance ... 26
Code ... 36
Codebuch ... 105
Codierung ... 76, 105
Compiler ... 37
CPU ... 35
Cursor ... 39
Cursor-Steuertasten ... 83

Datei ... 42, 107, 262
Dateiverwaltung ... 263
Daten ... 11, 34, 103
Datenbank ... 87, 264
Datenmatrix ... 77, 262
Datensatz ... 105
Datenverarbeitung ... 11, 262
Diffusionsprozeß ... 232
Dimensionierung ... 88
Directory ... 42
Diskette ... 16, 35
Disketteninhaltsverzeichnis ... 43
Diskret ... 110
Dokumentenstapel ... 85
Doppellaufwerk ... 80
DOS-Diskette ... 36
Drucker ... 35

Editierzeile ... 85
Eingabegerät ... 35
Eingabeteil ... 263
Empirisch ... 27
Empirischer Befund ... 28
Entscheidung, politische ... 25
Entscheidungssituation ... 249
Erklärung ... 238
Experiment ... 104
Expertensystem ... 309

Falsch ... 167
Feldlänge ... 106
Festplatte ... 16, 35
File ... 107
Filterformel ... 278
Flattersatz ... 298
Formatieren ... 42
Fragebogen ... 74
Frame ... 79

Frameversion ... 97
Funktion, lineare
... 144, 175

Gauß'sche Normalverteilung
... 168
Graphik, hochauflösende
... 61
Größe ... 96
Grundgesamtheit ... 104
Güte ... 177

Handlungsalternative
...251
Hardware ... 15
Häufigkeit, absolute
... 108
Häufigkeit, adjustierte
relative ... 129
Häufigkeit, relative
... 108, 128
Häufigkeitsverteilung
... 109
Häufigkeitsverteilung,
bivariate ... 144
Histogramm ... 110
Hochauflösende Graphik
... 61
Homecomputer ... 37
Hypothese ... 208
Hypothesengenerierung
... 29

Inferenzstatistik ... 168
Information ... 11, 14, 95
Informationsreduktion
... 111
Informationstechnologie
... 20
Inhaltlich ... 30
Inhaltsverzeichnis ... 84
Installation ... 79
Instrumentell ... 30
Integrierte Software ... 6
Integrierte Software-Pakete
... 73
Intelligenz, künstliche
... 19, 308
Interpolation, lineare
... 186
Interpreter ... 37

Kommando ... 49
Kommunikationstechnologie
... 20
Komponente, zyklische
... 179
Konfliktentwicklung
... 250
Kontingenzkoeffizient
... 150
Konzeptversion ... 97
Kopie ... 38
Kopieren ... 294
Korrelationskoeffizient
... 149
Korrigieren ... 51
Kulturtechnik ... 21
Künstliche Intelligenz
... 19, 308

Laufwerksverzeichnis ... 84
Layout ... 91, 295
Lineare Funktion
... 144, 175
Lineare Interpolation
... 186
Linearitätshypothese
... 146

Markieren ... 291
Markierung ... 83, 96
Maschinensprache ... 35
Maßzahl ... 111
Median ... 112
Menü ... 79
Merkmalsträger ... 105
Methode der kleinsten
Quadrate ... 146
Methode, bivariate ... 144
Methode, statistische
... 102
Mikrochip ... 11
Mikroprozessor ... 11
Mikroprozessor-Technologie
... 10
Missing Value ... 76, 106
Mittel, arithmetisches
... 112
Mittelwert ... 112
Modell ... 178, 198
Modellparameter ... 202

Modellprognose ... 178
Modellreaktion ... 222
Modus ... 113
Multivariates Verfahren
... 144

Name ... 42, 52, 76
Neuberechnung ... 96
Nichtlineare
Regressionsfunktion . 146
Normalgraphik ... 61
Nullhypothese ... 167
Numerische Variable ... 106
Numerischer Wert ... 52

Operator ... 279
Ordinatenabschnitt
... 146, 151, 176
Ökonomische Zeitreihe
... 179

PC-Rechner ... 37
Peripherer Speicher
... 16, 35
Pfeiltasten ... 291
Planspiel ... 250
Planspiel-Programm ... 205
Politikwissenschaft ... 28
Politikwissenschaftlich
... 27
Politische Entscheidung
... 25
Preisverfall ... 15
Primärstatistik ... 104
Prinzip der Flächentreue
... 110
Problemorientierte Sprache
... 18
Problemsprache ... 37
Produktivitätsfortschritt
... 24
Prognose ... 239
Prognostische Aufgabe
... 148
Programm ... 5, 14
Programm, selbstlernendes
... 309
Programmschleife
... 54, 206
Programmsystem ... 38
Programmsystemsprache
... 79
Programmverzweigung ... 54
Punktwolke .. 144, 150, 155

Rand ... 297
Rationalisierung ... 24
Rechenwerk ... 35
Regressionsfunktion,
nichtlineare ... 146
Regressionsrechnung ... 176
Relative Häufigkeit
... 109, 128
Repräsentative Stichprobe
... 104
Repräsentativität ... 104
Revolution, technologische
... 10
Risiko ... 26

Schachprogramm ... 250, 205
Seiteneinteilung ... 297
Seitenspiegel ... 303
Seitenumbruch ... 301
Sekundärstatistik ... 103
Selbstlernendes Programm
... 309
Selektieren ... 264
Silbentrennung ... 300
Silizium-Technologie ... 11
Simulationsmodell
... 29, 222
Software ... 5, 15, 70, 307
Software, integrierte ... 6
Software-Pakete,
integrierte ... 73
Sonderzeichen ... 42
Sortieren ... 264
Sozialwissenschaften ... 26
Soziologie ... 28
Soziologisch ... 27
Spannweite ... 113
Speicher, peripherer
... 16, 35
Speicherfeldname ... 52
Speichern ... 64
Sprache ... 35
Sprache, problemorientierte
... 18
Sprunganweisung ... 54
Stabdiagramm ... 110
Standardabweichung ... 113

Statistische Methode ... 102
Steigung ... 151, 176
Steigungswinkel ... 146
Stetig ... 108
Steuerwerk ... 35
Stichprobe ... 104
Stichprobe, repräsentative ... 104
Streuungsmaß ... 112, 113
String ... 52
Stringvariable ... 106
Sub-Directory ... 46
Suche ... 264

Tabellenkalkulationsframe ... 134
Tastatur ... 35
Technologische Revolution ... 10
Teilerhebung ... 104
Texteingabe ... 285
Textveränderung ... 285
Theoretischer y-Wert ... 145
TikTak-Spiel ... 251
Tippfehler ... 287
Totalerhebung ... 104
Trendextrapolation ... 201
Trendprognose ... 178, 180

Univariat ... 108
Untermenü ... 83
Untersuchungshypothese ... 28, 102
Urliste ... 104
Übersetzungsprogramm ... 36

Variable ... 52
Variable, numerische ... 106
Veränderung ... 263
Verfahren, multivariates ... 144
Verknüpfen ... 263
Verlagern ... 293
Vernetzung ... 23
Verrechnen ... 263
Verwalten ... 263
Verwaltung ... 36

Wachstumsfunktion ... 175
Wahlforschung ... 232
Wahr ... 167
Wert, numerischer ... 52
Wettbewerbsfähigkeit ... 24
Wissen ... 20
Wissenselite ... 25

Y-Wert, theoretischer ... 145

Zahl ... 52, 103
Zeichenfolge ... 52
Zeilenumbruch ... 287
Zeitreihe, ökonomische ... 179
Zentraleinheit ... 35
Zufall ... 222
Zufallsgröße ... 222
Zufallskomponente ... 22
Zufallsstichprobe ... 104
Zufallszahl ... 61
Zusammenhang ... 144
Zyklische Komponente ... 179

www.ingramcontent.com/pod-product-compliance
Lightning Source LLC
LaVergne TN
LVHW091726021026
849161LV00003BB/327